D1874158

K. O. Schmidt · Stern unter Sternen

K. O. Schmidt

Stern unter Sternen

Eine Wanderung durch
die Wunder des Weltalls

Ergebnisse geistiger Allschau

Eine Wegleitung
zu kosmischem Denken

G. E. Schroeder-Verlag
Kleinjörl bei Flensburg

2. erweiterte Auflage
10.–12. Tausend
© Copyright 1976 by G. E. Schroeder-Verlag
Kleinjörl bei Flensburg
Alle Rechte vorbehalten
Gesamtherstellung Clausen & Bosse, Leck
Printed in Germany
ISBN 3-87721-030-9

INHALTSÜBERSICHT

Verzeichnis der Bildtafeln

GELEITWORT ZUR ERWEITERTEN NEUAUSGABE

»Mensch und Kosmos sind gleichermaßen Symbole und Ausdrucksformen der gleichen verborgenen Urwirklichkeit.« *Sri Aurobindo*

Das Bild des Universums und der Stellung des Menschen im All, das hier vermittelt wird, unterscheidet sich in einigem von dem Weltbild der Astronomen, weil hier die Wunder des Weltalls und die Zusammenhänge zwischen Mikrokosmos und Makrokosmos nicht, wie sonst üblich, nur von außen, sondern von *innen*, vom *Geiste* her gesehen werden.

Erste Hinleitung zu einer *geistigen Sternkunde* und zu *kosmischem Denken* will dieses Buch sein, Künder auch des neuen kosmischen Zeitalters, in dessen Morgenröte wir leben. Eine Epoche geistigen Erwachens und Aufgeschlossenwerdens für die Geheimnisse des Weltalls ist im Aufbruch – eine Zeit, in der tausend Fragen, die bisher kaum gesehen wurden, von innen her Antwort finden.

Seitdem die erste Ausgabe dieses Buches vergriffen war, wurde immer wieder danach gefragt, was zeigt, daß die metaphysische Sicht auf das Universum viele Herzen bewegt. Es wurde gesagt, daß dieses Zeugnis kosmischer Schau nicht verlorengehen dürfe, weil es zu einem neuen Bewußtsein höchster Freiheit und Allgeborgenheit verhelfe.

Der vorliegenden Ausgabe wurde manches eingefügt, was an kosmischen Impressionen zurückgehalten worden war, weil die Zeit dafür noch nicht reif war. Das gilt insbesondere für die Stellung des Menschen im All:

Es mag anthropomorph und anmaßend erscheinen, wenn

hier davon ausgegangen wird, daß der Mensch ›nach dem Bilde Gottes‹ geschaffen und daß sein innerster Wesenskern, sein *Selbst*, ein Funke des *All-Selbst* ist, weiter, daß jeder Mensch, wie Jesus Christus von sich sagen kann: ›Bevor Abraham war, bin ich‹ – nicht als körpergebundene Persönlichkeit, sondern als leibfreie Individualität, als unzerstörbares *Lebenskraftfeld* mit einer unabsehbaren Vergangenheit und einer unendlichen Zukunft.

Was berechtigt mich, dieser im Grunde uralten Wirklichkeitsschau ein Wortkleid zu geben, mag es noch so unzulänglich sein? Die Erklärung dafür wird in dem Kapitel über die *Astromanten* gegeben, denen ich mich nach in früher Kindheit erlebten kosmischen Gesichten geistverwandt fühlte und denen ich seitdem nachspürte.*

Der Mensch ist seinem inneren Wesen nach ein Weltenwanderer, ein Kind des Kosmos, *Stern unter Sternen*, und wie das ganze Universum auf fortschreitende Höherentwicklung angelegt. Seine Evolution ist nicht auf das kleine Raumschiff ›Erde‹ beschränkt, die nicht seine Mutter, sondern nur seine Amme ist. Seine Mutter ist der Kosmos, sein Vater der Geist des Lebens, die überseiende Welten-Gottheit, das Mahaparabrahman der indischen Seher.

Dem, der zu dieser Erkenntnis gelangt, eröffnen sich neue Dimensionen des Denkens, der kosmischen Bewußtheit, denen sich seine Seele mit Staunen, Ehrfurcht und Anbetung erschließt. Was dabei gewonnen wird, ist die Wiedergewinnung der Mitte – nicht nur der Wesens-Mitte, sondern der kosmischen Mitte, von der aus die Bedeutung des Lebens im All beseligt erschaut wird.

* Auf eigene Erfahrungen wurde in anderem Zusammenhang eingegangen: in »Die Götter des Sirius« (G. E. Schroeder-Verlag, Kleinjörl) und »Der kosmische Weg der Menschheit« (Drei-Eichen-Verlag, München), der auch in einer englischen Ausgabe erschien: »The Cosmic Way of Mankind« (CSA Press, Lakemont, USA), sowie in den »Büchern des Flammenden Herzens«.

Zu solcher kosmischen Sicht und Bewußtheit will diese Wegleitung verhelfen. Viele Große und Erleuchtete aller Zeiten sind diesen Weg, der zuerst ein Weg nach innen – zum Innen-All – ist, gegangen.

Möge ihr kosmisches Weltbild vielen Wahrheitssuchern helfen, ihren schlummernden All-Sinn zu aktivieren, zu gleicher Schau zu gelangen und zu erkennen, daß ›die Welt tiefer ist, als der Tag gedacht‹.

DIE WELT IST TIEFER, ALS DER TAG GEDACHT

»Zwei Dinge erfüllen das Gemüt mit immer neuer und zunehmender Bewunderung und Ehrfurcht, je öfter und anhaltender sich das Nachdenken damit beschäftigt: der bestirnte Himmel über mir und das moralische Gesetz in mir.«

Immanuel Kant

Alle Menschen auf Erden sind der Unendlichkeit und Ewigkeit bewußt. Der Unterschied zwischen ihnen besteht nur darin, in welchem Grade den einzelnen dieses Bewußtsein erschüttert.«

Arthur Schnitzler

Die moderne Weltraumforschung hat ein Bild des Kosmos enthüllt, das wert ist, vor jedes Menschen Auge gerückt zu werden, der hinausgehoben sein möchte aus der drückenden Enge der Alltäglichkeit in die Ewigkeit des Allsternenreiches.

Zu einer solchen Betrachtung besteht um so mehr Grund, als die Astronomie sich heute in einer Wandlung aller Auffassungen vom Aufbau des Universums befindet, die an Bedeutung der einst von Kopernikus bewirkten gleicht und wie diese den Beginn eines neuen weltgeschichtlichen Zeitalters ankündet.

Ist es uns aber schon heute möglich, die geheimnisvolle Hieroglyphenschrift der Gottheit, die mit funkelnden Sonnenschwärmen in den Kosmos eingebrannt ist, völlig zu deuten und die nebelhaften Vorstellungen, die die meisten von der Größe des Universums haben, in lebendige Erkenntnis der All-Unermeßlichkeit zu wandeln? Ist es möglich, das geistige Band sichtbar zu machen, das die Myriaden Einzelheiten zu einer Ordnung zusammenfaßt und hinter allem Geschehen im Großen und Kleinsten das allbestimmende *Eine* ahnen läßt?

Wagen wir es, aus den Bruchstücken des Erkannten auf das noch Verborgene zu schließen, um das heraufsteigende Weltbild der neuen Zeit in seinen ersten zarten Umrissen zu ertasten! –

Wenn wir in den Stunden der Nacht unsere Augen *bewußt* zum sternenübersäten Himmelszelt erheben, bis immer mehr Sterne aufstrahlen und das schimmernde Kreisband der Milchstraße wie ein zarter Schleier sichtbar wird, befällt uns zunächst ein beklemmendes Gefühl der Einsamkeit und Verlassenheit des Menschen in der Unermeßlichkeit des Alls. So mag ein Gefangener fühlen, der plötzlich aus der Enge seiner Zelle in die Freiheit tritt.

Doch nur im Anfang empfinden wir angesichts der Rätselwelt der Sterne wie der Dichter:

»Alle meine Pulse lauschen,
ob mir nicht ein hoher Wille
das Geheimnis dieser Erde,
nicht ein Rätsel vom Entstehen
und vom Leben und Vergehen
irgendwie erschließen werde . . .
. . . Aber aus den Sternen-Feuern
will kein Geist herniedersteigen;
Augen nur, erfüllt von Schweigen,
blicken aus den dunklen Schleiern . . .«

Nur im Anfang fühlen wir uns in ein verwirrendes Räderwerk kosmischer Mechanismen hineingeschleudert, das uns zu zermalmen droht.

Nur im Anfang scheint es uns, als habe *Helmholtz* recht,

der dem Gedanken Ausdruck gab, daß es vielleicht »vermessen sei, daß wir, die wir im Kreise unserer Betrachtungen begrenzt sind, räumlich durch unseren Verstand auf der kleinen Erde, zeitlich durch die Dauer der kurzen Menschheitsgeschichte, es unternehmen, Gesetze, die wir aus dem engen uns zugänglichen Bereich von Tatsachen herausgelesen haben, geltend zu machen für die ganze Ausdehnung des unermeßlichen Raumes und der Zeit«.

Doch bei hingebender Versenkung in die Wunderwelt der Sterne weicht diese anfängliche Entmutigung bald dem Bewußtsein innerer All-Gemeinsamkeit und Allverbundenheit.

Gerade in der Berührung mit der Unendlichkeit von Raum und Zeit erwacht das ›größere Ich‹ in uns, unser innerstes *Selbst*, das unseren Intuitionen und unserem kühnen Wagen recht gibt. Dann schreckt uns der Weltenraum nicht mehr, sondern wir fühlen uns dem All tief innerlich verbunden . . .

. . . Uns ist die »erschauernd grenzenlose Stille, die aus dem Weltenraum herniederlastet«, nicht ein düstrer Bote unbelebter Öde, sondern die Weihestätte, da der Geist des Alls zu uns spricht, da die erwachende Gewißheit unserer Allhaftigkeit sich zum Bewußtsein unserer Allbeschütztheit weitet, da – nun die Erdenstimmen schweigen – die ewigen Sterne leise zu flüstern beginnen und die Harmonien des Alls uns durchseligen.

*

Es war kein Gewinn für die Menschen, daß ihre Abende sich immer mehr mit Erdenlicht und Sinnenlärm erfüllten und das erhaben-stille Leuchten der Sterne immer ferner rückte. Es war kein Fortschritt, daß nur noch wenige sich besinnen, wenn ihr Blick den Himmelsdom berührt, während die meisten blind wurden für die Tiefen des Lebens.

Denn mit der zunehmenden kosmischen Kurzsichtigkeit

des Menschen erwachte und wuchs seine Lebensangst. Und mit seiner Gier nach Macht und Besitz nahm das Grauen zu, mit dem er im Augenblick seines Sterbens seines Treibens Wahnsinn gewahrt.

Wie Ameisen, wenn der Schatten eines Menschen ihren Bau berührt, gleichgültig weiterrennen – nicht bedenkend, daß er ihre Welt mit einem Tritt zertrümmern könnte –, so leben die meisten gedankenlos dahin. Sie fühlen nicht, welche Wunder sich hinter den Lichtstäubchen am Himmel verbergen. Sie ahnen nicht, daß jeder Stern dort droben eine Welt ist, millionenmal größer als die Erde – Schulungsfeld vielleicht myriadenfach reicheren und höheren Lebens als das unseres winzigen Planeten . . .

Einäugig scheinen die vielen: Sie richten ihr Trachten nur auf die zeitlichen Dinge, das vergängliche Hasten und Jagen der Scheinwelt, und gehen auf und unter in des Alltags Nichtigkeiten. Aber keiner kann wirklich glücklich sein, solange sich in ihm noch nicht das andere Auge, das der Seele, das in die Ewigkeit schaut, öffnete.

Erst wenn sein inneres Auge sich auftut, das wahre Gesicht der Welt erblickt und den Sinn seines Seins erschaut, ist seine Seele gestillt und sein Wille fähig, sein Schicksal bewußt zu gestalten.

Kosmisch denken lernen!

Wie aber öffnen wir das Ewigkeits-Auge der Seele?

Dadurch, daß wir lernen, kosmisch zu denken und uns mitten im Alltag dem ewigen All-Sonnentag der Sterne zu einen. Kosmisch denken heißt die Zeitlichkeit mit der Dauer verbinden. Es erschließt unserem Blick Weiten, die sich über gewaltige Zeiträume und über Millionen von Lichtjahren vorwärts und rückwärts in Raum und Zeit erstrecken.

Kosmisches Denken ist ein höherdimensionales Denken, das die Scheingrenzen zwischen Endlichem und Ewigem niederreißt, unser Erkenntnisvermögen erweitert, als eigneten uns plötzlich mehr Sinne.

Solche lebendige Berührung mit dem Kosmos führt nicht nur äußerlich zu einer Erweiterung des Weltbildes in kosmische Dimensionen und zu einem lebendigeren Verständnis für den inneren Aufbau des Universums, sondern auch innerlich zu einem Wachwerden für das in letzten Wesenstiefen schlummernde *kosmische Bewußtsein*.

Alles kosmische Denken beginnt mit Fragen. Wer nicht fragt, denkt nicht. Fragend durchschlagen wir die Oberfläche gedankenlosen Dahindämmerns und sprechen, gleich dem Wahrheitssucher, zur Gottheit: »Wenn Du mir in der einen Hand die fertige Wahrheit, in der anderen das Streben danach darbötest und mir die Wahl bliebe – ich wählte die andere.«

Einstweilen haben nur wenige eine Vorstellung davon, was kosmisches Denken bedeutet. Dafür wird erst wach, wer zumindest von der Licht-Erfahrung des kosmischen Bewußtseins berührt wurde.

Mancher meint, schon eine Stufe höheren Menschentums erreicht zu haben, wenn er, statt konfessionell und national, global und universal denkt und sich als Weltbürger, als Terraner fühlt und der geistigen Einheit der Menschheit bewußt ward.

Einzelne Vertreter der Gattung homo sapiens, in denen der nächsthöhere Typus des homo superior im Werden ist, vermögen bereits galaktisch zu denken. Ihr geistiger Sehkreis umspannt das Reich unserer heimatlichen Galaxis. Doch ist auch das nur eine Vorstufe kosmischen Denkens und kosmischer Bewußtheit.

Aber schon das Wachwerden galaktischen Denkens ist von Seligkeiten begleitet, die mit zum Höchsten gehören, das sich dem Menschen auf seiner derzeitigen Entfaltungsstufe erschließt.

Ich bin gewiß, daß weit mehr Menschen, als man heute ahnt, die nötige kosmische Fühlfähigkeit besitzen. Manche werden in der Tiefentspannung aufnahmefähig für Stimmen von drüben und nehmen für Augenblicke intuitiv teil am Bewußtsein und Leben außerirdischer Wesenheiten. Was in ihnen aktiv wurde, ist der All-Sinn der Seele, der die Sternkunde zu einer erweiterten Heimatkunde erhebt.

Sicht und Übersicht

Um solche kosmische Sicht und Übersicht geht es hier. Wir wollen nicht nur astronomisches Wissen gewinnen, sondern innerlich am lebendigen Kosmos teilnehmen. Wir wollen nicht nur sehen, sondern einsehen, wie und warum es ist, wollen nicht nur betrachten, sondern begreifen.

Die so verwickelt erscheinenden Verhältnisse im All sind keineswegs derart, daß nicht einfache Worte sie anschaulich machen könnten. Gewiß ist das Universum unendlich groß. Aber alles Große ist ein-fach. Wer es im Ergriffenwerden erfaßt, kann es auch anderen faßlich machen.

Er kann es um so vollkommener, je lebendiger er sich bewußt ist, daß alle Welt-Erkenntnis relativ bleibt, und je entschiedener er sich über die Astronomie hinaus einer astrobiologischen Sicht zuwendet.

»Überspitzung des Wissens führt zur Vorherrschaft der Werkzeuge«, warnt der weise Tschuang Tse. Diesen Fehler vermeiden wir, wenn wir uns gewöhnen, über der Wissensmehrung nie die Wachhaltung unserer schöpferischen Intuition zu vergessen, und wenn wir nie versäumen, vom sachbezogenen Denken zu allverbundenem Leben weiterzuschreiten, das in Harmonie ist mit dem Unendlichen.

Wagen wir den Schritt von der Analyse, aus der ein Großteil des heutigen sternkundlichen Wissens besteht, zur All-Synthese, zur Einheitsschau. Nur dann berühren wir den Sinn des Ganzen. Solange wir nicht die geistige Einheit hinter dem bunten Schleier scheinbar zusammenhangsloser Erscheinungen erfassen, suchen wir in allen Fernen des Alls vergeblich die Lösung der kosmischen Rätsel.

Es gilt, von den vielen kosmischen Theorien zur wahren *›theoria‹* im Sinne Plotins, zur *Schau*, zur Anschauung und Erkenntnis der Wahrheit zu gelangen und, soweit uns dies möglich ist, eine Brücke zu bauen vom Ich zum All, von der Menschenseele zum Weltengeist.

Versuchen wir im Folgenden, nicht nur von außen her die Himmelsräume zu durchforschen, sondern uns, wie es die Alten und ihre *Astromanten* taten, in das Wesen der Sterne zu versenken, mit dem pulsenden Herzen der Sonnen uns zu verbinden als mit etwas, das uns tief innerlich verwandt ist. Vielleicht geschieht es, daß die Hingabe an die Sternen-Gemeinschaft den schlummernden All-Sinn weckt. Lauschen wir dem Raunen der Sterne, gewöhnen wir uns, sie mit unserer Liebe zu umfassen – bis sie schlummernde Gewißheiten in uns wecken und uns Erkenntnisse schenken, die weiter reichen als alles Wissen der Welt.

Die letzten Geheimnisse des Alls werden nur in der reinen Schau offenbar. In solcher All-Schau erkennen wir hinter den kosmischen Mechanismen, die doch nur Hüllen der Wirklichkeit sind, leitende All-Organismen, kybernetische Potenzen, und hinter diesen lenkende Kosmokratoren – und hinter ihnen den Geist des Lebens selbst.

Wie ein Organismus aus zahlreichen Gliedern, Organen, Zellen, Molekül- und Atomgruppen besteht, die der Wille des Lebens durchpulst, durchkraftet und leitet, so erkennen wir das Universum als eine organismische Vielheit von kleinen und großen Einheiten – gelenkt vom gleichen Einen Ewigen jenseits von Vergänglichkeit und Zeitlichkeit.

Wappnen wir unser Herz, daß es nicht mehr erschrickt ob der Unendlichkeit der zu durchmessenden Räume und der Größe der Ordnungen, nach denen sich die Himmelskörper ordnen und in denen sie einander umkreisen! Zuerst berührt die funkelnde Pracht der Millionen Sterne das Gefühl, aber mächtiger noch regt sie dann die Vernunft in uns an, die Rätsel des Alls und damit die des eigenen Daseins zu entwirren und hinter allem Wandel und Wechsel das *Eine* zu ergreifen, das unberührt bleibt von den Gezeiten des Kosmos.

*

Auf der primitiven Stufe sieht der Mensch nur die *Materie* – und erkennt nicht, daß, was er gewahrt, Schein ist, Sinnentrug und ganz anders, als er ahnt . . .

Auf der nächsten Stufe tritt ihm das *Leben* als die höhere, der Materie übergeordnete Wirklichkeit entgegen, und er meint, nun den Schlüssel zu allem gefunden zu haben . . .

Auf noch höheren Stufen gewahrt er hinter dem Leben den *Geist* als die steuernde Kraft und beseelende Macht in allem Sein und Geschehen . . .

Auf der höchsten Stufe erkennt er den lenkenden Geist in sich wie in der Welt als Strahl einer überseienden *Gottheit*, eines allem Vergänglichen zugrundeliegenden Ewigen, und er erfährt im Aufgang des All-Bewußtseins die Einheit von Seelengrund und Gottesgrund.

Einer der Großen unserer Zeit, Sri *Aurobindo*, hat diesen Weg der geistigen Selbst- und Gottfindung aufgezeigt und dargetan, daß alles, insbesondere der Blick zum Sternenhimmel, zum Mittel geistigen Selbstfindens gemacht werden kann.

Dies, sagt er, wird dann geschehen, wenn »das Feuer und Licht der Seele, hinter dem Herzen verborgen, die groben

Empfindungen, den harten Egoismus und die drängenden Wünsche der vitalen Natur des Menschen geläutert hat« – mit anderen Worten: wenn das *innere Licht* im Menschen aufflammt und das kosmische Bewußtsein sein Wesen durchstrahlt und verwandelt.

Er bejaht damit die fortschreitende Verinnerlichung, Veredelung und Vergeistigung des Menschen »durch die dynamische Kraft und Erleuchtung von oben, wenn auch jahrhundertelange Bemühungen erforderlich sind, bis die Fortschritte deutlicher werden.«

Auch dann wird es vorerst eine Minderheit sein, die »in dem Licht lebt, das vom Geist auf die Ebene des Mentalen herabdringt. Auf einer tieferen Stufe bleiben die vielen, die zwar die Einflüsse von oben spüren, aber noch nicht bereit sind für das Licht. Doch auch dies bedeutet eine Wandlung, die weit über alles hinausführt, was bisher erreicht wurde. Und auch dann werden immer höhere Bereiche in der übermentalen Welt als Ziel bleiben. Dies wußten schon die Dichter der Veden, die vom geistigen Leben als einem ständigen Aufstieg sprachen, bei dem man wie auf einer Leiter emporklimmt ... Von Gipfel zu Gipfel aufsteigend, nimmt die Erkenntnis zu, wieviel noch zu leisten und zu erreichen bleibt ...

... Nimmt das aufgehende Licht des geistigen Zeitalters zu, wächst die Zahl der Individuen, die in sich selbst und in der Welt die neuen Möglichkeiten zu verwirklichen suchen. Dann wird sich der im Menschen latente Geist, das *verborgene Göttliche*, in immer größerer Fülle als Avatar einer bisher noch nicht erschauten und erahnten Gottheit der Seele der Menschheit bemächtigen und in jene großen Einzelwesen hinabsteigen, in denen das Licht und die Kraft am stärksten sind ...

... Dann wird sich die Verwandlung erfüllen, die das menschliche Leben bereit und fähig macht, aus seinen bisherigen Begrenzungen in weitere und reinere Bereiche aufzusteigen. Die irdische Entwicklung wird dann den großen Sprung aufwärts getan haben, und der offenbare Schritt zum göttlichen Wachstum hin wird dann vollzogen sein. Diesem Schritt gegenüber bedeutet die Geburt des denkenden und strebenden Menschen aus der tierischen Natur heraus nur eine Vorbereitung und ein Versprechen für etwas, das noch in dunkler Ferne liegt.«

Durchbruch zu neuer Schau

An jener Grenze, da Sternenweisheit und Gott-Erkennen sich die Hände reichen, gewahren wir, daß die Welt tausendmal tiefer ist, als der Tag gedacht. Wir fühlen, daß in den Fernen des Alls vieler Rätsel Lösung liegt – vielleicht auch die unseres eigenen Seins?

Wir wissen nicht, ob die Sterne uns brauchen. Das aber wissen wir, daß wir die Sterne brauchen, wenn wir nicht wie Staub verwehen, sondern dauern wollen. Flackert nicht beim Anblick des Sternen-Ozeans in den letzten Gründen unserer Seele ein Ahnen unserer kosmischen Herkunft auf? Quillt nicht schmerzvoll Sehnen auf nach der Wiedereinswerdung mit Dem, der die Sternenheere und uns selbst ins Dasein rief?

Wie vielen gab der Aufblick zum Sternenhimmel schon die Kraft, das Leben, das ihnen zur Qual ward, nicht von sich zu werfen, sondern auszuhalten – im dumpfen Gefühl der Beschütztheit durch den Geist des Lebens, der Millionen Sonnenwelten sich entfalten ließ und aller Wesen Wege zur Selbstverwirklichung bestimmte!

Gibt der Anblick des Himmels nicht auch dem Schwächsten das Bewußtsein seiner Größe und Bestimmung wieder? Fühlen wir nicht, wie aller Schmerz unseres Erdenirrens sich in ihm löst und endet? Spüren wir nicht, wie er unsere Seele befreit von allem, was sie klein, unschön und sterblich scheinen ließ?

Verblassen die armseligen Alltäglichkeiten, die uns bedrücken, im Alldom der Weltengottheit nicht zu wesenlosen Schemen? Zerrinnt alles Sorgen nicht zu formlosem Nebel vor der Unendlichkeit des Raumes und der Zeit?

Sind vor den Sternen wie vor unserer Seele nicht tausend Jahre wie ein tausendstel Sekunde? Gibt es einen irdischen Trost, der unser Weh so lindert wie die Einheit mit dem Ewigen? –

Unser Aufblick ins All ist immer zugleich ein Aufschwung unserer Seele zum Geist des Alls, zur Harmonie mit dem Unendlichen. Er verbindet uns mit den ewigen Quellen des Seins und mit dem großen Ganzen, in das wir unser Leben eingebettet wissen.

Heischt dies Bewußtsein der Unendlichkeit des Lebens nicht schweigende Anbetung? Spricht aus den leuchtenden Augen der Sterne nicht die Liebe der Gottheit, die sie wie uns heimruft zum Herzen des Alls? Ergreift uns die Sehnsucht nach dem Einssein mit der Weisheit des Alls nicht um so heftiger, je bedrückender uns die Gegenstandslosigkeit all dessen bewußt wird, was die Erde trägt und – verschlingt?

Spüren wir nicht den Einklang unseres innersten Wesens mit dem Sein der Sterne? Ist das, was sich über uns wölbt, nicht die erhabenste Offenbarung des Göttlichen?

Ergreift uns nicht beseligend die Ahnung unseres Verwurzeltseins im Ewigen? Hebt beim Anblick unserer Sternenheimat nicht das *All in uns* leise zu erwachen an? Erklingt in den Tiefen der Seele nicht die Harmonie der Welten wie eine tausendtönige Sternensymphonie?

Und hat nicht jeder Stern, der von fernher leuchtet, seine geheimnisvolle Entsprechung in uns, die uns allmählich zum Bewußtsein kommt? Ist unsere Erdennotgebundenheit nicht nur ein flüchtiger Traum? Und ist nicht die Heimkehr ins All unsere letzte Bestimmung?

*

Begeben wir uns nun gemeinsam auf die Wanderung durch die Wunder des Alls! Durchbrechen wir die Schranken des Himmels und suchen wir vorzudringen in jene Räume, die noch keines Erdenmenschen Fuß betrat!

Treten wir ein in den Riesendom der Gottheit und lernen wir, einige der heiligen Geheimnisse kosmischer Weisheit ahnend zu ergreifen und in unseren Alltag hineinzutragen – als Trost, als Heilsgewißheit und als leidlösende All-Einheits-Seligkeit.

Können wir uns auch einstweilen noch nicht körperlich zu den Sternen erheben – unser *Geist* als Kind des Alls wird von den Schranken des Raumes und der Zeit nicht eingeengt: Frei schwingt er sich auf, wohin auch immer er will.

Unsere Erde verlassend, beginnen wir unsere Pilgerfahrt jenseits des Schwerefeldes unseres Planeten, erheben uns von dort zum Monde, zur Sonne und zu den Planeten und Trabanten des Sonnenreiches.

Nachdem wir auch die Kleinwelten unseres Sonnenreiches – die Planetoiden, Meteore und Kometen – kennenlernten, schwingen wir uns über die Grenzen unserer Sonnenwelt hinaus in die Weiten der Milchstraße: zu den Sonnen und Doppelsonnen, den Novae und Supernovae, den unsichtbaren Sternen und belebten Welten der Milchstraße.

Erkennen wir, wie sich beim meditativ-bewußten Aufblick zum Sternenhimmel das zweidimensional erscheinende zarte Schleierband der Milchstraße, unserer heimatlichen Galaxis, in ein kosmisches Raumbild unermeßlicher Sternenheere auflöst.

Wir sehen, daß innerhalb der ellipsenförmigen Milchstraße

mit ihrem größten Durchmesser von 100 000 Lichtjahren unsere heimatliche Sonne einem etwa 30 000 Lichtjahre vom Zentrum entfernten Nebenarm der Galaxis angehört, der das Zentrum der Milchstraße mit einer Geschwindigkeit von 200 Kilometern (km) in der Sekunde umschwebt und zu *einer* Umkreisung etwa 220 Millionen Jahre braucht ...

Und wir spüren in den Milliarden planetenumschwärmten Sonnenreichen unserer Galaxis ebenso viele Lebensgefilde, die Billionen Wesen Licht, Wärme und Entfaltungsmöglichkeiten bieten ...

Doch wir dringen, weiter eilend, tiefer ins Reich der All-Unermeßlichkeit ein, bis wir die Grenzen des Metakosmos berühren, wo alle Zahlen enden. Von dort aus gleiten wir dann in das Reich der Mikrokosmen, in die Wunderwelt der Atome und Elektronen, und erwägen und wägen die Verwandtschaften zwischen Sternen und Atomen, um zu der rätselvolleren Verwandtschaft von All und Mensch vorzudringen.

Von der All-Besinnung zur Selbst-Besinnung uns erhebend, erwecken wir schrittweise in uns ein Gespür für letzte Allzusammenhänge und erfahren in der Berührung mit dem Kosmischen Bewußtsein die innere Harmonie der Welten und uns selbst als werdende Mitarbeiter des Weltengeistes.

Schließlich erkennen wir es als unsere Bestimmung, in Harmonie mit dem Unendlichen unser Leben von innen her neu zu durchgeistigen, um im Laufe unserer Allentwicklung allmählich reif zu werden für unsere Heimkehr ins Ewig-Absolute – jenseits des Alls.

Wie weit diese Pilgerfahrt den schlummernden All-Sinn erweckt, hängt vom einzelnen selbst ab: von der Willigkeit, mit der seine Seele sich den Wundern des Alls erschließt.

Am Ende dieser Wanderung wird er erkennen, wie weit sein All-Sinn wach ward und wieviel freier er demzufolge dem Erdendasein und seinen Aufgaben darin gegenübersteht.

Erwacht er zum kosmischen Bewußtsein, weiß er am Ende der Weltenwanderung, daß sein Geist trotz der Winzigkeit und Vergänglichkeit seines Körperkleides nicht geringer ist als das von ihm erkannte All – ja, daß der göttliche Funke in ihm in Wahrheit ein Bezwinger des Raumes und der Zeit ist und befähigt und bestimmt, sich über alle Stoffgebundenheit sieghaft zu erheben.

AN DER SCHWELLE DES KOSMISCHEN ZEITALTERS

»Das Weltall ist ein Kreis, dessen Mittelpunkt überall, dessen Umfang nirgends ist.« *Pascal*

»Im kosmischen Bereich hat nur das phantastisch Anmutende eine Chance, sich als Wahrheit zu erweisen.« *Teilhard de Chardin*

Daß die Menschheit heute an der Schwelle eines neuen Zeitalters steht, ist ein Faktum. Daß sie in ihrer Mehrheit nur physisch und historisch, nicht aber entwicklungs- und erkenntnismäßig, seelisch-geistig und ethisch, an dieser Schwelle angelangt ist, birgt eine Gefahr.

Doch diese Gefahr soll nicht überschätzt werden. Denn wenn auch der Vorstoß des Menschen in den Weltenraum ebensowenig aufzuhalten ist wie die weitere Erschließung der atomaren Energien, so regiert doch auf der Erde wie im All der Geist des Lebens und der Ordnung.

Gewiß wird von den lenkenden Mächten im All dafür gesorgt, daß die Menschheit als Ganzes zur kosmischen Reife findet, bevor die Wunder des Kosmos und Metakosmos sich ihr erschließen, und auch dafür, daß die Gefahr des Mißbrauchs der neuen Kräfte und Möglichkeiten durch eine kosmisch noch unreife Menschheit in den Grenzen des Erträglichen gehalten wird.

Solange der Mensch nicht die Atomenergien der Seele, die Dynamik rechten Denkens und Wollens, beherrscht, wird er allerdings kaum den optimal weisesten Gebrauch von den durch ihn entfesselten Kräften machen. Solange er nicht wenigstens seiner inneren All-Einheit bewußt geworden ist, wird die Eroberung des Weltenraumes ihm nicht mehr einbringen, als etwa die Entdeckung Amerikas durch Kolumbus oder die Eroberung Mexikos durch Cortes den Spaniern eingebracht hat.

Solange uns Erdbewohnern die kosmische Reife fehlt, wird die Berührung mit fremden Denkwelten uns wenig Gewinn bringen. Solange wir nicht von der Ehrfurcht vor allem Lebendigen erfüllt und bereit sind, uns in fremde Seinswelten liebend einzufühlen, bedeutet unser Auftreten auf anderen Welten nur die Ausbreitung unserer irdischen Unzulänglichkeiten und eine Störung der kosmischen Ordnung.

Der Erdenmensch wird entweder diese Ehrfurcht vor dem lebendigen All und seinen Wundern mitbringen – oder er wird in den Weiten des Alls an sich selber zugrunde gehen. Denn wenn er die Erde verläßt, sie nicht nur aus der geringen Entfernung des Mondes als vertraute Heimat, sondern aus kosmischer Ferne als Stern unter Sternen sieht und dort draußen nicht nur äußerlich Gewicht und Halt verliert, sondern auch innerlich seines Haltlos- und Heimatlosseins bewußt wird, kann ihn nur eines retten: das Gewißsein, daß der einzige feste Punkt im All *in ihm* ist: das Bewußtsein seiner Gott-Einheit und Allgeborgenheit.

Nur aus diesem kosmischen Bewußtsein wird ihm die Kraft erwachsen, in seiner neuen größeren Heimat, dem boden- und grenzenlosen All, heimisch zu werden und nicht einem kosmischen Existenzialismus zum Opfer zu fallen . . .

. . . Solange hockt im Hintergrund seines Wesens die namenlose Angst vor der neuen Erkenntnis, die seine menschliche Überheblichkeit zertrümmert: daß sein Planet keine Sonderstellung mehr einnimmt, daß er selbst nicht mehr wie auf der Erde die Krone der Schöpfung bildet, sondern nur ein noch relativ unentfaltetes Glied einer unendlichen Lebenskette ist, die vom Einzeller bis hinauf zur Gottheit reicht und

Myriaden Entwicklungsstufen und Lebensformen umfaßt ...

Der kosmisch erwachte Mensch kennt diese Angst nicht. Er weiß sich innerlich den niedrigsten wie den höchsten Wesen und dem Ursprung allen Lebens verwandt, nah und eins. Und weil er vom *Geist des Ganzen* erfüllt ist und sein brüderliches Verbundensein mit allen Wesen auf allen Welten bejaht, wird er sich mit ihnen verständigen und vereint mit ihnen weiterschreiten und größeren Zukunftsaufgaben entgegenreifen.

... Noch zwar besteht die Gefahr, daß der Mensch beim Aufbruch ins Unermeßliche jedes Maß verliert und der Vermessenheit verfällt. Solange er noch meint, alles berechnen und beherrschen zu können, wird er sich verrechnen. Wunder und Wesen der physischen wie der metaphysischen Unendlichkeit wird nur begreifen, wer sich von ihr ergreifen läßt und sich in Demut vor Dem beugt, der zugleich in und über ihm ist.

Zum Glück leben unter uns Pioniere und Wegbereiter der Zukunft. Einige von ihnen haben sich den Wissenschaften zugewendet, andere haben sich der Philosophie ergeben, noch andere der Kunst und wieder andere der Religion, Mystik und Lebensweisheit. Jeder von diesen bewußt oder unbewußt bereits kosmisch Denkenden versucht auf seine Weise zum neuen Weltbild, zur neuen Lebensordnung durchzustoßen.

Einzelne von ihnen erkennen bereits die aufdämmernde Harmonie und Einheit in diesem vielfarbigen und vieltönigen Suchen und Streben: Sie stimmen die Antennen ihrer Seele auf die neue Geisteswelle des *kosmischen Zeitalters* ab, um für die Botschaften empfänglich und für die Wandlungen reif zu werden, die aus der Zukunft auf die Menschheit zukommen.

Wo immer solche kosmisch wachen Menschen am Werk sind, spürt man den Geist des neuen Zeitalters, den Durchbruch vom Endlichen zum Unendlichen, vom Zeitlichen ins Ewige, aus der Vielheit zur Einheit. Ihnen ist ›Zeit wie Ewigkeit und Ewigkeit wie Zeit‹, und insoweit sind sie ›befreit von allem Streit‹, der die Massen noch bewegt und erregt.

Sie sind Vorläufer der Menschen, die einmal aus dem All zur Erde zurückkehren: Gewandelte und kosmisch Gereifte. Und sie sind zugleich unsere Vorläufer und Vorbilder! Denn jeder kann in der Selbstbesinnung seiner Doppelnatur inne werden: Leiblich ist er ein Kind der Eltern und ein Geschöpf der Erde, seelisch-geistig aber ist er ein Geschöpf des Alls und ein Kind des Ewigen. Als solches spürt er, daß der Kosmos als sein Erbe auf ihn wartet, ihm aber nur dann zur Heimat wird, wenn er zuvor gelernt hat, das All im eigenen Innern zu erkennen, zu durchmessen und zu meistern.

*

Wer die Schwelle des kosmischen Zeitalters überschreiten und jenseits derselben weiterleben will, muß sich zu einem neuen Denken und Bewußtsein durchringen, das ich hier mit den alten Astromanten das *kosmische* nenne. Aber dieses kosmische Bewußtsein ist keines, das mit den Mitteln der ratio errungen wird. Es beginnt erst jenseits des diskursiven Denkens – als unmittelbares Innewerden der Wirklichkeit im Augenblick des seelischen Erwachens.

Dieses *kosmische Bewußtsein* ist ein Aufflammen des inneren Lichts, ein Wachwerden für eine Lichtwelt, die heller strahlt als alle Sonnen des Universums, weil ihr Glanz aus dem Überlicht der Gottheit strömt.

Es ist ein Durchstrahltwerden aller Bewußtseinsschichten und deren unmittelbares Aktivwerden, das mit Recht als Erleuchtung empfunden wird, als ein intuitives Erkennen der Geheimnisse des Daseins und des Kosmos, als ein Gewahrwerden des inneren Einsseins des Lebens und der Bruderschaft alles Lebendigen – auf Erden wie in allen Welten des Alls ...

... Es ist die Wiedergewinnung der Mitte: des Gottesgrundes im Seelengrund, und ein Innewerden der Mittel- und Mittlerstellung des Menschen – und jedes Lebens im All – zwischen subatomaren, den kosmischen und den metakosmischen Universen.

Der kosmische Mensch erkennt sich als Schnittpunkt zweier Unendlichkeiten, wie wir noch sehen werden: des Mikrokosmos und des Makrokosmos, und zugleich als beider Spiegelbild. Das Weltengeheimnis wird ihm zum Seelengeheimnis: Mikrokosmos, Seele und Universum stehen wie Unbewußtes, Bewußtsein und Allbewußtsein in einem lebendigen Ordnungsverhältnis.

Diese Neuorientierung des Menschen bedeutet eine *Transmutation*, die weit mehr ist als etwa eine biologische Mutation: Sie ist ein Entwerden des Menschen zu einem neuen Sein und Übersein, in dem er sich jenseits von Raum- und Zeitgebundenheit wie von Werden und Vergehen weiß.

Dieses umfassendere Sein und Bewußtsein ist von einer ekstatischen Seligkeit und Freude begleitet, die aus der Erkenntnis der Unvergänglichkeit des geistigen Wesenskerns und Kraftfeldes des Menschen entspringt, aus dem Gewißsein seines Freiseins von der Erdgebundenheit.

Wie kann der den Tod fürchten, der die Ewigkeit und das All in sich weiß? Er ist nicht nur *da*, er existiert und vegetiert nicht nur wie Pflanze, Tier und viele Menschen, sondern er *ist*. Er weiß, daß er nicht nur das leidende Ich ist, sondern auch das leidenthobene *Selbst*, das zugleich das Überselbst und – im Letzten – das All-Selbst und Gott-Selbst ist.

Zu allen Zeiten haben einzelne das Tor zum Kosmischen Bewußtsein durchschritten. Heute, an der Schwelle des kosmischen Zeitalters, beginnt sich dieses Tor für immer mehr Menschen zu öffnen.

Mögen jene hindurchschreiten, die dafür reif sind! Denn hier bedeutet jeder Schritt ein Hinausschreiten zum Zentrum universellen Lebens, zum Geist des Lebens. Dorthin aber gelangt nur, wer sich schon hier und jetzt dem Geist des Lebens innerlich verbunden und eins weiß.

Und wer sind diese einzelnen? Sie waren *Astromanten.* Mit diesem Wort berühre ich den eigentlichen Anlaß dieses Buches.

ASTROMANTEN

»In dir, Sterblicher, arbeitet schöpferisch der Ewige. In dir will Gott Gestalt gewinnen, damit aus dir vollkommene Weisheit strahle und allbeseligende Güte.« *Bruno Wille*

». . . Mein ist der leuchtende Pfad, den ich schreite,
höher und höher in dämmernde Weite,
näher und näher den schimmernden Fernen,
heller und heller entflammt von den Sternen . . .«
Lohmeyer

Seitdem es auf unserem Planeten Menschen gibt, haben sie im Aufblick zum nächtlichen Himmel die Welt der Sterne bewundert. Doch schon im Morgendämmer der Geschichte zeigte sich, daß einzelne unter ihnen diese Versenkung in das Wesen der Sterne so vertieften, daß ihr Bewußtsein sich weitete und sie der Wunder des Kosmos inne wurden. In ihnen erwachte ein radar-ähnlicher All-Sinn, der sie zu kosmischem Denken und zur Allschau inspirierte.

Um diese Astrosophen von den Astronomen einerseits und von den Astrologen andererseits zu unterscheiden, nennt man sie *Astromanten.* Damit bezeichnete man schon in vorgeschichtlicher Zeit jene, die in der Kontemplation die Ebene des Allbewußtseins berührten – nicht als Ich-Denker, sondern als Alldenker, als *Kosmo-Telepathen*, für die es nichts Beglückenderes gab als den besinnlichen Aufblick zu den Sonnen am Nachthimmel, von denen sie sich angesprochen fühlten . . .

Auf die *Astromantie* trifft ein Wort von Ernst *Jünger* zu:

»Sie ragt wie ein erratischer Block als Überrest aus alten Zeiten in die unsere, als Zeugnis nicht nur für einen anderen Denkstil, sondern für eine *andere Geistigkeit.* Mit ihr ist eine Art Schau verbunden, die von der üblichen wissenschaftlichen Beobachtung weit getrennt ist; es werden Kräfte durch sie angeregt, die lange brach lagen.«

Die ›andere Geistigkeit‹ ist eine höherdimensionale Allbewußtheit, auf die an sich jedes Wesen angelegt ist und die auf einer gewissen Reifestufe von selbst erwacht.

In den Astromanten war und ist die Sehnsucht, die Sucht, zu sehn, die Wunder des Universums zu schauen, glühender und stürmischer als in den Alltagsmenschen: Sie spüren das Seelenhafte im All. In ihnen ist ein Allgefühl, ein kosmisches Einheitsbewußtsein, eine spirituelle Allschau in mannigfachen Graden lebendig geworden.

Entwicklungsgeschichtlich gesehen war die Astromantie die Mutter der Astronomie, der Astrolatrie (des Sterndienstes) wie der Astrologie. Astromanten waren die ersten Priester-Astronomen der alten Völker, die mit dem Lauf von Sonne, Mond und Planeten und mit den Sternbildern vertraut waren. Sie waren Sternkundige und Sternweise zugleich, zum Teil Träger kosmischen Bewußtseins, Erspürer kosmischer Kräfte- und Gedankenströmungen.

Gleich *Merlin*, dem Zauberer der Artus-Sage und Schützer des Artus-Reiches, waren sie, oft schon von Jugend an, hellhörig für ›Stimmen, die den andern schweigen‹, hellfühlig für Gedanken aus fremden Lebenswelten, hellsichtig für höherdimensionale Seins- und Lebensreiche und ihre Bewohner.

Ihr kosmischer Spürsinn, für den jeder Lichtstrahl ein Künder geistigen Lebens war, ließ und läßt sie erleben, was der Dichter (Hebbel) ahnungsvoll ausspricht:

»... Und von allen Sternen nieder
strömt ein wundervoller Segen,

daß die müden Kräfte wieder
sich in neuer Frische regen.«

Sie erkannten als erste die geheimnisvollen Zusammenhänge zwischen dem Mikrokosmos ›Mensch‹ und dem Makrokosmos des Alls. Sie erspürten das mannigfache Verbundensein des Menschenwesens wie des Menschenschicksals mit den Sternen – nicht im Sinne einer Abhängigkeit, sondern einer geistigen Verwandtschaft und Zusammengehörigkeit.

Sie waren die Gründer der Astralreligionen und der Astralkulte der alten Völker, in denen die Sterne als ›Geheimschrift der Götter‹ galten, die die kosmisch Erwachten, die Priester-Seher, zu lesen und zu deuten wußten.

Bewundernswert, daß sie vor Jahrtausenden ohne Fernrohre und andere Hilfsmittel ein astronomisches Wissen entwickelten, das dem Weltbild der heutigen Astronomie weit inniger verwandt ist, als die meisten ahnen. Sie waren geistige Giganten, deren Blick sich die Rätsel der Sterne und die Geheimnisse des Universums enthüllten.

Was ihnen vor Jahrtausenden – oder waren es Jahrhunderttausende? – gewiß war, wird heute erst zu einem Bruchteil faßbar, wie schon ein kurzer Rundblick deutlich macht:

China

Schon in vorgeschichtlicher Zeit wirkten in China Astromanten, die als kaiserliche Hofastronomen gehalten waren, ihr Wissen keinen Uneingeweihten preiszugeben. Sie verfügten nachweislich schon 2300 Jahre vor Chr. – wahrscheinlich aber weit früher – über Sternkarten, kalendarische Berechnungen der Sonnen- und Mondfinsternisse und der Planetenstellungen.

Wo ihr Wissen um kosmische Gesetzmäßigkeiten und ihre

Voraussagen ins Volk drangen, bildete sich der Determinismus der vulgären Astrologie heraus, deren Voraussagen sich mehr und mehr auch auf die Geschicke der Völker und Menschen erstreckten. Begünstigt wurde diese Entwicklung durch die priesterlichen Wetter-, Überschwemmungs- und Dürre-Voraussagen.

Die ältesten Zeugnisse vom Wirken der Astromanten berichten vom Sternweisen *Fu Hi*, der um 3000 vor Chr., also vor 5000 Jahren, »die Sterne untersuchte« und lehrte, wie ›alles im Kosmos harmonisch geordnet ist nach Maß, Zahl und Gewicht.‹

Schon vor ihm hatten Astromanten das Hilfsmittel der Zahlen eingeführt, um kosmische Entfernungen und Zeitmaße zuverlässig angeben zu können. Sie waren auch die ersten, die die fernen Sonnen zu Sternbildern gruppierten.

Indien

Auch in der indischen Frühzeit waren es Astromanten, die sich in meditativer Allhingabe dem Geist der Sterne verbanden und aus dem von ihnen Erfühlten ein Bild vom Aufbau des Universums gestalteten, das heutigen Vorstellungen nahekommt. Hinzu kam bei ihnen die Fähigkeit der Versenkung in die Wunder des Mikrokosmos, worüber später zu sprechen sein wird.

Als der griechische Philosoph *Leukipp* von Milet und sein Schüler *Demokrit* 500 Jahre vor Chr. die Lehre von den Atomen als den kleinsten Baustoffen der Materie verkündeten, wiederholten sie nur, was lange vorher indische Astromanten ›Vivartha‹ nannten, worunter sie atomare Energiewirbel verstanden, wozu sie klarstellten, daß alle Materie letztlich ›Maya‹ sei, nichtexistent, weil energetischer Natur, bloße Erscheinungsform und Spiegelbild geistiger Kraftfelder und einer unsichtbaren geistigen Wirklichkeit ...

Die Kosmologie der altindischen Astromanten umspannte Zeiträume von Jahrmillionen. Sie waren mit den Sternbildern des Tierkreises vertraut, wußten um frühere, versunkene Kontinente und um das Kommen und Gehen irdischer Kulturen ebenso wie um die Existenz außerirdischer Lebenswelten, von denen u. a. auch in alten jainistischen Urkunden gesprochen wurde.

Am deutlichsten sprach *Buddha* auf Grund innerer Gesichte von der Vielheit physischer, astraler, mentaler, spiritueller, göttlicher und Brahma-Welten und von den Bewohnern dieser Welten, die er ›mit eigenen Augen gesehen hatte‹. Er lehrte die Einheit allen Lebens im All und sprach von unzähligen Bodhisattvas, die auf Hunderttausenden Welten zum Wohle und Heil der diese bewohnenden Wesenheiten wirken.

Schon in den Veden und Upanishaden finden sich verwandte Gedanken. In einer Kündung aus jener Zeit wird davon gesprochen, daß sich das *Eine in uns* durch alle Vielgestaltigkeit der Welten und der Lebensformen mühsam seinen Weg ertastet zum *Einen im All.* »Wenn der Mensch sich gegen die Berührung mit dem Unendlichen abschließt, verliert er die innere Schau und lebt in einem Gefängnis; aber wenn er den Geist des Alls in sich spürt und ihn durch sich wirken läßt, ist er frei und in Harmonie mit dem All.«

Naher Osten

Kultstätten astromantischer Himmelsbetrachtung gab es in der Frühzeit auch im Nahen Osten: bei den Babyloniern, Medern, Persern, Assyrern, Sumerern, Hethitern, wobei nordische, indische und chinesische Einflüsse erkennbar sind. Auch hier waren es zumeist Priester-Astronomen, die die Bewegungen von Sonne, Mond und Planeten berechneten und deuteten.

Von einem dieser Astromanten berichtete der vorchristliche römische Dichter *Lukrez* im 1. Buch seines Werkes »De rerum natura« (Von der Natur der Dinge), daß es »einen Mann in Griechenland gab, der sich weit hinauswagte ins All und im Geiste durch die Unendlichkeit wanderte. Als Sieger zurückgekehrt, verkündete er uns, was sein kann und was nicht . . . Wir sind durch seine Triumphe in die Höhen des Himmels erhoben«. Von diesem Astromanten übernahm Lukrez auch die Lehre vom Aufbau der Materie aus Atomen und von der unendlichen Zahl bewohnter Welten im All. »Man muß zugeben, daß es in anderen (kosmischen) Räumen andere Erden und andere Wesenheiten gibt.«

In ähnlicher Weise sprachen gnostische Schriften wie die ›Pistis Sophia‹ von der den Eingeweihten eigenen Fähigkeit der All-Erkenntnis, von ihrem Wissen um Entstehung und Ende des Kosmos, um die Disken der Gestirne und um kosmische Zeiträume. *Jesus* wurde hier das Wort zugeschrieben, daß »ein Tag des Lichts tausend Erdenjahren gleichkommt, ein Jahr des Lichts 365 000 Erdenjahren und daß sein Wirken tausend Lichtjahre umspanne«, was einem Zeitraum von 365 Millionen Jahren entspräche.

Ägypten

In Ägypten waren Astromanten seit *Hermes Trismegistos* vor allem Initiatoren in den Mysterienschulen, die der Weitung des Bewußtseins und der Erweckung des Allsinns dienten und gewiß manchem Neophyten zur Erlangung kosmischer Bewußtheit verholfen haben.

Das astromantische Wissen Altägyptens ist heute noch in den Maßen der Pyramiden ablesbar. Ihr kosmisches Gespür spiegelt sich in ihren Lehren von der Möglichkeit der Wiederverkörperung mancher Seelen auf anderen Sternen.

Ob Übereinstimmung indischer und ägyptischer Frühkulturen mit denen der Mayas und Inkas auf eine einstige kontinentale Landbrücke zwischen Nordafrika und Mittelamerika (Atlantis) zurückzuführen sind oder ob die Priester-Astronomen dieser Völker unabhängig voneinander zu gleicher Himmelserkenntnis, ähnlicher Götterlehre und verwandten pyramidenförmigen Kultbauten gelangten oder ob diese Gemeinsamkeiten auf nordische Weisheitsquellen zurückgehen, ist aus den wenigen Relikten aus jenen Frühzeiten nicht mehr erschließbar. Aufschlüsse können hier nur spontane Rückerinnerungen geben.

Mittelamerika

Auch die Astromanten der Maya und Inka waren zugleich Priester und Astronomen, die um kosmische Zeitzyklen wußten. Sie kartographierten den Himmel, verfolgten und berechneten den Lauf der Gestirne und rechneten, wie ihre Hieroglyphentexte erweisen, mit Entwicklungszeiträumen von Jahrmillionen. Denken wir nur an ihre in Quiriga aufgefundenen Berechnungen von Daten, die 400 Millionen Jahre zurückliegen, was zeigt, daß sie wie die indischen Astromanten mit kosmischen Maßen und Zahlen vertraut waren.

Sie berechneten mit erstaunlicher Genauigkeit Sonnen- und Mondfinsternisse auf Jahrhunderte voraus, was deutlich macht, daß sie intuitiv den Aufbau unseres Sonnensystems erkannten.

Sie waren die ersten, die aus der Allschau auf periodische Abläufe in der Vergangenheit Schlüsse zogen hinsichtlich entsprechender Entwicklungsepochen der Zukunft. Leider haben christliche Vandalen bei der Eroberung von Mexiko die meisten Kulturdenkmäler der Maya und Azteken, wie

z. B. das Observatorium von Chichen Itza, zerstört, die Priester hingemordet und jeden tieferen Einblick in das Wissen der Maya-Astromanten verunmöglicht. Diese waren wohl auch die Schöpfer und Verwahrer der Quippu-Knotenschriften, in denen durch die komplizierte Anordnung von Hunderten von Schnüren nach Farbe, Anzahl und Position der Knoten und der sonstigen Merkmale eine Fülle astronomischen und sonstigen Wissens festgehalten und für Voraussagen verwendet wurde.

Andere Zeugnisse lassen vermuten, daß manche ihrer Lehren auf Astromanten zurückgehen, die über die atlantische Landbrücke oder über Nordamerika als ›Magier aus dem Norden‹ vom einstigen Kontinent Thule gekommen sein mögen, auf deren Wirken auch die vorgeschichtlichen Steinkreissysteme von Stonehenge in England und an anderen Orten hindeuten.

Große Astromanten

Offenbar waren viele der großen Weltenlehrer und Religionsstifter Astromanten, die das kosmische Bewußtsein besaßen und, jeder auf seine Weise, mit der Schwierigkeit zu kämpfen hatten, das visionär Erkannte, innerlich Bewußtgewordene in Worte zu kleiden, die für seherisch Unbegabte verständlich waren.

Einer von ihnen war *Thot Hermes*, Vater der Wissenschaften, der Künste und der Schrift Altägyptens und Begründer der ägyptischen Kultur (um 3400 vor Chr.), auf dessen Wirken an anderer Stelle (in »In dir ist das Licht!«) eingegangen ist.

Ihm geistig verwandt war der größte Weise Chinas, *Lao Tse* (um 600 vor Chr.), der das geistige Ur-Element des Universums wie des Menschenwesens TAO nannte und, nach der Quelle seiner Weisheit befragt, antwortete: »Ohne aus dem Hause zu gehen, kann man die ganze Welt erkennen.«

Auch sein Zeitgenosse *Pythagoras* war ein Astromant, der in der All-Versenkung die Sphärenmusik der Sterne vernahm, die Kugelgestalt der Erde und ihre Bewegung im Raum erkannte, Erkenntnisse des Kopernikus vorwegnahm und in der Milchstraße eine Vereinigung von Myriaden einzelnen Sonnenreichen sah.

Auch unter den großen Propheten aller Völker waren viele Astromanten, unter denen des Alten Testaments etwa der Prophet *Daniel* (um 600 vor Chr.), der mit drei anderen um seiner geistigen Wachheit willen ausgewählt wurde, um dem König Nebukadnezar zu dienen. Wie es in der Bibel heißt (Dan, 1, 17 f.): »Diesen vier Knaben gab Gott Kunst und Verstand in allerlei Schrift und Weisheit; Daniel aber gab er Verstand in allen Gesichten und Träumen ... Der König fand sie in allen Sachen, die er sie fragte, zehnmal klüger und verständiger denn alle Sternseher und Weisen in seinem Reich.«

Auf Grund einer Vision konnte Daniel den Traum des Königs sinnvoll deuten. Das dem König Verworrene und Unerkennbare wurde Daniel »durch ein Gesicht des Nachts offenbart« (Dan, 2, 19), so daß er dem Könige künden konnte, was sein Traum bedeutete und was in künftigen Zeiten geschehen werde.

Gleiches gilt vom Propheten *Hesekiel* (Ezechiel, 580 vor Chr.). Das erste Kapitel seines Buches in der Bibel spricht von ›Gesichten, bei denen sich der Himmel auftat‹: In Feuerwolken sah er einen ›Gotteswagen‹ mit seltsamen geflügelten Wesenheiten, die ihn von ferne an irdische Tiere erinnerten, mit Augen übersäte räderförmige Wesen, von hellem Glanz umgeben. Als sie auf der Erde landeten, »donnerte es in dem Himmel über ihnen« (was als Düsenlärm eines Raumschiffs gedeutet werden mag, das sie von fernen Sternen zur Erde brachte, worauf auch der Lichtschein am Himmel hinweist, von dem der Prophet spricht).

Vor ihm war es *Henoch* (wörtlich: Einweiher), der (nach 1. Mose 5, 18 ff.) ein Nachkomme Seths war, der »dieweil er ein göttliches Leben führte, von Gott hinweggenommen wurde«. Von ihm heißt es, daß er zeitweise entrückt und von einem ›Sohne Gottes‹ inspiriert wurde.

In dem aus dem 1. Jahrhundert nach Chr. stammenden *Äthiopischen Henoch-Buch* finden sich interessante astromantische und kosmobiologische Kündungen, Voraussagen astronomischer und irdischer Ereignisse, Angaben über die Urgeschichte und die Zukunft der Menschheit, die engelhafte Wesen in Tiergestalten ihm zuteil werden ließen.

Das *griechisch-slavische Henoch-Buch*, das vor dem äthiopischen im 2. Jahrhundert vor Chr. in Griechenland entstand, schildert Henochs ›Reisen durch die verschiedenen Himmelswelten‹. Es beschreibt, wie Henoch von Besuchern aus fernen Welten, zwei riesenhaften gefiederten Wesen mit strahlenden Gesichtern, mit in ihre Heimatwelt genommen wurde und was er dort erlebte. Er durchlief mit ihnen sieben himmlische Sphären, lernte Wesen mit Krokodilköpfen und eine hohe Wesenheit kennen, die er als Gott bezeichnete und die ihm Einblicke gewährte in das Leben der Bewohner verschiedener Welten.

Vielleicht waren auch die Weisen aus dem Morgenland (Matth. 2. 2 f.) Astromanten, die Christi Stern gesehen hatten, Herodes, der von ihnen hörte, berief sie heimlich zu sich, um zu erfahren, wann ihnen der Stern erschienen sei, dessen Bahn sie folgten, bis sie zur Geburtsstätte Jesu gelangten . . .

Auch Jesus selbst mag als Astromant gelten, wenn er im Blick auf die unzähligen Lebenswelten im All sprach: »In meines Vaters Hause sind viele Wohnungen«, viele Lebensreiche, womit er aber wohl zugleich auch die höherdimensionalen ›jenseitigen‹ astralen, geistigen und himmlischen Lebenswelten gemeint haben mag.

*

Auch unter den Kirchenvätern waren einzelne astromantisch begabt wie etwa *Origenes* (185–254), der auf Grund innerer Gesichte um die Vielheit der von denkenden Wesen bewohnten Welten wußte. Er sprach davon, daß die Seelen nicht nur auf der Erde wiederverkörpert werden, sondern je nach ihrer geistigen Reife auch auf anderen, vollkommeneren Welten wiedergeboren werden und daß das Leben der Seele in eben dieser Wanderung von Welt zu Welt bestehe. Er nannte es darum falsch, von Welten zu sprechen, die ›noch nie eines Menschen Fuß betreten habe‹, da uns mehr Welten im All vertraut seien, als wir ahnen . . .

Gleich ihm haben manche Mystiker in Ost und West von einer Vielheit der Welten gesprochen, wie etwa Meister *Eckehart*, der die Kunst der Allversenkung beherrschte. Ähnlich wie Lao Tse bekannte er: »Wenn wir ein kleines Blümelein so, wie es in seinem Wesen ist, erkennen könnten, hätten wir damit die ganze Welt erkannt.«

Auch Giordano *Bruno* (1548–1600) gab seiner nach erfahrener Bewußtseinsweitung gewonnenen Erkenntnis und Gewißheit von der Existenz einer Vielheit bewohnter Gestirne Ausdruck, ähnlich *Spinoza* (1632–1677), der in Stunden des Einsseins mit dem Geist der Gestirne alle irdischen Dinge sub specie aeternitatis betrachtete, wie es vor ihm *Plotin* tat. Er wußte um das Einssein des inneren Lichts mit dem All-Licht der Gottheit.

Der nordische Seher und Theosoph *Swedenborg* (1688–1772), der als Astromant ebenfalls die modernen Atomtheorien vorwegnahm, sah in seinen Visionen in den Himmelskörpern Stätten der Entfaltung vernunftbegabter Wesen. Außer seiner Jenseitsschau hatte er offenbar auch Kontakte mit fremden Wesenheiten.

Auch den Philosophen G. Th. *Fechner* (1801–1887) bewegte die Frage nach den Lebensformen fremder Welten als Folge erlebter Gesichte. Und *Kant* stellte mit Recht die Frage, wie viele Sterne uns wohl schon Heimat waren und wie viele es künftig sein würden. Dem gleichen Gefühl gab *Goethe* in den ›Zahmen Zenien‹ Ausdruck:

»Das Leben wohnt in jedem Stern.
Er wandert mit den andern gern
die selbsterwählte reine Bahn . . .«

Der letzte, aber nicht Geringste in dieser Reihe war der Paläontologe *Teilhard de Chardin* (1881–1955), der u. a. in seinem Werk »Der Mensch im Kosmos« von ›positiven wechselseitigen Bereicherungen‹ sprach, die bei Kontaktnahmen mit außerirdischem Leben eintreten würden. – Sein 1924 in Tientsin in China entstandenes Buch »Mein Universum« befaßt sich mit Fragen der Evolution des kosmischen Lebens. Er betont darin

1) den Primat des Bewußtseins,

2) seinen Glauben an das Leben im All,

3) daß das Universum ein unverrückbar auf die Entfaltung des Lebens gerichtetes Ziel hat,

4) daß hinter der kosmischen Evolution eine immanente geistige Energie oder Weltseele steht,

5) daß die Evolution des Lebens immer höheren kosmischen Reifestufen göttlicher Bewußtheit zustrebt, zu der man gelangt, wenn man bis in den tiefsten Grund seiner selbst hinabsteigt.

Er bejahte die universale Einheit als Endwirklichkeit. Diese Erkenntnis habe sich ihm, wie er sagt, »durch eine Art von kosmischem Bewußtsein aufgedrängt.«

Sein Gott ist Schöpfer und Lenker der kosmischen Evolution des Lebens bis in die fernsten Abgründe des Universums. Er spricht von einer ›Vielheit bewohnter Welten‹, dadurch bedingt, daß das Leben von allen Himmelswelten Besitz ergreift und daß es, »wenn es sich einmal auf einem Gestirn festgekrallt hat, sich nicht nur ausbreitet, sondern auch ständig höher entwickelt.«

Nach ihm hat das Leben in Millionen Sonnenreichen die Chance, zu entstehen und sich bis zur Stufe des Menschen und darüber hinaus zu entwickeln, wobei er betont, daß wir »keine Vorstellung von der besonderen Morphologie außerirdischer Lebensformen haben«, jedoch bei in ihrem Aufbau und ihrer Entwicklung verwandten Lebenswelten darauf schließen können, daß sie schließlich miteinander Kontakt aufnehmen, sich verständigen, verbinden und zu höheren Einheiten zusammenwachsen werden.

Geist und Materie entwickeln sich nach ihm gemeinsam all- und gottwärts. Die Einheit der Schöpfung im All vollzieht sich so, ›als bilde das Eine sich durch aufeinanderfolgende Einswerdungen aus Vielen‹. Heute sei die Welt noch unstabil und unvollendet, weil die Millionenscharen der heute in dem Kosmos eingeschlossenen Seelen ein schwankendes Vieles bilden.

Alle kosmische Entwicklung wertet er vor allem als psychologischen und geistigen Prozeß, in dem alles vom Geiste ausgeht, auch die stufenweise Veredelung und Vergeistigung der Materie. Das Endergebnis ist ein Ozean kosmischer Bewußtheit, in dem jeder einzelne Tropfen das Bewußtsein seiner Selbstheit besitzt.

Wir berühren damit die zeitlose Allschau der zum kosmischen Bewußtsein Erwachten.

Was die Astronomen unserer Zeit fasziniert – der Blick jenseits unserer Milchstraße zu immer ferneren Galaxien –, das bewegte schon in vorgeschichtlichen Epochen die Priester-Astromanten der alten Völker, deren wacher All-Sinn ihnen eine mehr oder minder lebendige Vorstellung vom inneren Aufbau des Universums vermittelte und sie kosmische Strömungen und paramentale Impulse erspüren ließ, die von fernen Sternen ausgingen und diese wechselseitig miteinander verbinden ...

Für den All-Sinn der Astromanten ist das Weltgebäude kein leerer und düsterer Raum, nur schwach durchstrahlt vom Licht unendlich weit voneinander entfernter Sonnen, sondern ein in sich leuchtender geist- und leben-erfüllter makrokosmischer Organismus, eine geistige Einheit hierarchisch gegliederter Lebenswelten.

Die Sterne sind ihnen nicht nur Boten des Lichts, sondern auch Künder des Lebens mit seinen unendlichfachen energetischen und spirituellen Rhythmen, Flutungen und Impulsen. Und wie die Sterne bejahen sie auch sich selbst als Verkörperungen kosmischer Lebenskraftfelder.

In der ihrem inneren Alltrieb entsprechenden Schau ging und geht ihnen auf, daß sie und die Erde aus den gleichen Grundstoffen bestehen wie die Sterne. Wie diese fühlen sie sich als Kinder des Kosmos, die wie alle Wesen auf allen Welten in ständiger Höherentwicklung begriffen sind. Sie erlebten und erleben die Einheit und Ganzheit der Schöpfung, die nicht nur das sichtbare Universum, sondern gleichermaßen die Vielzahl höherer geistiger Wesensreiche umfaßt.

Die Gewißheit beglückt sie: *Wir sind nicht allein!* Aus allen Zonen des Alls grüßen uns geistig verwandte Wesen, deren Gedanken im Meer der kosmischen Lebenskraftfelder mit

Überlichtgeschwindigkeit zu ihnen kommen und ihnen spirituelle Kontakte mit Lebenswelten ermöglichen, die anderen Räumen und anderen Zeiten angehören.

Manchen Astromanten eignete die Gabe der Teilhabe an fremdem Denken und Leben. Einzelne berichten, wie wir sahen und im weiteren sehen werden, auch von kosmischen Besuchern. Von ihnen mögen die alten Mythen von ›Himmelssöhnen‹ stammen, von Kosmonauten ferner Welten, von denen das Mahabharata und andere alte Epen berichten. Da wird von vielfenstrigen Himmelswagen berichtet, die mit einem Feuerschweif gleich dem der Kometen durch den Himmel eilten und auf der Erde landeten.

Andererseits hieß es von *Dike*, der griechischen Göttin der Gerechtigkeit und Tochter des Zeus, auch Asträa genannt, daß sie im eisernen Zeitalter die Erde, auf der sie lange geweilt hatte, in Richtung des Sternbilds der Jungfrau verließ . . .

Auch die Bibel spricht von Göttersöhnen, die sich mit den Menschen vermischten. Es heißt da (1. Mose 6, 1 f.): »Da sich aber die Menschen begannen zu mehren auf Erden und ihnen Töchter geboren wurden, sahen die *Kinder Gottes* nach den Töchtern der Menschen, wie sie schön waren, und nahmen zu Weibern, welche sie wollten.« Aus diesen Ehen gingen Kinder hervor, die, wie es weiter heißt, »Gewaltige in der Welt und berühmte Männer wurden«, so daß sie ihrerseits als Weisheitslehrer wirkten.

Verständlich, daß für die alten Astromanten der Kosmos keine statische Größe war, sondern ein lebendiger Dynamismus, in dem jedes Wesen auf jeder Welt als Inkarnation der Gottheit angesehen wird mit der Aufgabe, die ihm eingeborene Göttlichkeit im Laufe seiner Evolution in brüderlicher Verbundenheit mit anderen Wesenheiten immer vollkommener zu offenbaren.

Manche Astromanten spürten den kosmischen Plan, der aller Bewegung und Entwicklung im Universum zugrunde liegt. In den einzelnen Welten sahen und sehen sie Pflanzschulen für Geistwesen, die ihrer Gottunmittelbarkeit bewußt werden sollen. Sie fühlten und fühlen sich selbst als Weltenwanderer, für die die Erde nur Herberge ist, nicht ihre kosmische Heimat, zu der die göttliche Stimme im Innern sie ruft . . .

Dies war vorauszuschicken, um zu verdeutlichen, von welcher Basis hier ausgegangen wird, wenn wir uns nun den Wundern des Weltalls zuwenden – beginnend mit unserer Erde und endend im Reich der All-Unermeßlichkeit.

Lernen wir, mehr und mehr alles mit den Augen der Astromanten zu sehen, damit das Universum für uns lebendig wird und unser Bewußtsein sich ins Kosmische weitet!

DIE ERDE – STERN UNTER STERNEN

»Ich sah empor ins All – und sah in allen Räumen Eines,
hinab ins Meer – und sah in allen Wellenschäumen Eines.
Ich sah ins Herz: Es war ein Meer im Reich der Welten
voll tausend Träum' – ich sah in allen Träumen Eines.« *Djelaleddin Rumi*

»Die Beziehungen zwischen Mensch und Erde reichen tiefer, als man ahnt. Die Erde umhüllt sich mit einer einzigen denkenden Hülle und bildet so funktionsmäßig ein umfassendes Denk-Atom von siderischem Ausmaß.«

Teilhard de Chardin

Seit je löste der Blick zum nächtlichen Himmel den Wunsch aus, selbst zu den Sternen hinauszueilen und ihre Wunderreiche kennenzulernen. Man erträumte ein Raumschiff – und übersah, daß die Erde selbst ein Raumschiff ist, das den Kosmos durcheilt.

Heute glauben wir Menschen nicht mehr, daß es das Universum sei, das sich um uns dreht – wie Kinder, die auf einem Karussell fahren, meinen, die Welt schwinge um sie herum. Heute weiß jeder, daß die Erde ein Karussell ist, ein Riesenkreisel, der um seine Achse rotiert, wie auch die Planeten und Sonnen und selbst die Milchstraßen und Welteninseln Kreisel sind.

Doch wer denkt daran, daß der Erden-Kreisel durch seine Rotation 6000 Trillionen Tonnen Masse im Gleichgewicht erhält, die aus fast 150 Millionen km Entfernung von der Sonne her gelenkt wird? Der Mensch spürt ja auch nichts davon, daß die Erde auf ihrer Bahn um die Sonne eine Ellipse beschreibt, in deren einem Brennpunkt die Sonne steht ...

... Um diese Bewegungen zu erkennen und die Größe des Sonnensystems zu erfassen, müssen wir uns von der Erdgebundenheit lösen – wenn nicht körperlich, dann in Gedanken – und für unsere weiteren Betrachtungen einen Standpunkt zu gewinnen suchen, der draußen im Weltraum liegt.

Wir vermögen unser Bewußtsein so weit auszudehnen, daß wir unsere Erde nur mehr aus kosmischer Ferne gewahren. Sowie wir uns, unseren Körper zurücklassend, vom Schwerefeld der Erde unberührt, in Gedanken in des Weltalls Weiten schwingen, betreten wir ein Reich der Wunder.

Froh der ungewohnten Freiheit, heben wir uns weit hinaus, bis die Erde nicht mehr den halben Himmel, sondern nur noch einen Bruchteil seines Raumes bedeckt. Wir lassen sie seitlich unter uns wegsinken, bis sie einen kaum fünfmal größeren Durchmesser zeigt wie der Mond von der Erde aus.

Wir halten bei diesem Gedankenflug etwa 300 000 km von der Erde entfernt inne und öffnen unsere Seele weit dem neuen Erleben. Denn anders bietet sich das Gesicht der Heimatwelt von diesem Punkt im Raum uns dar, erhabener als von den höchsten Berggipfeln der Erde.

Das anfangs Erdrückende, aber schließlich mehr und mehr Beglückende ist die völlige Lautlosigkeit des Weltenraumes. Hierher dringt auch der größte Erdenlärm nicht. Keiner der Millionen Schreie der Freude wie der Klagen des Schmerzes der Geschöpfe der Erde berührt dieses ewige Schweigen. Nur das Licht, das die Sonne der Erde schenkte und das diese zum Teil zurückstrahlt, dringt zu uns, des Erdballs buntes Antlitz enthüllend ...

Auch der Himmel sieht hier anders aus: nicht blau, sondern tiefschwarz. Blendend weiß strahlt die Sonne zu uns herüber, von einem Lichtkranz umhüllt. Aber die Farben, die uns am Sonnenlicht entzücken, fehlen hier. Und da die lichtzerstreuende Wirkung der irdischen Lufthülle wegfällt, erblicken wir neben der Sonne die Sterne – schärfer und leuchtender als auf der Erde, nicht funkelnd und flimmernd, sondern unbewegt ihr Licht verstrahlend.

Welch wundersames Neugefühl, den mächtigen Ball unseres Planeten mit seinem Äquatordurchmesser von 12 757 km auf allen Seiten vom Raum umspült zu sehen, umrahmt vom Lichterglanz der gleichen Sterne, die wir von der Erde aus über uns sahen.

Heller erscheint der sonnenbeleuchtete Teil der Erde von hier aus als der Mond, von der Erde gesehen – aber ungleich dem Monde erstrahlt die Erde in bläulichem Schein wie auf den Farbfotos, die von Satelliten und den ersten Mondfahrern aufgenommen wurden.

Wir entdecken und berechnen, daß die Erde, die am Äquator mit einer Geschwindigkeit von 465,11 Metern in der Sekunde rotiert und mit 30 Sekunden-Kilometern die Sonne umkreist, keine vollkommene Kugel, sondern an den Polen leicht abgeplattet ist.

Erde und Seele

Ist es Wehmut, die uns beim Anblick des lautlos dahinschwebenden Erdballs ergreift?

Unseren Vorfahren galtst du, Mutter Erde, als Stütz- und Mittelpunkt der Welt. Ach, längst schon ist der Allmittelpunkt in endlose Fernen gerückt – und du wurdest ein winziges Teilchen eines Sonnentröpfchens im grenzenlosen Ozean des Alls ...

Wie lange brauchte der Mensch, bis er deine Stellung im Ganzen erkannte! Und wie viele sind sich heute noch nicht der Sternhaftigkeit ihrer Erdenheimat bewußt! Wie wenige stehen auf der Erde wie auf einem Raumschiff, daß sie sicher durch die Weiten des Kosmos trägt, unbekannten Küsten entgegen! Wie wenige sehen dich als Stern unter Sternen!

Auf diesem kleinen Sonnenstäubchen Erde hausen Billionen Geschöpfe, unter diesen fast vier Milliarden Menschen – in Rassen und Völkerschaften aufgespalten, die miteinander um die Herrschaft über den Planeten ringen – und darüber hinsinken, ehe die Erde mit ihrem Muttergestirn nur einmal die Sonnenbahn innerhalb der Milchstraße durchmessen hat . . .

. . . Rätsel über Rätsel türmen sich auf, wenn wir bedenken, daß der einzelne Mensch kaum den millionsten Bruchteil einer Erdsekunde lebt, daß sein Geist sich aber zu den Sternen erhebt, ihnen ihre Geheimnisse ablauscht und mit ihnen wetteifert an Dauer und Macht . . .

Unwillkürlich wendet sich unser Blick dem Rätsel *Mensch* zu, dessen ›Geschichte‹ nur wenige Jahrtausende umfaßt, dessen Erb-Erinnern hingegen über Jahrmillionen zurückreicht, weil die *Menschenseele* als biologisches Kraftfeld – oder als Lichtquant aus dem Urlichtmeer der Gottheit – von den Wandlungen ihrer Körperhüllen nicht berührt wird.

Ihr macht es nichts aus, daß die einzelnen Verkörperungen nur kurzlebige Zellen im Menschheitsorganismus bilden, der sich – wie die 30 Billionen Zellen im menschlichen Körper – fortwährend erneuert.

Ein Spätling ist der Mensch in der Entwicklungsgeschichte des irdischen Lebens, da es pflanzliches und tierisches Leben seit 1–2 Jahrmilliarden gibt . . .

. . . Und wie alt bist du selbst, kleine Erde?

Auf Grund von Analysen radioaktiver Mineralien bzw. aus dem Zerfall radioaktiver Elemente ergibt sich ein Mindestalter der Erde in ihrer heutigen Gestalt von 4–5 Milliarden Jahren. Viel weiter zurück reicht die Zeit, in der die Erde aus dem Zustand des Urnebels in die glühend-flüssige Zustandsform überging und sich im Laufe der Jahrmilliarden eine feste Kruste bildete.

Unwillkürlich drängt sich hier der Vergleich der Erdenseele mit der Menschenseele auf – schon beim Blick auf das Äußere:

Schon die Astromanten erblickten in der Erde wie in allen Gestirnen keine tote Masse, sondern einen beseelten Organismus, der den Gesetzen des Werdens und Vergehens unterliegt und um Glück und Weh weiß – und vielleicht stolz darauf ist, daß er den Menschen hervorgebracht hat . . .

Denn, wie *Fechner* mit Recht fragt: »Kann eine tote Mutter lebendige Kinder gebären? Beseeltes kann nur von Beseeltem geboren werden. Nur krassester Materialismus kann etwas anderes glauben.« Fechner sah in der Erde ein Mittelglied in der Stufenleiter von den Atomen bis zum Menschen und weiter hinauf zum Göttlichen:

»Aller Geist mag aus dem Allgeist Gottes kommen; aber nach ewigen Gesetzen fließt er nur durch schon beseelte Kanäle von ihm in neue Abzweigungen dieser Kanäle. Um in den Menschenleib zu fließen, mußte er erst durch den Leib der Erde strömen; denn das ist der große Kanal, an dem der kleine Kanal seines Leibes hängt. Vergessen wir dabei nicht, daß, indem wir den Geist der Erde als unseren Schöpfer betrachten, wir damit nicht ausschließen, daß Gottes Geist im höheren und weiteren Sinn unser Schöpfer ist. Er ist es eben durch Vermittlung des Geistes der Erde: Durch ihn zeugte Er uns.« –

*

Blicken wir kurz auf die Parallelen zwischen Erde und Menschenseele:

Astrognostisch gesehen, ist unsere *Erde* ein Kind der Sonne und innerlich sonnenhaft wie ihre Mutter, von der sie einst ausging und in deren Flammenschoß sie am Ende ihrer Bahn zurückkehren mag.

Psychognostisch gesehen, ist unsere *Seele* ein Kind der Sonne der Seelen – der Gottheit – und sonnenhaft wie sie, von der sie einst ausging und in deren flammend Herz sie am Ende ihrer Weltenwanderbahn heimkehrt.

Seitdem die Erde sich aus der Sonne gelöst hat, erkaltete sie auf ihrer Jahrmilliardenbahn um ihr Zentralgestirn und umkleidete sich zum Schutz gegen die Weltraumkälte mit einem Luft- und Gesteinsmantel.

Gleichermaßen ›erkaltete‹ die Seele auf ihrem Wege durch die Zeit und umhüllte sich mit immer vollkommeneren Körper-Mänteln.

Aber wie unter der dünnen Erdkruste die glutenden Magmaschichten und der heiße Erdkern liegen, so verbergen sich unter der Körperhülle die sonnenhaften Bewußtseinsschichten der Seele und der göttliche Glutkern.

*

Stratigraphisch gesehen, besteht die erstarrte Erdhülle aus einer Vielzahl sedimentärer und eruptiver Gesteinsschichten, die zum Teil Magmaherde in sich eingeschlossen haben und im übrigen auf der Magmaschicht ruhen.

Ein ähnliches Gesicht und Geschicht weist, wie schon Plato erkannte, die Seele auf.

Bei der Erde liegen die verschiedenen Gesteinsschichten manchmal sichtbar zutage. Im übrigen hat der Bergmann das Novalis-Wort zum Teil bereits wahrgemacht: Indem er in die Tiefen der Erde hinabstieg und ihre Schätze ans Licht brachte, hat er den Menschen zum Herrn der Erde gemacht, wenn auch nur nach der technischen Seite.

Nach der dynamischen Seite wird vielleicht der Bergmann der Seele die Vollendung bringen: der Psychodynamiker, der die Tiefenkräfte der Seele erschließt, und noch mehr der

Mystiker, der bis in die Magmaschichten des Seelengrundes vordringt, das innere Licht zum Aufbruch bringt und die Möglichkeit schafft, daß der ruhelose Mensch unserer Zeit auf dem Wege nach innen bis zu jenen letzten Seelentiefen gelangt, »in deren Schoß er jeglicher Beschwerde vergißt« . . .

Den obersten Schichten der Erdkruste mit ihren känozoischen Formationen entsprechen bei der Seele das Körperbewußtsein und das Ich-Persönlichkeits- oder ›Wach‹bewußtsein.

Die nächsttieferen mesozoischen Erdformationen haben beim Menschen ihre Entsprechung in den Schichten des Somatisch-Psychischen, Vegetativen, Triebhaften bzw. des Unterbewußtseins.

Bei der Erde folgen die noch tieferen paläozoischen Formationen, denen bei der Seele die Schichten des tiefsten Unbewußten und des kollektiven Unbewußten entsprechen.

Noch tiefer liegen in der Erde die archaischen Gesteinsschichten, vergleichbar bei der Seele dem Urbewußtsein.

Diese vier Schichten, die die etwa 60 km dicke Lithosphäre, die feste Gesteinshülle der Erde bilden, verhalten sich zum Erddurchmesser wie die Dicke einer Apfelschale zum Durchmesser des Apfels. Ihnen folgen die festen bis zähflüssigen Magmaschichten bzw. der ›Erdmantel‹ mit einer Dicke von etwa 2900 km, und darunter liegt der Erdkern mit einer ›Dicke‹ von 3400 km.

Bei der Seele entsprechen diesen inneren Schichten der Erde die Schichten des Überbewußtseins, des All- und des Gottbewußtseins, das im Kern der Seele glutet – ein Tropfen aus dem Urlichtmeer der Gottheit.

*

Wie auf der Erde in vulkanischen Gegenden die Magmamassen der Tiefe zuweilen nach oben drängen, die Erdoberfläche zum Beben bringen und die Kräfte der Tiefe eruptiv zum Vorschein kommen lassen, so brechen bei der Seele zuweilen die Tiefenmächte, von leibseelischen Erschütterungen begleitet, nach oben durch – sei es, daß sich die Gewalten des Unbewußten triebhaft äußern, sei es, seltener, daß die Urkräfte des Überbewußtseins und die darin eingesprengten Magmaherde des All-Bewußtseins nach oben durchstoßen und sich als Inspirationen, Intuitionen oder Hellgesichte äußern, sei es, noch seltener, daß die Gluten des genialen Gott-Bewußtseins im Aufbruch des inneren Lichts bis in die Körperhülle durchbrechen und den inneren Gottmenschen vorübergehend sichtbar werden lassen, der mit vulkanischer Urgewalt die lastende Hülle sprengt und eine Ahnung von den schlummernden Atomenergien des Seelenkerns vermittelt.

Wenn wir bis zum Mittelpunkt der Erde vorzudringen vermöchten, würden wir den Zustand, in dem die Materie sich hier befindet, nicht mehr als erdhaft, sondern als sonnenhaft bezeichnen. Genau so empfinden wir den innersten Seelenkern, wenn er bei der fortschreitenden Seelenerschließung sichtbar würde, nicht mehr als irdisch-menschlich, sondern bereits als göttlich-kosmisch.

Genug der Vergleiche! Verlassen wir die Erde und wenden wir uns dem nächsterreichbaren und schon erreichten Himmelskörper zu: dem Monde.

IM REICHE UNSERER SONNENHEIMAT

»Glaube niemand, daß die höchsten Gedanken Gottes, die auf den Blättern des Himmelsbuches eingetragen stehen, zu Ende gelesen sind, wenn man nur den Glanz der Sonne und der Sterne und ihren Auf- und Niedergang betrachtet. Nein, sie enthalten Geheimnisse, so tief, und Gedanken, so erhaben, daß die durchwachten Nächte, die Arbeiten und Studien von hunderten der feinsinnigsten Geister in tausenden von Jahren ununterbrochener Forschung in der Vergangenheit nicht ausgereicht haben und in der Zukunft nicht ausreichen werden, in sie einzudringen.« *Galilei*

»Da, wo der Weltengeist in stiller Größe waltet, immer neue Wunder schaffend, beim Anblick jener leuchtenden Systeme, die sich über uns kreuzen, erlebt der Mensch seine heiligsten Stunden.«
Gottfried Keller

Bei fortschreitender Versenkung in den Aufbau des Kosmos erkennen wir, daß wir mit unserem Planeten Erde nicht in einem strukturlosen Sternenmeer schwimmen, sondern daß das Weltgebäude in seiner Gestaltung das ständige Wirken eines göttlichen Architekten verrät, dessen Berechnungen wir allerdings nur Schritt um Schritt zu folgen vermögen.

Wir gewahren ein Ineinander kleiner, großer und größter Allgebilde: von Planetenreichen, Sonnensystemen, Milchstraßen und Welteninseln bis hinauf zu unvorstellbar gigantischen metakosmischen Einheiten.

Bringen wir uns diese Einheiten nacheinander zum Bewußtsein, bei der kleinsten beginnend: unserem *Sonnensystem.* Sehen wir uns zunächst in unserer kosmischen Nähe um. Da wir uns mit der Überlichtgeschwindigkeit des Gedankens bewegen, brauchen wir nicht mit der Zeit zu rechnen. Das bedeutet zwar auf unserer Sonnenweltreise nicht viel, wohl aber wird es uns zustatten kommen, wenn wir später jenseits unserer Sonnenheimat die grenzenlosen Räume des Universums durchmessen.

Wie wir uns der Erde enthoben, um ein neues Verhältnis zu ihr zu gewinnen, so schwingen wir uns jetzt etwa 7 Milliarden Kilometer in der Sonne entgegengesetzter Richtung in den Raum hinaus. In dieser Entfernung innehaltend, überblicken wir nun unser ganzes Sonnensystem gewissermaßen von ›außen‹.

Das erste, was uns bewußt wird, ist, daß das Sonnensystem im wesentlichen aus leerem Raum besteht, mit dem der Weltenschöpfer überaus verschwenderisch umgegangen ist. Wir werden später sehen, daß auch die Atome der Materie in der Hauptsache aus leerem Raum bestehen.

In beträchtlicher Nähe der Sonne sehen wir unsere Heimat, die Erde, mit ihrem Monde ihre Bahn verfolgen. Innerhalb der Erdbahn entdecken wir noch zwei Planeten: Merkur und Venus. Außerhalb der Erdbahn ziehen sechs weitere Planeten ihres Weges: Mars, Jupiter, Saturn, Uranus, Neptun und Pluto. Das Wort ›Planet‹ (= Wanderer, Umherschweifer) für die Sonnenkinder ist recht willkürlich, denn an sich sind *alle* Himmelskörper auf der Wanderschaft, auch wenn wir ihre Bewegungen im All der großen Entfernungen wegen nicht wahrnehmen.

Wir sehen weiter, daß Merkur und Venus mondlos sind, während die Erde einen Mond hat, Mars deren zwei, Jupiter 12, Saturn 10 Uranus 5 und Neptun 2.

Zwischen den Bahnen des Mars und des Jupiter gähnt ein breiter Zwischenraum, der teilweise von den Trümmern eines einstigen Himmelskörpers ausgefüllt wird: den Planetoiden oder Asteroiden.

Schon innerhalb des Sonnenreiches begegnen uns gewaltige Größenunterschiede: Neben die winzigen Planetoiden von einigen Dutzend oder Hundert Metern bis zu einigen Hundert Kilometern Durchmesser treten die Monde mit Durchmessern von einigen Dutzend Kilometern bis zu 5000 km. Die Planeten wiederum weisen Größen auf von kaum 5000 bis über 140 000 km Äquatordurchmesser. Aber sie alle zusammen bleiben unbedeutend im Vergleich zum Sonnenball mit seinem Durchmesser von fast 1,4 Millionen km.

Wir bewohnen das dritte unter den neun die Sonne umzirkelnden Planetenreichen, wobei der Mond, aus kosmischer Ferne gesehen, einen Teil der Erde bildet. Die mittlere Entfernung Erde–Mond – 384 000 km – beträgt nicht mehr als das Neunfache des Erdumfangs.

Die Sonne dagegen steht der Erde bereits 388 mal ferner als der Mond: 149 600 000 km. Um diese Entfernung zu überbrücken, müßten wir 11 700 Erdkugeln nebeneinanderlegen.

Verbindet sich mit dieser Feststellung aber eine lebendige Vorstellung? Kaum. Dennoch wollen wir hier und auch späterhin versuchen, die astronomischen Zahlen lebendig zu machen, um zu greifbaren Vorstellungen der Größen und Entfernungen im All zu gelangen:

Nehmen wir die Sonne als einen Ballon von zehn Metern Durchmesser, dann schwebt die Erde in einer Entfernung von 1200 Metern wie ein Apfel von 10 cm Durchmesser dahin, ihrerseits wiederum in einer Entfernung von 3 Metern von einer kleinen Pflaume umkreist . . .

. . . Der Mars wäre in diesem Modell 1800 Meter von der Sonne entfernt, Jupiter bereits 6 km, Saturn 11, Uranus 22, Neptun 35 und Pluto gar 50 km. Der nächste Fixstern wäre aber schon 250 000 km von unserer Sonne entfernt.

Verkleinern wir das Verhältnis abermals:

Im Maßstab 1 : 1 Milliarde (d. h. wenn wir eine Million km einem Meter gleichsetzen) hätte die Sonne einen Durchmesser von 139 cm. Merkur wäre ein Kügelchen von 5 Millimeter (mm) in 58 m Entfernung von der Sonne. Venus mit einem Durchmesser von 12,4 mm würde die Sonne in 108 m Entfernung umkreisen, die Erde mit einem Durchmesser von 12,8 mm in 149,5 m Entfernung, Mars (7 mm Durchmesser) in 228 m Entfernung, Jupiter (14 cm Durchmesser) in fast 780 m Entfernung. Saturn (12 cm) wäre 1,4 km entfernt, Uranus (4,8 cm) fast 2,9 km entfernt, Neptun (4,5 cm Durchmesser) etwa 4,5 km und Pluto (6 mm) gar 5,9 km vom Sonnenball entfernt. Bei diesem Vergleich wird noch deutlicher, aus wieviel leerem Raum unser Sonnensystem besteht.

Verkleinern wir die Verhältnisse in unserem Sonnenreich gar um das 500milliardenfache, schrumpft die Sonne zu einem Kügelchen von 2,8 mm zusammen. Dieses Sonnensandkorn legen wir auf einen genügend großen Platz im Freien. Die Erde, die bei dieser Verkleinerung zu einem winzigen Stäubchen von 1/40 mm Dicke wird, kommt in eine Entfernung von 30 cm. Der Mond, jetzt mikroskopisch klein, ist nicht ganz einen Millimeter von der Erde entfernt. Der Mars kreist in etwa 45 cm Entfernung vom Sonnensandkorn als unsichtbares Stäubchen. Jupiter erhält einen Abstand von 1,5 m, Saturn einen solchen von 2,8 m, Uranus von 5,7, Neptun von 9 m und Pluto von 12 m, so daß das ganze Sonnensystem auf einem Platz von 24 m Durchmesser unterzubringen wäre.

Das nächstgelegene 4 Lichtjahre entfernte Sonnenreich würde, da ein Lichtjahr bei diesem Maßstab etwa einer Strekke von 20 km entspräche, erst in 80 km Entfernung in ähnlicher Weise aufzubauen sein, wenn es ebenfalls mit Planetenkindern gesegnet ist . . .

So weit voneinander entfernt schweben die Sterne im Universum.

Bedenken wir, daß Raumsonden zum Jupiter etwa 2 Jahre

unterwegs sind, zum Saturn 6, zum Uranus 16, zum Pluto 36 Jahre, können wir uns vorstellen, wie lang ihre Fahrt zum nächsten Sonnensystem dauern würde, auch wenn technische Fortschritte die Geschwindigkeit der Raumsonden verhundertfachen würden ...

Das *Licht* hingegen durchmißt die Entfernung Erde–Sonne in 8 Minuten und 20 Sekunden, die zum Merkur schon in 3 Minuten, zur Venus in 6, zum Mars in 13, zum Saturn in 79 Minuten, zum Uranus in 2 Stunden 38 Minuten und zum Pluto in 5 1/2 Stunden.

*

Noch anschaulicher wird das Bild, wenn wir uns die *Bewegungen* der einzelnen Planeten und der Sonne vergegenwärtigen:

Die Planeten umschweben die Sonne nahezu in einer Ebene, zum Teil mit geneigten Polen, so daß sie bald den Nordpol, bald den Südpol der Sonne stärker entgegenneigen, woraus der Wechsel der Jahreszeiten resultiert. Wie die Erde, so drehen sich auch die anderen Planeten – mit Ausnahme des Merkur – um ihre eigene Achse, woraus sich der Wechsel von Tag und Nacht ergibt, wobei sie die Sonne in von der Kreisform nicht erheblich abweichenden Ellipsen umschweben, in deren einem Brennpunkt die Sonne steht.

Jeder Planet hat also einen Punkt größter Sonnenferne und einen Punkt größter Sonnennähe. *Kepler* war der erste, der diese Eigentümlichkeit der Planetenbahnen entdeckte und erkannte, daß Geschwindigkeit und Umlaufzeit der Planeten von ihrer Entfernung zur Sonne abhängt. Die sonnennäheren Planeten umrasen sie wesentlich schneller als die äußeren Planeten, weil die Anziehungskraft der Sonne, der sie entgegenzuwirken haben, in ihrer Nähe am größten ist.

Die Anziehungskraft ist es, die den ganzen kunstvollen Bau

des Sonnenreiches im Gleichgewicht erhält. Sie ist eine Eigenschaft, die jedes Materieteilchen aufweist. Die Stärke der Anziehung zweier Körper aufeinander hängt von ihrer Masse und Entfernung ab, und zwar nimmt sie mit der Masse direkt proportional zu und mit dem Quadrat der Entfernung ab. Sie ist also bei doppelter Entfernung nur noch ein Viertel so groß, bei dreifacher Entfernung nur noch ein Neuntel.

Auf den Planeten selbst hängt die Stärke der Anziehungskraft und damit die Fallgeschwindigkeit von ihrer Masse ab: Ein Körper, der auf der Erde in der ersten Sekunde 4,9 m abwärts fällt, fällt auf dem Monde nur 80 cm, auf Merkur und Mars 1,9 m, auf der Venus 4,2 m, auf dem Jupiter 10,7 m, auf der Sonne hingegen 135,7 m.

Ein irdisches Einkilogewicht wiegt auf dem Mond nur 158 g, auf dem Jupiter hingegen 2,4 kg, auf der Sonne 27,5 kg.

Neben der Anziehungskraft wirkt als weitere Kraft das Beharrungsstreben. Beide Kräfte zerren ständig an den einzelnen Planeten: Die Anziehungskraft hält sie im Schwerefeld der Sonne fest, das eigene Beharrungsstreben verhütet, daß ihre Bewegung sich ändert und daß die Planeten auf die Sonne, die Monde auf die Planeten stürzen. Beide Kräfte halten sich das Gleichgewicht.

Andererseits findet nicht nur eine Bahnbeeinflussung zwischen Sonne und Planeten statt, sondern, wie schon die Astromanten in der Frühzeit erkannten, auch zwischen den Planeten untereinander. Je tiefer man in diese scheinbar verwickelten, in Wahrheit äußerst sinnvollen Bahngesetze eindringt, desto gewaltiger erscheint einem der Schöpfergeist, der dies Wunderwerk mit seinen gegenseitigen energetischen und sonstigen Beeinflussungen schuf, in dem auch die Bahnen der kleinsten Planetoiden auf Minute und Meter genau geregelt erscheinen, in dem kleinste Bewegungsänderungen auf dem einen Himmelskörper einen wenn auch winzigen Einfluß auf das ganze Sonnenreich ausüben und in dem Störungen von unsichtbarer Hand wieder ausgeglichen werden.

Praktisch reichen die Abstufungen der Schwerefelder der Himmelskörper viel weiter, als man früher annahm. Es berühren und durchdringen sich, wie wir später sehen werden, nicht nur die Kraftfelder der Planeten und Monde, sondern auch die der einzelnen Sonnenreiche, der Sternenschwärme und die der einzelnen Galaxien . . .

Vom Geiste aus gesehen, erscheint die Gravitation als ein kosmo-energetischer Aspekt der Liebe. Oder ist er die physikalische Entsprechung dessen, was wir auf der seelischen Ebene Sympathie nennen – ein noch unerforschtes Verwandtschafts- und Zusammengehörigkeitsgefühl der Materie im Kosmos? –

Nachdem wir uns ein Bild von der Größe und dem Aufbau unseres Sonnenreiches gemacht haben, kehren wir zu unserem ersten Standort in der Nähe der Erde zurück, um von dort aus einen Himmelskörper nach dem anderen zu erforschen.

Erstes Ziel unserer Pilgerfahrt sei die uns am nächsten kreisende stille Welt des *Mondes*, wobei astronomische Daten weiterhin nur zur Verständlichmachung der Zusammenhänge angeführt werden.

Mond

Unter allen Himmelskörpern steht uns der Mond am nächsten und bietet darum trotz seiner Kleinheit die Möglichkeit gründlicher Erforschung seiner Oberfläche. Der größte Abstand des Mondes von der Erde beträgt 406 700 km, sein kleinster 356 400 km, die mittlere Entfernung 384 405 km. Das Licht braucht für diese Strecke 1,3 Sekunden.

Noch einige Daten vorweg:

Der Durchmesser des Mondes beträgt 3476 km, seine gesamte Oberfläche entspricht etwa der Größe Asiens (38 Millionen Quadratkilometer). Der Mond dreht der Erde stets die gleiche Seite zu, und zwar kennen wir 3/7 der Oberfläche genau, ebensoviel ist für uns nicht sichtbar, 1/7 infolge der Libration, des langsamen Hin- und Herschwankens des Mondes, bald sichtbar, bald unsichtbar. Die andere Seite des Mondes ist den gewonnenen Aufnahmen zufolge der Vorderseite ähnlich.

81 Monde wären erforderlich, um auf einer kosmischen Waage das Gewicht der Erde zu erreichen. Erde und Mond bewegen sich um ein gemeinsames Gravitationszentrum, das etwa 1500 km unter der Erdoberfläche liegt.

Ist unser Mond ein Kind der Erde? Oder war er einmal ein Planet wie sie, der in grauen Vorzeiten in das mächtigere Schwerefeld der Erde geriet und sie seitdem als Trabant umkreist? Gab es einst eine oder gar mehrere mondlose Zeiten auf unserem Planeten? Auf diese und andere Fragen gibt es noch keine endgültigen Antworten.

Wie die Erde hat der Mond kein eigenes Licht; er ist nur dort hell, wo die Sonne ihn bescheint oder wo das von der Erde reflektierte Sonnenlicht so auf ihn fällt, daß der dunkle Teil des Mondes nicht gänzlich unsichtbar wird, sondern grau schimmert. Am reizvollsten ist der Erdschein auf dem Monde, wenn dieser zunimmt. (*Zu*nehmend ist er, wenn seine Sichel wie der krumme Abstrich des großen deutschen ›Z‹ erscheint, *ab*nehmend, wenn seine Sichel wie der Abstrich des großen deutschen ›A‹ gebogen ist.)

Auf dem Monde fallen Tag und Jahr zusammen: Einmal in 29 Tagen, 12 Stunden, 44 Minuten und 2,9 Sekunden dreht er sich um die Erde. In dieser Zeit geht die Sonne auf dem Monde nur einmal auf und unter. Tag und Nacht sind hier also je 14¾ Erdentage lang.

Die Eigengeschwindigkeit des Mondes bei seinem Umlauf um die Erde beträgt 1,02 km in der Sekunde, er bewegt sich folglich in einer Stunde um mehr als seinen Durchmesser weiter. Zugleich macht er den Weg der Erde um die Sonne mit und darüber hinaus mit Erde und Sonne die Bahn des Sonnensystems durch das All . . .

Die Anziehungskraft beträgt auf dem Monde nur den sechsten Teil der irdischen: Ein Mensch von 60 kg Gewicht besitzt auf dem Monde nur ein Gewicht von 10 kg und kann 6 mal höher springen als auf der Erde. Das Gehen auf dem Monde ist, wie die Aufnahmen der Astronauten- (richtiger: Selenauten-)Bewegungen zeigen, mehr ein Schweben.

Der Himmel ist hier nicht blau, sondern gleicht einem sternenübersäten schwarzsamtenen Faltenwurf, auch wenn die Sonne über dem Horizont steht. Denn der Mond hat keine Lufthülle, die das Sonnenlicht zerstreut, den Himmel färbt und die Sterne verbirgt. Die geringe Schwere des Mondes verunmöglichte ihm das Festhalten einer Lufthülle.

Infolgedessen fehlen hier auch Dämmerungserscheinungen oder Halbschatten. Licht und Schatten, Tag und Nacht lösen sich hier schroff ab, ohne Übergänge und Farbtöne. Ob die Sonne gerade über dem Horizont aufgeht oder im Zenit steht – immer sieht sie gleich blendend hell aus, umgeben von einer strahlenden Korona. Ihr Licht ist hier intensiver als auf der Erdoberfläche.

Die Erde zeigt sich als bläulicher Stern mit Phasen, ähnlich wie die von der Erde aus beim Monde beobachteten.

*

Die Einzelheiten der Mondoberfläche treten, von der Erde aus gesehen, nicht bei Vollmond, sondern zur Zeit des ersten oder letzten Viertels, wenn das Sonnenlicht von der Seite her auf die Mondoberfläche fällt, am deutlichsten hervor. Alle Bodenunebenheiten heben sich durch starke Licht- und Schattenunterschiede heraus: die Höhenrücken, die Berge, die Krater und die Rillen im gläsernen Meer des Mondes.

Der *Mondboden* besteht, wie Untersuchungen von Mondgestein ergaben, aus den gleichen Grundstoffen wie die Erde. Aus den Berichten und Aufnahmen der Selenauten, die ihn als erste besuchten, wissen wir, daß die Mondoberfläche eine steinreiche, staubbedeckte öde Wüste ist. Das gilt sowohl für die helleren Gebiete wie für die dunkleren, die sog. ›mare‹ (Meere). Auch deren Grund ist nicht glatt, sondern mit Bodenwellen, Hügelzügen und Kratern in allen Größen übersät. Die Trostlosigkeit ihres Anblicks wird durch die poetischen Namen der Mond-›Meere‹ etwas ausgeglichen: Da gibt es ein ›mare serenitatis‹ (Meer der Heiterkeit), ein ›mare foecunditatis‹ (Meer der Fruchtbarkeit), ein ›mare nubium‹ (Wolkenmeer) usw., aber den für den ganzen Mond passendsten Namen erhielt das ›mare tranquillitatis‹: das Meer der Stille.

Ein Mondberg in der Wallebene des Curtius in der Nähe des Mondsüdpols hat eine Höhe von 8800 Metern, ist also den höchsten Gipfeln des Himalaya ebenbürtig. Aber es gibt Berge, die bis zu 11 000 m Höhe erreichen. Bei der geringen Anziehungskraft des Mondes ist die Besteigung der Mondberge nicht so schwer wie die der Erde.

An den Mondpolen gibt es einige tausend Meter hohe Berge, deren Gipfel in ewigem Sonnenlicht liegen. Man sieht sie als helle Lichtpunkte, die bei jeder Mondphase unverändert leuchten. Bei Neumond wird die uns abgewandte Seite dieser Berge von der Sonne bestrahlt.

Die meisten Berge auf dem Monde sind Ringgebirge, die wie *Krater* erloschener Vulkane aussehen und es zum Teil wohl auch sind. Im Fernrohr sieht der Mond aus, als habe er als Zielscheibe für Geschosse der verschiedensten Größe und Fluggeschwindigkeit gedient. Man hat etwa 50 000 große und kleine Krater registriert. Zu diesen kommen Hunderttausende kleinster Kraterlöcher.

Bemerkenswert ist die Höhe der Kraterwälle. Beim Aristoteles sind sie 4 km hoch. Nur die kleinsten Krater haben keinen Wallring. Der Kraterboden liegt ziemlich tief unterhalb der Kraterumgebung.

Auffallend sind die von einigen Ringgebirgen ausgehenden *Strahlensysteme*, etwa das um den Krater Tycho in der Gegend des Südpols, von dem sich zahlreiche Lichtbänder nach allen Seiten hin über fast ein Viertel der Mondoberfläche hinziehen. Einzelne dieser Lichtbänder sind an ihrer Wurzel bis zu 40 km breit und weisen Längen bis zu 1800 km auf, sich in der Ferne allmählich verlierend.

Das Eigenartige an diesen Erscheinungen ist, daß sich die Lichtstrahlen ohne Rücksicht auf die Zerrissenheit und den Bergreichtum der Mondlandschaft hinziehen – wie Sprünge in einer Rauhglasscheibe – und auch in den ›Meeren‹ gleich deutlich erkennbar sind, weiter, daß sie, ohne Erhebungen oder Vertiefungen darzustellen, nur bei direkter, nicht bei seitlicher Sonnenbeleuchtung sichtbar werden.

Vermutlich sind diese Strahlensysteme später als die Ringgebirge entstanden. Man erklärt sie als infolge starken Drucks von unten her entstandene und mit aus dem Mondinnern nachgequollenem glutflüssigem Magma ausgefüllte Sprünge, wobei das Magma beiderseits weit über die Ränder der Risse hinausgeflossen ist und wegen seiner glatten Oberfläche das Licht stärker zurückwirft als die Umgebung.

Den Strahlensystemen ist eine andere Eigentümlichkeit verwandt: die *Mondrillen*, die am besten bei seitlicher Beleuchtung erkennbar sind. Man kennt mehrere hundert solcher ›Rillen‹, die bis zu 2 km breit und über 300 km lang sind und sich als einige hundert Meter tiefe Gräben oder Schluchten teils geradenwegs, teils in gekrümmten Linien von Krater zu Krater dehnen oder, immer spitzer und unerkennbarer werdend, irgendwo verschwinden. Manchmal gehen die Rillen wie tiefe Hohlwege mitten durch einen Krater hindurch, sind also vermutlich später als diese entstanden; in anderen

Fällen laufen mehrere Rillen in einem Krater zusammen oder stehen sonstwie miteinander in Verbindung. Selten sind sie nur in den Mondgebirgen und im Innern der ›Meere‹.

Sie dürften Bruchspalten als Folge von Geländesenkungen, Spannungen der Mondoberfläche durch den Wechsel von Sonnenglut (bis zu 120 Grad Celsius) und Kälte (bis zu minus 150 Grad) auf der Mondoberfläche sein oder auch Auswirkungen der Zusammenziehung des innerlich weiter erkaltenden Mondes.

Veränderungen sind auf dem Monde nur in geringem Maße beobachtet worden. Der Astronom Pickering beobachtete im Innern einzelner Krater kleine weiße Flecke, die bei Sonnenaufgang kleiner und lichtschwächer wurden und dann verschwanden. Im Krater Eratosthenes sah er graue Flecke, die wie winzige Wolken wirkten. Andere glaubten, in den Rillen bei Sonnenaufgang auf dem Monde leichte Nebelbildung festgestellt zu haben, die auf winzige Reste von Feuchtigkeit hindeuten.

Aber Leben wie auf der Erde kann auf dem Monde nicht bestehen. Und wahrscheinlich war der Mond seit je im Sinne irdischen Lebens tot. Ob er es auch im absoluten Sinne ist, wissen wir nicht. Es gibt ja auch auf Erden Einzeller, die ohne Luft leben. Schließlich stellt das irdische Leben trotz seiner Mannigfaltigkeit nur eine unter Millionen Möglichkeiten dar, die dem Leben auf seinem Siegeszug durch die Räume des Himmels zur Selbstentfaltung zur Verfügung stehen . . .

Sonne

Das flammende Herz unserer heimatlichen Welt ist die Sonne: Wäre sie nicht, wäre die Erde eine Eiswüste ohne Leben und Bewegung. Was immer unsere Erde an Reichtümern hervorbringt – der *Sonne* Wärme und Licht erst weckte sie. Auch uns rief sie ins Dasein. Haben wir darum nicht allen Grund, sie zu verehren?

»Fragt man mich« – gestand Goethe wenige Tage vor seinem Tode gegenüber Eckermann –, »ob es in meiner Natur sei, die Sonne zu verehren, so sage ich: durchaus! Denn sie ist eine Offenbarung des Höchsten, und zwar die mächtigste, die uns Erdenkindern wahrzunehmen vergönnt ist. Ich anbete in ihr das Licht und die zeugende Kraft Gottes, wodurch allein wir leben, weben und sind, und alle Pflanzen und Tiere mit uns.«

Alles Licht auf Erden ist geborgtes oder verwandeltes Sonnenlicht. Alle Nahrung ist umgeformte Sonnenkraft. Alles Menschenwerk ist sonnengeboren. Wäre die Sonne nicht, würde kein Bach, kein Fluß unsere Heimat durchziehen, kein Regen zur Erde fallen, keine Wolke den Himmel schmücken, kein Windhauch sich regen. Kein Frühling würde des Winters Kälte vertreiben, kein Leben auch nur einen Tag auf diesem Planeten bestehen. Nicht nur Wolke und Meer, selbst die Luft würde zu Eis gefrieren und mit weißem Mantel eine tote Welt bedecken ...

Von welch gewaltigem Umfang aber ist der Sonnenball mit seinem im Vergleich zur Erde mehr als hundertmal größeren Durchmesser! Wollten wir um den Sonnenball eine Perlenkette aus lauter Erden legen, würden wir 343 Perlen von der Größe der Erde benötigen, um den Sonnenäquator zu umspannen. Und dieser Riesenball dreht sich einmal in 25 Tagen und 6 Stunden um seine Achse – wobei sich die Äquatorgegenden schneller bewegen als die Polarzonen.

Wie alle Sterne bewegt auch unsere Sonne sich durch das All, und zwar mit einer Geschwindigkeit von 19,4 km in der Sekunde in Richtung auf das Sternbild des ›Herkules‹. Die Bahn der Erde um die Sonne bildet darum eine endlose Spirale.

Noch einige Größenangaben: Sechs Billionen und 90 Milliarden Quadratkilometer umfaßt die Sonnenoberfläche, ihr Inhalt eine Trillion und vierhundert Billiarden Kubikkilometer. Alle Planeten zusammen würden nicht einmal den fünfhundertsten Teil der Sonnenkugel füllen, und mehr als 1,3 Millionen Erdkugeln könnten es sich im Sonneninnern bequem machen.

Die Sonnenmasse hingegen beträgt nur das 332 000fache der Erdmasse, woraus sich ergibt, daß die Sonnendichte nur etwa ein Viertel der Erddichte ausmacht. Aber das Gewicht der Sonne kennen wir: 2000 Quadrillionen Tonnen. Diesem Gewicht entsprechend ist die Anziehungskraft auf der Sonnenoberfläche so groß, daß ein Mensch dort fast 2000 kg wiegen würde.

Dabei ist unsere Sonne mit ihrem Durchmesser von 1,4 Millionen km eine der kleineren Sonnen im All. Schon die leuchtende Capella im Sternbild des ›Fuhrmann‹ hat einen 20mal größeren Durchmesser, und es gibt, wie wir im weiteren sehen werden, vielhundertmal größere Sonnen.

Wir werden es bei unserem Vordringen in die Tiefen des Universums immer wieder erleben, wie das, was uns anfangs unermeßlich groß erschien, vor mächtigeren kosmischen Einheiten zu einem Nichts zusammenschrumpft.

*

Was wissen wir über die Beschaffenheit der Sonne? Mit Hilfe des Spektroskops lassen sich die Elemente ermitteln, die auf der Sonne vorkommen, vor allem Wasserstoff, dann Helium, Natrium, Magnesium, Eisen, Nickel und viele andere von der Erde her bekannte Elemente in gasförmigem oder plasmaartigem Zustand.

Praktisch ist die Sonne ein gigantischer Atombrenner mit einer Oberflächentemperatur von 5512 Grad Celsius, die nach dem Mittelpunkt zu immer rascher ansteigt und im

Zentrum bei einem Druck von 200 Milliarden Atmosphären 20 Millionen Grad erreicht: eine kosmisch-alchemistische Hexenküche, in der das Geheimnis der Umwandlung der Elemente gelöst ist.

Die äußerst turbulente *Sonnen-Atmosphäre* besteht zu 90 Prozent aus Wasserstoff und Helium, den Rest bilden Kohlenstoff, Stickstoff, Sauerstoff, Natrium, Magnesium und andere Elemente. Sie ist dreischichtig und besteht aus der heißen *Photosphäre* oder Lichthülle mit den für sie charakteristischen ›Flecken‹, aus der darüber sich erstreckenden weniger heißen *Chromosphäre* mit den aus ihr hervorschlagenden Protuberanzen und aus der nur bei Sonnenfinsternissen für uns sichtbar werdenden *Korona*, der äußersten Sonnengashülle.

Satellitenaufnahmen zeigen, daß die Photosphäre eine körnige Struktur hat, die sog. ›Granulation‹, die an kochenden Reis erinnert, wobei jedes Körnchen einen Durchmesser von 500–1000 km hat und seine Form ständig ändert. Die mittlere Lebensdauer der einzelnen Körnchen beträgt nur wenige Minuten.

Die dunklen Räume zwischen den hellen Granulationswolken werden bald kleiner, bald größer und weiten sich manchmal zu Riesenporen – *Sonnenflecke* genannt.

Bei diesen Sonnenflecken scheint es, als würden von unsichtbaren Riesenhänden plötzlich die marmorierten Flimmergardinen der Lichthülle beiseitegeschoben, so daß die Gegend um solche dunklen Flecken herum infolge stärkerer Zusammendrängung der körnerartigen Lichtwolken heller strahlt.

Die Sonnenflecke bilden sich oft in wenigen Stunden und sind von kurzer Lebensdauer: Sie bleiben einige Tage bis einige Monate, vereinzelt bis über ein Jahr hinaus sichtbar. Sonnenflecke von der Größe ganz Europas entstehen und verschwinden oft in einer Stunde; Flecken von mehrfacher

Größe des Erdballs sah man schon in wenigen Stunden sich bilden.

Dabei stehen die Flecken nicht still: Sie machen nicht nur die Rotation der Sonne mit, ziehen also in etwa 13 Tagen vom östlichen zum Westrand der Sonne, um nach weiteren 13 Tagen erneut am Ostrand aufzutauchen, sondern haben auch eine sehr unregelmäßige Eigenbewegung etwa gleich der eines Wirbels in einer Flüssigkeit; auch vereinigen sich mehrere oft zu unregelmäßig geformten Fleckengruppen. Sie erreichen dabei den 6- bis 10fachen Durchmesser der Erde und sind durch geschwärztes Glas mit bloßem Auge erkennbar.

Der einzelne Sonnenfleck besteht aus einem dunkleren ›Kern‹ – Umbra –, der von einem weniger dunklen ›Hof‹, Rahmen oder Halbschatten – Penumbra – umgeben wird, um den herum wieder die Helligkeit der Sonnenatmosphäre besonders intensiv erscheint.

Manchmal ragen helle Lichtadern von der Umgebung des Flecks her weit über die Sonnenoberfläche hinaus, die besonders deutlich werden, wenn der Sonnenfleck dem Sonnenrand zueilt – die sog. ›Fackeln‹. Der Kernschatten des Flecks ist nur scheinbar dunkel – im Vergleich zur glänzenden Umgebung –; in Wirklichkeit ist seine dunkelste Stelle immer noch etwa 500 mal heller als der hellste Punkt auf der Mondscheibe.

Die Sonnenflecken sind Stätten gewaltiger elektrischer Zyklone, magnetischer Wirbelstürme und Gasstrudel aus dem Sonneninnern von vielfacher Ausdehnung des Erdumfangs, die, wenn auch unregelmäßig, alle 11 Jahre größere Häufigkeit aufweisen.

Auf der *Erde* wirken sich Sonnenflecken-Maxima unter anderem als Störungen des Erdmagnetismus aus, in Verstärkungen der Polarlichter und Magnetnadelschwankungen, in Wetterstürzen und Hagelgewittern, in Orkanen, Erd- und Seebeben und in der Häufung der Cirruswolken – jener höchsten Wolkengebilde in der Erdatmosphäre, die aus feinsten Eisnadeln bestehen und das Nahen stürmischen Regenwetters ankünden. Ihre Radiostrahlung ist hörbar.

Auch die Häufung mancher Krankheiten und Todeskurven der Erdgeschöpfe, insbesondere bei nerven- und seelenkranken Menschen, wird von den Erscheinungen auf der Sonnenoberfläche beeinflußt. Tage, an denen große Sonnenflecke über die Sonnenmitte hinwegziehen, sind Katastrophentage, die auch auf Arbeitsleistung und Gemütsstimmung des Menschen störend einwirken. Die Sonnenbedingtheit unseres Lebens ist also unbestreitbar; unseres Herzens Schlag ist eine mikrokosmische Wiederholung des Pulsschlages der Sonne.

Gleichermaßen läuft der Atem der anderen Planeten dem der Sonne parallel, so daß das ganze Sonnensystem als ein einheitlicher, von den gleichen Kraftströmungen durchpulster Organismus erscheint. Auch zwischen Planeten und Monden bestehen gegenseitige schwerkraftliche und elektrische, nach Ansicht der Astromanten auch psychoenergetische Beeinflussungen, deren einige uns in den Wirkungen vor Augen treten, die der Mond außer auf die Gezeiten des Meeres, die Wetterschwankungen usw. auf gewisse biologische Vorgänge im menschlichen Organismus und auf das Steigen des Saftes in den Pflanzen ausübt.

Protuberanzen

Über der Sonnenphotosphäre dehnt sich die gewaltige, wenn auch stark verdünnte, leicht rötliche Schicht der *Chromosphäre*, die im wesentlichen aus glühenden Wasserstoff-, Helium- und Kalzium-Gasen besteht und über 10 000 km dick ist.

Aus ihr schießen gleich riesigen Flammengarben die *Pro-*

tuberanzen hervor: schleierartige oder wolkenförmige rötlich leuchtende Erhebungen über dem Sonnenrand, die erstmalig bei Sonnenfinsternissen entdeckt wurden und zu den schönsten Erscheinungen auf der Sonnenoberfläche zählen.

Es sind riesenhafte Gaswolken von wechselnder Gestalt, die sich zeitweise ganz vom Sonnenrand lösen: Eruptionen glühender Wasserstoffgasmassen und Kalziumdämpfe, die der Chromosphäre fortgesetzt nach allen Seiten mit wechselnden Geschwindigkeiten entsprühen. Manche scheinen fast stillzustehen, andere rasen wie aus einer Sonnenkanone geschossen mit Geschwindigkeiten von 300 bis zu 700 km in der Sekunde in den Raum hinaus, um schließlich auf die Sonne zurückzusinken.

Sie schwingen sich dabei bis in Höhen von über 1 Million km empor bei einer Länge bis zu 200 000 km, einer Dicke von 5000 km und einem Umfang bis zum Zehnfachen des Erdvolumens. Der mit ihnen einhergehende Hagel ausgeschütteter elektrisch geladener Teilchen (Protonen und Elektronen) rast mit einer Geschwindigkeit von einigen Millionen km in der Stunde zu den Planeten hinaus. Es ist der sog. ›*Sonnenwind*‹, dessen Wirkungen erst zu einem Bruchteil erforscht sind.

Die Chromosphäre ist von einer weiteren Schicht umgeben: der *Sonnenkorona*, deren Licht sich stellenweise mehrere Millionen km über den Sonnenrand erhebt. Sie umgibt die bei Sonnenfinsternissen von der Mondscheibe verdunkelte Sonne wie ein weißleuchtender Strahlenkranz, während sie sonst vom viel helleren Licht der Photosphäre überstrahlt wird.

*

Eine wesentliche Frage ist die nach dem Kraftvorrat und dem Alter der Sonne.

Jeans schreibt den Sonnen ein Durchschnittsalter von nur

hundert Milliarden Jahren zu. Unsere Sonne ist etwa 9–13 Milliarden Jahre alt, hat also den Höhepunkt ihres Lebens noch lange nicht erreicht.

Im Gegensatz zu ihm gibt Eddington die künftige Lebensdauer unserer Sonne mit etwa 500 Milliarden Jahren an.

In ihrem vorgeburtlichen Zustand ist jede Sonne vermutlich ein Riesengasball, der sich im Laufe der Jahrmilliarden verdichtet und erhitzt, schließlich rot aufflammt, bei weiterer Zusammenziehung immer höhere Temperaturen annimmt und endlich bläulichweiß strahlt, von da an langsam wieder abkühlt und sich weiter zusammenzieht, wobei sein Licht zuerst gelblichweiß und schließlich rötlich strahlt und am Ende erlischt, nachdem die Elemente sich während dieser Zeit nach und nach zu Verbindungen vereinigt haben und aus dem glühend gasförmigen in den glühend flüssigen Zustand übergegangen sind. Weiterhin bilden sich allmählich Schlackenfelder auf der Oberfläche, die anfangs wieder und wieder von den Glutmassen des Innern verschlungen werden, endlich aber zu größeren Schollen zusammenwachsen und eines Tages auch das letzte Licht der Sonne nach außen hin verlöschen lassen. Die Sonne ist dunkel geworden, unsichtbar. Es gibt, wie wir im weiteren sehen werden, zahllose unsichtbare Sonnen im All.

Der Massenverlust unserer Sonne durch Strahlung beträgt fast 4 Millionen Tonnen in der Sekunde oder 345 Milliarden Tonnen täglich. Trotzdem hat sie in den bisherigen Jahrmilliarden noch nicht einmal ein Tausendstel ihrer Masse in Energie umgewandelt und ausgestrahlt. –

Nachdem wir uns auf der Sonne umgesehen haben, schwingen wir uns von ihr zu den sie umkreisenden *Planeten*, deren Gesamtmasse sich auf rund 450 Erdmassen beläuft.

Merkur

Die erste Planetenwelt, die wir, der Sonne enteilend, berühren, ist die des *Merkur.* Nur 57,91 Millionen km von der Sonne entfernt zieht er seine Bahn.

Merkur ist ein kleiner Planet: Sein Äquatordurchmesser von 4840 km beträgt etwa ein Drittel des Erddurchmessers. In 88 Tagen vollendet er mit einer mittleren Geschwindigkeit von 47,9 km in der Sekunde seine stark elliptische Bahn um die Sonne. Seine kleinste Entfernung von ihr beträgt 46, seine größte 69 Millionen km. Dementsprechend schwankt die Entfernung des Merkur von der Erde je nach Stellung der beiden Planeten zueinander zwischen 79 und 218 Millionen km.

Wir beobachten beim Merkur ähnliche Phasen wie beim Mond: Er wächst von einer großen schmalen Sichel zu einer kleinen vollen Scheibe an, nimmt dann wieder ab und tritt schließlich, dem Neumond ähnlich, mit dem unbeleuchteten Teil seiner Oberfläche zwischen Sonne und Erde, wobei er zuweilen als kleiner schwarzer Fleck auf der glänzenden Sonnenscheibe entlangzuziehen scheint.

Die *Oberfläche* des Merkur ist schwer zu beobachten, da er uns in Erdnähe, wie gesagt, seine unbeleuchtete Seite zukehrt und sich im übrigen nie weit von der Sonne entfernt, sondern höchstens eine halbe Stunde vor oder nach der Sonne auf- oder untergeht.

Er zeigt eine von starken Unebenheiten durchsetzte Oberfläche aus vorwiegend dunklen Gesteinsarten. Einige unveränderliche blasse, hellere oder dunklere Flecke deuten erhebliche Höhenunterschiede an. Diese und andere Beobachtungen scheinen auf eine ähnliche Oberflächenbeschaffenheit wie beim Mond hinzuweisen.

Aus der Tatsache, daß die beobachteten Flecke und streifenartigen Farbtöne stillzustehen scheinen, und nach Analysen der von Merkur reflektierten Radiowellen hat man geschlossen, daß Merkur der Sonne immer die gleiche Seite zukehrt, während die andere Seite ewig im Dunkeln liegt.

Ewiges Licht, sagt der Astronom *Klein*, »Licht, das unsere Augen nicht ertragen würden, und die Hitze eines Glühofens, der kein organisches Wesen widerstehen könnte, herrschen auf der der Sonne zugewandten Halbkugel des Merkur. Tiefes Dunkel, nur matt erhellt von den Sternen des Weltraums, breitet seine Flügel über die abgewandte Halbkugel des Planeten, die vielleicht unter ewigem Eis begraben liegt.«

Man nimmt an, daß die bestrahlte Seite des Merkur eine ständige Temperatur von 400 Grad aufweist, die dem Weltenraum zugekehrte unbeleuchtete Seite eine solche von mindestens 100 Grad unter Null.

Merkur wird, wie der Mond, auch deshalb zu den unbelebten Himmelskörpern gezählt, weil ihm eine Lufthülle fehlt. Trotzdem mag auf dem ›Terminator‹ – der Übergangszone zwischen der Tag- und Nachtseite – ein vom irdischen abweichendes Leben möglich sein, für das die Gamma- und Röntgenstrahlung der Sonne das geeignete Klima bildet.

Auf diesem Grenzgebiet kämpft die Kälte der dunklen Halbkugel mit der Hitze der bestrahlten Seite. Auf der einen Seite ist diese etwa 1000 km breite Zwielichtzone, an deren Rand die Sonne nur wenig auf und ab schwankt, von in ewiger Sonnenglut erzitternden Wüsten begrenzt, auf der anderen Seite von Eis und Finsternis – für Menschen auf jeden Fall eine ungastliche Gegend.

Venus

Ein freundlicheres Gesicht als der Merkur zeigt die *Venus*, die, fast so groß wie die Erde und ihr näher verwandt, wenn auch noch nicht enträtselt, in 108 Millionen km Entfernung von der Sonne durch den Raum zieht. Ihr Äquatordurchmesser beträgt 12 610 km, und von der Erde aus gesehen, bleibt sie auf ihrer Bahn als Morgen- und Abendstern immer in der Nähe der Sonne.

Auch sie zeigt den beim Merkur beobachteten Phasenwechsel, wobei sie bei zunehmender Erdnähe und wachsender Sichelform immer größer wird. Am größten ist sie, wenn sie, uns am nächsten, uns ihre von der Sonne unbeleuchtete Seite zukehrt, während sie, wenn ihre voll beleuchtete Seite für uns sichtbar ist, sechsmal so weit entfernt jenseits der Sonne schwebt und darum sechsmal kleiner erscheint. Sie ist fast so schlecht zu beobachten wie der Merkur.

Das Venus*jahr* dauert 224,7 Erdentage. Ihre mittlere Bahngeschwindigkeit um die Sonne beträgt 35 km in der Sekunde. Wie lang ein Venus*tag* ist, wissen wir noch nicht mit Sicherheit, da ihre Oberfläche von einem undurchdringlichen Wolkenschleier verhüllt wird, der eine Rotationsdauer von 13 Stunden aufweist.

Zu Zeiten ihrer größten Helligkeit überstrahlt die Venus selbst den Sirius. Diese Helligkeit ist eine Folge der hohen Rückstrahlung des Sonnenlichts, das von der weißglänzenden Wolkenhülle der Venus nur zu einem kleinen Teil aufgenommen wird. Nur ein Bruchteil des Sonnenlichts gelangt also auf die Oberfläche der Venus hinab. Obwohl die Sonne hier doppelt so groß erscheint wie auf der Erde, dürfte auf der Venusoberfläche ein ständiges Halbdunkel herrschen.

Bemerkenswert ist, daß, wenn die Venus nur mehr als schmale Sichel sichtbar ist, auch die uns zugewandte Nachtseite des Planeten zuweilen schwach in blaugrünem Licht schimmert – ähnlich wie die dunkle Seite des Mondes manchmal im Erdlicht sichtbar wird. Ob dieses schwache Leuchten der Nachtseite der Venus eine Folge ständiger Nachtgewitter ist oder ob es ein Widerschein starker Polarlichter ist, deren Lichthänge bis in die äquatorialen Zonen hinüberreichen, wissen wir noch nicht.

Die Höhe der *Venus-Atmosphäre* mit ihren außergewöhnlich dichten Wolkenmeeren dürfte um die Hälfte größer sein als die der Erde. Ihr Spektrum erweist ihre teilweise Verwandtschaft mit der irdischen; sie ist jedoch sauerstoffarm und enthält nach den mit den Venussonden erzielten Feststellungen Kohlendioxyd, Stickstoff und etwas Wasserdampf.

Die *Oberfläche* der Venus ist entweder eine wasserarme Wüste, über die Sand- und Staubstürme dahinrasen, mit einer Temperatur von 300–400 Grad Celsius – oder ein gigantisches Sumpfreich mit einer durch die starke Wolkenhülle bedingten Durchschnittstemperatur von bis zu 100 Grad. In diesem Falle würden hier Verhältnisse herrschen, die man nur entfernt mit denen der irdischen Tertiärzeit vergleichen könnte. Aber natürlich ist hier Leben anderer Art als das irdische möglich. Was hier zutrifft, wird sich bei den ersten Landungen erweisen. –

Das dritte planetarische Lebensreich, das der *Erde*, das wir bei weiterer Sonnenflucht berühren, betrachteten wir bereits zu Beginn unserer Wanderung. Wir eilen darum gleich weiter in den Raum hinaus, bis wir in das Schwerefeld des Planeten Mars gelangen.

Mars

Der schon mit bloßem Auge sichtbare rötlich strahlende Mars umkreist die Sonne in einem mittleren Abstand von 228 Millionen km. Von der Erde ist er zur Zeit seiner stärksten Erdannäherung nur 55 Millionen km entfernt, bei größtem Abstand beider Planeten hingegen 380 Millionen km.

Da Mars nur den halben Durchmesser der Erde hat – 6800 km –, ist seine Anziehungskraft entsprechend geringer. Mit welcher Leichtigkeit schreiten wir auf ihm dahin, wenn wir uns bei einem Erdengewicht von 70 kg hier nur 26 kg schwer fühlen.

Der Marstag ist nur um eine halbe Stunde länger als der Erdentag, sein Jahr hingegen dauert 687 Erdentage. Wie die Erde kennt der Mars auch den Wechsel der Jahreszeiten: Wir sehen, wie sich, wenn der Südpol des Mars sich der Sonne entgegenneigt, auf der nördlichen Halbkugel der Winter breitmacht und in der Polgegend eine größere ›Schneedecke‹ entsteht, die im Marsfrühling und -sommer wieder wegschmilzt und dann von einem Schmelzwassersaum umrahmt scheint, während in den gemäßigten Zonen schwache Farbveränderungen vor sich gehen, die als Anzeichen eines minimalen primitiven Pflanzenwuchses gedeutet werden.

Von der *Oberfläche* des Mars wissen wir aus den Marssondenaufnahmen, daß sie viel Ähnlichkeit mit der Kraterlandschaft des Mondes aufweist. Die Atmosphäre ist sehr dünn und reich an Stickstoff und Kohlendioxyd, arm hingegen an Sauerstoff und Wasser.

Die Temperatur auf der Oberfläche erreicht am Äquator am Tage bis zu 20 Grad und sinkt nachts auf minus 70 Grad Celsius. Die häufigen Sandstürme dürften auch bei Tage eisige Kälte mit sich bringen. An den Polen geht die Temperatur bis auf minus 100 Grad zurück.

Nennenswerte Gebirge besitzt der Mars nicht. Wenn er – vor Jahrmillionen – Gebirge gehabt hat, sind diese offenbar schon vor langen Zeiträumen verwittert und vom Wind abgetragen. Als Reste einstiger Gebirgszüge sind die wüstenartigen Hochländer des Mars anzusehen, die sich bis zu 200 m über das Tiefland erheben.

Für Menschen könnte der Mars zur Not bewohnbar gemacht werden, wenigstens in den zeitweise feuchten Zonen mit primitivem Pflanzenwuchs, wenn man ihn auch nicht wirtlich nennen kann. Denn im günstigsten Fall, also im Mars-Sommer, herrscht tagsüber ein Wetter wie in Nordeuropa im Oktober. Die ersten Besucher müßten ständig Sauerstoffmasken tragen und in hermetisch abgeschlossenen Iglus wohnen, bis ihr Metabolismus sich den Marsverhältnissen angepaßt hat ...

Im Gegensatz zu anderen Astronomen vertrat Arrhenius die Ansicht, daß wir »den Mars nicht als eine für lebende Wesen geeignete Wohnstätte ansehen dürfen. Die niedrige Temperatur und der spärliche Wasserdampf bilden ein unübersteigbares Hindernis für den Bestand auch des einfachsten Organismus im Äquatorialgebiet des Mars.«

Andere meinen, daß die sauerstoffarme Atmosphäre, die starken Temperaturunterschiede und die sonstigen ökologischen Verhältnisse auf dem Mars der Entstehung von Lebensformen immer ungünstig waren, so daß auch von einstigen Marsbewohnern keine Rede sein könne.

Mit alledem ist nicht gesagt, daß der Mars nicht Lebewesen eine Heimstatt bietet oder bieten könnte, die anders organisiert sind als die Geschöpfe der Erde. Erfahrungsgemäß paßt sich das Leben immer den jeweiligen Umweltbedingungen an. Es ist allzu menschlich gedacht, auf anderen Planeten nur nach menschgleichem Leben Ausschau zu halten; aber noch menschlicher ist es, das Vorkommen von Leben, das außerhalb des menschlichen Vorstellungsvermögens liegt, zu bestreiten.

Wir wissen nicht, ob der Mars ein ›sterbender Planet‹ ist. Was uns unwirtlich erscheint, mag biologisch anders konstituierten Wesen ein Paradies bedeuten. Ihre Entwicklung mag völlig andere Wege eingeschlagen haben als die der irdischen Geschöpfe.

Lange Zeit sah es so aus, als gäben die geheimnisvollen *Mars-Kanäle* hier eine positive Antwort. Über den Planeten ziehen sich Netze miteinander verbundener Linien, die ihr erster Entdecker, Schiaparelli, als ›Kanäle‹ bezeichnete, weil er sie als von marsischen Ingenieuren geschaffene Marsbewässerungssysteme deutete. Dies auch deshalb, weil sie scheinbar in eines der dunkelgrünen ›Meere‹ mündeten oder dorthin führten und an ihren Schnittpunkten oasenartige Verbindungsinseln bildeten. Der Astronom Lowell zählte einige hundert solcher Kanäle, die aber nur zur Zeit der ›Schneeschmelze‹ sichtbar sind, aber mit den stärksten Fernrohren nicht erkannt werden können, weshalb sie von manchen Astronomen als optische Täuschungen gewertet werden. Auch hier werden die ersten Marsbesuche Klarheit schaffen.

*

Ein entzückendes Schauspiel bieten die beiden *Mars-Monde* Phobos und Deimos, die Liliputaner unter den Monden unseres Sonnenreiches. Sie sind so winzig, daß sie nur in den stärksten Teleskopen sichtbar werden, und ihre Anziehungskraft ist – in Anbetracht ihrer geringen Durchmesser von 16 und 58 km – so minimal, daß eine auf ihnen abgefeuerte Gewehrkugel nicht zur Oberfläche dieser Monde zurückkehren, sondern auf den Mars fallen würde.

Sie wurden 1877 entdeckt. Erstaunlich aber ist, daß schon *Kepler* der Vermutung Ausdruck gab, daß der Mars zwei Monde habe, daß *Voltaire* in seiner kosmischen Reiseerzählung »Mikromegas« die Weltreisenden auf ihrer Fahrt vom Jupiter zum Mars zwei Mars-Monde feststellen ließ, und noch erstaunlicher, daß noch 30 Jahre früher der englische Prosa-Dichter Jonathan *Swift* in »Gullivers Reisen« über die ›Astronomen von Lapita‹ berichtete, daß diese »zwei kleine Weltkörper oder Satelliten entdeckten, die den Mars umkreisen«. Er machte dazu nähere Angaben, die sich später als der Wirklichkeit nahekommend erwiesen. Waren Swift und Voltaire astromantisch begabt, daß sie eine Tatsache wahrnahmen, die die Astronomen erst hundert Jahre später ermittelten?

Die beiden Monde sind dem Mars näher als irgendein Mond seinem Planeten. Vom Marsmittelpunkt ist Phobos nur 9150, von der Marsoberfläche nur 5760 km entfernt. Deimos ist vom Marsmittelpunkt 22 850, von der Oberfläche des Planeten also nur 19 460 km entfernt.

Der geringen Entfernung der beiden Monde entspricht ihre hohe Umlaufgeschwindigkeit: Phobos umkreist den Mars in 7 Stunden 39 Minuten, also mehr als dreimal an jedem Marstag.

Von Deimos, einem unregelmäßig geformten Felsblock, nimmt man an, daß er ein vom Mars eingefangener Planetoid ist. Er umläuft den Mars einmal in 30 Stunden und 17 Minuten, bewegt sich also, vom Mars aus gesehen, sehr langsam weiter.

Ob Phobos, wie ein russischer Astronom, Schwlowsky, meint, ein raumschiffähnliches kosmisches Gebilde ist, wird sich beim ersten Besuch auf ihm herausstellen. –

Wenn wir den Mars verlassen und uns weiter in den Raum hinausbegeben, gelangen wir zum *Jupiter.* Aber auf der Mitte unserer Bahn begegnen uns jene Schwärme kleiner und kleinster Planetoiden, die wir später betrachten werden. Einstweilen wenden wir uns der Gigantenwelt des Jupiter zu.

Jupiter

In gewaltigem Abstand von 778,3 Millionen km, mehr als fünfmal so weit von der Sonne entfernt wie die Erde, wälzt sich, von 12 Monden umschwirrt, der Riesenball des Jupiter durch den Raum. Dieser gelblich leuchtende, auch dem unbewaffneten Auge sichtbare Planet übertrifft an Größe die aller anderen um fast das Doppelte. Elfmal so groß wie der der Erde ist der Äquatordurchmesser des Jupiter mit 142 800 km, seine Masse ist 317 mal so groß wie die der Erde. Er empfängt

25 mal weniger Sonnenlicht als unser Planet, besitzt aber ein ungewöhnlich starkes Magnetfeld und ist ein Sender von Radiowellen.

Da Jupiter fast 12 Jahre zu einer Sonnenumzirkelung braucht, dauern die Jahreszeiten auf ihm je drei Erdenjahre, der *Tag* hingegen offenbar kaum 10 Stunden, so daß die Sonne nicht einmal 5 Stunden über dem Horizont stünde, wenn sie vom Boden aus erkennbar wäre. Der ungeheuren Umdrehungsgeschwindigkeit entspricht die starke Abplattung des Jupiter: von Pol zu Pol ist sie 9000 km geringer als der Äquatordurchmesser.

Die *Wolkenhülle* des Planeten scheint aus etwa 20 einzelnen Streifen oder Gürteln zu bestehen, die den Eindruck erwecken, als kreisten die oberen Schichten der Jupiteratmosphäre mit unterschiedlichen Geschwindigkeiten um die Polarachse. Aus der Nachtseite kommen die verschiedenfarbigen Streifen herauf, ziehen mit Orkangeschwindigkeit über die Oberfläche hin und sinken auf der anderen Seite wieder in die Nacht zurück, ohne ihr Aussehen im Laufe der Umdrehungen des Planeten wesentlich zu verändern.

Die dunklen Streifen in der Wolkenhülle, die sich wie lauter verschiedenfarbige Bänder um den Planeten zu legen scheinen, dürften Anzeiger von Vorgängen sein, die auf Jupiter selbst stattfinden – vielleicht von gewaltigen Eruptionen, bei denen große Mengen von Asche oder Staub in die rasch dahinziehende Wolkenhülle hinaufgeschleudert werden.

Der *›rote Fleck‹* in der Wolkenhülle, der zuerst 1870 sichtbar wurde und heute noch, wenn auch schwächer, erkennbar ist, hat diesbezüglich noch keine Klarheit gebracht. Mit seiner Breite von 13 000 km und einer Länge von 40 000 km mutet er wie der Widerschein eines gleichzeitigen Ausbruchs von Tausenden von Vulkanen an.

Zeitweise sah man über diesen Fleck hellere Wolkenzüge hinwegeilen – Anzeigen vielleicht starker Windströmungen in den höheren Luftschichten des Planeten. Aus der Tatsache, daß der Fleck gegenüber der Umgebung erheblich zurückbleibt, schloß man, daß die Rotation des Jupiter selbst langsamer vor sich geht als die seiner obersten Wolkenschichten.

Vom Planeten selbst nimmt man an, daß seine Oberfläche zum Teil aus warmen Meeren von Ammoniak oder Wasser besteht, in denen sich mannigfaches Leben entfaltet haben mag. Genaue Feststellungen der Oberflächenbeschaffenheit macht die undurchdringliche Wolkenhülle vorerst unmöglich. Die durchschnittliche Dichte des Planeten entspricht ungefähr der des Wassers, was bedeuten könnte, daß wir auf ihm bis zu großen Tiefen hinab nur wenig festere Stoffe als Wasser finden.

Die Atmosphäre selbst besteht dem Jupiterspektrum zufolge im wesentlichen aus Wasserstoff, Helium, Methan und Ammoniak mit einer Temperatur bis zu minus 130 Grad Celsius. Laboratoriumsversuche mit einer künstlichen Jupiteratmosphäre haben ergeben, daß Kleinlebewesen sich in ihr weiterentwickeln können.

Etwaige Jupiterwesen wüßten wahrscheinlich wenig von der Größe des Alls; denn das undurchdringliche Gewölk des Planeten durchbrechen keine Lichtstrahlen ferner Sterne. In ewiger Dämmerung leben sie dahin – ungleich dem Erdenmenschen, dem sich die Wunder des Weltalls so willig erschließen.

*

12 Monde begleiten den Jupiter auf seiner Bahn um die Sonne, mit ihren unterschiedlichen Bewegungen ein buntes Bild bietend: Bald schweben sie rechts oder links vom Jupiter, bald treten sie vor seine Scheibe oder verschwinden in seinem Schatten.

Der erste Mond, Jo, ist von der Jupiteroberfläche keine drei Jupiterdurchmesser entfernt und übertrifft an Größe unseren Mond. Der 3. Jupitermond, Ganymed, mit seinem Durchmesser von 5730 km ist größer als Merkur und Pluto. Seine mittlere Entfernung vom Jupiter beträgt über 1 Million km. Er hat eine Oberflächentemperatur von minus 150 Grad Celsius.

Der 4. Jupitermond, Kallisto, hat fast die Größe des Mars. Er ist von seinem Planeten 1,9 Millionen km entfernt.

Die vier großen Monde scheinen ähnliche Atmosphären wie Jupiter zu besitzen. Sie weisen Wolken und polare Schneekappen auf und besitzen, wie die regelmäßigen Lichtschwankungen zeigen, eine feste, einen bunten Wechsel von helleren und dunkleren Gebieten enthüllende Oberfläche und eine eigene Atmosphäre.

Den etwaigen anders konstituierten Bewohnern der Jupitermonde wird der von ihnen umkreiste Planet als leuchtend erscheinen, zumal, wenn Jupiter, wie einige Astronomen meinen, ein schwaches Eigenlicht aufweist. Aber ob sie dessen bedürfen, was wir Licht nennen? Wir wollen uns davor hüten, irdische Verhältnisse und Bedingungen auf andere Himmelskörper zu übertragen, die sich nicht nur durch ihre Größe, sondern auch durch ihre ökologischen Verhältnisse wesentlich von der Erde unterscheiden.

Die vier größten Monde umkreisen den Planeten in 1,7, 3,5, 7,2 und 16,7 Tagen. Der 1892 entdeckte 5. Mond, ein Zwerg von nur 50 km Durchmesser, ist nur wenig mehr als einen Jupiterdurchmesser von der Jupiteroberfläche entfernt und umrast Jupiter in 12 Stunden. Von hier aus gesehen, nimmt Jupiter etwa ein Siebentel des Himmels ein.

Der 6. Mond hat bereits eine Umlaufzeit von 251 Tagen, der 8. von 2 Jahren, und zwar verläuft seine Bahn der der übrigen Monde entgegengesetzt. Man nimmt an, daß er ein von Jupiter eingefangener Planetoid ist. Ist das der Fall, könnte von den weiteren Monden mit mittleren Entfernungen zwischen 11 und 23 Millionen km gleiches gelten.

Saturn

Kaum geringer als die des Jupiter ist die an Schönheiten reiche Welt des *Saturn*, des zweitgrößten Planeten unserer Sonne, der in der gewaltigen Sonnenferne von 1,4 Milliarden km, zehnmal weiter als die Erde, seine Bahn zieht.

Vom Saturn aus, dessen Äquatordurchmesser mit 120 800 km zehnmal so groß ist wie der der Erde, erscheint die Sonne 90mal kleiner als von der Erde aus. Ob auf seiner Oberfläche ewiges Zwielicht herrscht oder ob die ultravioletten Strahlen des Sonnenlichts die Saturndämmerung als Tageshelle erscheinen lassen, wissen wir noch nicht. Wenn, wie anzunehmen ist, die Sehwerkzeuge der Bewohner der einzelnen Himmelswelten sich den jeweiligen Lichtverhältnissen angleichen, erscheint diese Frage auch müßig.

Saturn ist ein Gasgigant wie Jupiter und hat wie dieser eine rasche Rotation, so daß seine Tageslänge nur 10 Stunden und 14 Minuten beträgt. Seine im Wesentlichen aus Methan und Ammoniak bestehende dichte Wolkendecke verunmöglicht einen direkten Blick auf seine feste Oberfläche, auf der die Temperatur auf minus 150 Grad geschätzt wird – vielleicht eine angenehme Temperatur für Kältewesen, die uns Menschen als Glühwesen empfinden und vor ihnen zurückschrecken würden.

Die Saturnkugel ist infolge der starken Rotation noch mehr abgeplattet als die des Jupiter: 12 000 km ist ihre Polarachse kürzer als der Äquatordurchmesser; das ist nicht weniger als ein Zehntel ihres Durchmessers und bedingt beträchtliche Gewichtsunterschiede zwischen den Äquator- und Polargegenden des Planeten.

Das Saturnjahr umfaßt 29 1/2 Erdenjahre. Das sind 10 759 Erdentage.

Saturn weist von allen Planeten eine Besonderheit auf: Außer von 9 bzw. 10 Monden wird er von einer dreigeteilten

Ringscheibe umkreist. Stellen wir uns den Anblick vor: einen orangefarbenen Riesenball, von drei konzentrischen Ringen umschwirrt, mit unsichtbarer, weil durch dichtes Gewölk verhüllter Oberfläche, über die wir wenig wissen.

Die schon mit einem kleineren Fernrohr erkennbaren *Saturnringe* umgeben den Planeten in seiner Äquatorebene frei schwebend. Da die Saturnpole gegen die Erdbahn leicht geneigt sind, bietet sich sein Ringsystem uns nach und nach in verschiedenen Stellungen dar.

Dabei erkannte man, daß die Ringscheiben fast völlig durchsichtig und wieder unter sich geteilt sind und von verschiedener Dichte zu sein scheinen. Am lichtdurchlässigsten ist der innere Ring, am glänzendsten der mittlere Ringteil, der heller als die Saturnwolkenhülle strahlt. Es scheinen nicht nur drei Ringe zu sein, sondern Hunderte von Einzelringen. Sie sind nicht selbstleuchtend, sondern erhalten ihr Licht von der Sonne.

Wenn unsere Erde ein solches Ringsystem hätte, würde sich uns – nach Diesterweg – folgendes Bild bieten: »Über dem Horizont wird nach Sonnenuntergang am Osthimmel ein strahlender Reif sichtbar, der sich weit am Himmel hinaufzieht. Nach einiger Zeit macht der Reif sich scheinbar vom Horizont frei, steigt höher am Himmel empor und nimmt am anderen, westlichen Ende fortwährend zu. Um Mitternacht prangt ein leuchtender Halbring am Himmel, der sich durch das ganze Firmament hinzieht. Endlich schließt sich gegen Morgen die am Westhimmel bestehende Lücke, während die östliche immer größer geworden ist und sich gegen Aufgang der Sonne, wo der Ring erbleicht, bis an den Scheitelpunkt hinaufgezogen hat.«

Noch lebendiger wird dieses Bild, wenn wir uns vergegenwärtigen, daß die Ringe mit einer durchschnittlichen Geschwindigkeit von 18 km in der Sekunde um den Planeten kreisen, wobei die Schnelligkeit der Ringe nach außen hin abnimmt – und wenn wir uns weiter eine Vorstellung der gewaltigen Größe dieser Ringe machen:

Der Abstand zwischen der Saturnoberfläche und dem innersten dunkleren Ring beträgt wenig über 10 000 km, während der nächste Saturnmond bereits 186 000 km entfernt ist. Die Breite dieses inneren Ringes beträgt 16 247 km, die des daran nach außen hin sich anschließenden inneren Ringes 28 485 km. Dann gähnt ein leerer Zwischenraum von 3570 km Breite, die sog. ›Cassini'sche Teilung‹. Und dann folgt der äußere Ring mit einer Breite von 16 316 km.

Die Gesamtdurchmesser der einzelnen Ringe von Rand zu Rand, also über den Planeten hinweg, sind folgende: Der innere Ring hat einen inneren Durchmesser von 176 000 km und einen Außendurchmesser von 185 000 km – der mittlere Ring einen Außendurchmesser von 242 000 km und der äußere Ring einen Außendurchmesser von fast 280 000 km.

Was sind diese gigantischen Ringe? Sie bestehen aus Schwärmen kosmischer Staub- und Eismassen verschiedener Dichte der in ihnen enthaltenen Staub- und Gesteinspartikel.

Die Dicke dieser Sternenstaubscheiben ist so gering, daß sie, wenn sie uns ihre Kante zukehren – was alle 15 Jahre einmal geschieht –, für uns fast unsichtbar werden. Trotzdem sind die einzelnen Ringe bis zu 15 km dick, wobei die hellsten Partien am dichtesten sind. Der Staub, die Eispartikel und die Gesteinstrümmer liegen in diesem Raum aber so weit auseinander, daß die im Weltenraum dahinter schwebenden Sterne hindurchschimmern, während die Ringe andererseits einen Schatten auf den Saturn werfen. Man nimmt an, daß das Ringsystem aus den Trümmern eines 11. oder 12. Saturnmondes entstand, die durch irgendeine Katastrophe zerrissen und aufgelöst wurden.

Neben dem Ringsystem beleben 10 Monde den Himmel des Saturn, von denen die innersten nicht weit vom Rande des Ringsystems entfernt kreisen, während der äußerste Mond –

Phoebe – mit 13 Millionen km mehr als dreißigmal weiter vom Saturn entfernt schwebt als unser Mond von der Erde.

Von allen Monden des Saturn scheint der 6. und größte – Titan –, der den Merkur an Umfang übertrifft, eine Methan-Ammoniak-Lufthülle und ähnliche Oberflächenverhältnisse wie der Mars zu besitzen. Seine mittlere Entfernung vom Saturn beträgt 1,2 Millionen km, seine Oberflächentemperatur wird auf minus 180 Grad geschätzt.

Die Umlaufzeiten der Monde liegen zwischen 22 Stunden – Mimas – und 550 Tagen – Phoebe –. Der zehnte Mond bewegt sich in den übrigen Mondbahnen entgegengesetzter Richtung und ist vermutlich wie die äußeren Monde des Jupiter ein eingefangener Planetoid. Man nimmt an, daß dies auch beim 7. Mond – Hyperion – der Fall ist, dessen Entfernung vom Saturn fast 1,5 Millionen km beträgt.

Uranus

Noch weiter ›draußen‹ als Saturn kreist der Planet Uranus – der Sonne zwanzigmal ferner als die Erde: mittlere Entfernung von der Sonne 2,8 Milliarden km. Im Teleskop erscheint Uranus, der mit bloßem Auge kaum erkennbar ist, als grünlich schimmernde Scheibe.

Er hat einen Äquatordurchmesser von 47 600 km und eine Atmosphäre, die hauptsächlich aus Methan und Wasserstoff besteht mit einer Temperatur von minus 170 Grad Celsius.

Einmal in 11 Stunden dreht sich Uranus um seine Achse – aber während bei den anderen Planeten Äquator und Planetenbahn ungefähr in der gleichen Ebene liegen, sind es beim Uranus die Pole, die fast in seiner Bahnebene liegen. Infolge der starken Neigung des Äquators besteht auf Uranus eine große Ungleichheit von Tag und Nacht, und zwar können sie, soweit sich in dieser Sonnenferne noch Tage und Nächte unterscheiden lassen, in den verschiedenen Breiten bis zu 42

Erdenjahren lang werden.

Hier ist es möglich, was auf der Erde unmöglich ist: daß die Sonne senkrecht über dem Pol steht. Da die Sonnenstrahlung aber auf Uranus nur noch den dreihundertsten Teil der Intensität aufweist wie auf der Erde, wird die eigenartige Stellung der Sonne kaum auffallen.

Die *Oberfläche* des Planeten scheint der des Jupiter zu gleichen: Auch sie ist in eine kilometerdicke dunstige Atmosphäre gehüllt, die ein Erkennen der Oberflächenbeschaffenheit noch verunmöglicht. In der Wolkenhülle fällt ein heller Äquatorstreifen auf, der wie die Bauchbinde einer Zigarre in ansehnlicher Breite um den Planeten herumgelegt erscheint.

Da die Uranusatmosphäre eine andere Zusammensetzung aufweist als die der Erde, dürfte die Entwicklung des Lebens hier andere Wege gegangen sein als auf unserem Heimatstern. Wir können uns den Uranus als einen gewaltigen Wasserball vorstellen, bei dem die Tausende km umfassende Lufthülle den Wärmeverlust in Grenzen hält. Doch breitet sich über diese Wasserwüste, für unsere Augen, ewige Dämmerung.

Uranus wird von 5 Monden umkreist, die Umlaufzeiten zwischen 2 Tagen und zwölf Stunden – Ariel – und 13 Tagen 11 Stunden – Oberon – aufweisen. Ihre Entfernungen vom Uranus betragen zwischen 191 000 km – Ariel – bis zu 586 000 km – Oberon –. Interessant ist, daß sie alle rückläufig sind, woraus man schließt, daß sie entweder durch eine kosmische Katastrophe irgendwann aus ihrer normalen Bahn gerissen wurden oder daß sie eingefangene planetoidenartige Irrgänger aus anderen Sonnenreichen sind ...

Neptun

Jenseits des Uranus dehnen sich endlose Weiten, und fast möchte man meinen, daß er unseres Sonnenreiches Grenzwächter sei. Aber wenn wir den Raum, der Uranus von der Sonne trennt, noch einmal durchmessen, berühren wir dort, wo die Finsternis des Weltraums bereits erfolgreich gegen die Lichtstrahlen der Sonne vordringt, abermals eine Planetenwelt: *Neptun.*

Um die Entfernung Sonne–Neptun – 4,5 Milliarden km – zu überbrücken, braucht das Licht bereits 4 Stunden und 8 Minuten. Die Erde ist von hier aus nicht mehr sichtbar, weil sie sich auf ihrer Bahn nicht weit genug von der Sonne entfernt, die von hier aus selbst kaum größer erscheint als uns der Sirius.

Von der Erde aus ist der erst 1846 entdeckte und für das unbewaffnete Auge unsichtbare Neptun in mittleren Fernrohren eben noch als Scheibe erkennbar. Sein Äquatordurchmesser beträgt 44 600 km. Nicht weniger als 165 Jahre braucht dieser ferne Planet zu einer Sonnenumkreisung. Die Länge des Neptuntages hingegen beträgt kaum 13 Stunden.

Auf seiner Oberfläche scheinen ähnliche Verhältnisse zu herrschen wie auf dem Uranus, nur dürfte hier die Temperatur minus 200 Grad betragen, wenn wir auch infolge seiner dichten Wolkenhülle nichts über die Beschaffenheit der Oberfläche wissen. Methanbande im Spektrum lassen innere Wärmequellen des Planeten vermuten.

Gleich wenig wissen wir einstweilen über seine beiden Monde, den blau-strahlenden Triton, der einen Durchmesser von 4000 km und eine Umlaufzeit von 5 Tagen und 21 Stunden aufweist, ebenso wie die Uranusmonde rückläufig ist und eine Lufthülle besitzt – und über den erst 1949 entdeckten Nereïd, der mit einem Durchmesser von nur 300 km in einer mittleren Entfernung von 5,5 Millionen km den Neptun in

360 Tagen umkreist.

Wenn diese Welten Leben tragen, ist es mit irdischen Lebensformen unvergleichbar.

Pluto

Im März 1930 entdeckte man, daß in noch größerem Abstand, von dem aus unsere zu bloßer Sterngröße geschrumpfte Sonne unter den übrigen Sternen des Himmels unauffindbar wird, in fast 6 Milliarden km Ferne, noch ein einsamer, scheinbar mondloser Planet kreist, den man Pluto taufte.

Mit kosmischer Langsamkeit – 4,7 km in der Sekunde – zieht Pluto dahin, dessen Bahn der amerikanische Astronom Lowell schon 1915 auf Grund gewisser Strömungen in den Bewegungen der äußeren Planeten errechnete und der dann nach 15jährigem Suchen aufgefunden wurde und die Richtigkeit der Lowellschen Berechnungen bestätigte.

Die Pluto-Bahn ist stark elliptisch und schneidet zu Zeiten die des Neptun. Dabei ist Pluto, 40mal weiter von der Sonne entfernt als die Erde, nur wenig größer als Merkur – sein Äquatordurchmesser beträgt etwa 6000 km –. Zu einer Sonnenumzirkelung braucht er rund 250 Jahre. Ein Bewohner dieses Planeten, der 80 Pluto-Jahre alt würde, erreichte demnach das für unsere Verhältnisse undenkbare Alter von 20 000 Erdenjahren. Wie umfassend müßte das Wissen eines Alten Herrn vom Pluto im Lauf seines Lebens werden – wenn es ihn gäbe und wenn die Denkabläufe in seinem Bewußtsein sich nicht in entsprechendem Verhältnis verlangsamen würden.

Doch wenn hier – bei einer Oberflächentemperatur von minus 230 Grad – denkende Wesen leben würden, wüßten sie kaum vom Dasein unserer Erde. Denn zu nahe ist die Erde, von hier aus gesehen, dem fernen Sonnenstern, um als selbständiger Himmelskörper erkannt zu werden ...

Mehr als 5 1/2 Stunden braucht das Licht der Sonne, um Pluto zu erreichen. Sie spendet ihm so wenig Licht und Wärme, daß es auf seiner Oberfläche ewig dunkel und so kalt ist, daß sogar seine Lufthülle sich, zu Eis erstarrt, auf dem Boden niedergeschlagen hätte. Wenn es hier, an der Grenze des Planetenreiches, Methan-Eiswesen gäbe, wäre ihr Metabolismus allem unvergleichbar, was wir auf Erden kennen.

Kleinwelten im Sonnenreich

Mit den Welten der Planeten, die wir auf unserem Wege ins All nur kurz berühren konnten, sind die Wunder des Sonnenreiches nicht erschöpft. Neben den Planeten und Monden durchziehen noch Kleinwelten die Räume unseres Sonnenreiches: etwa 45 000 *Planetoiden* oder Asteroiden, von denen rund 1700 bereits in ihren Bahnen erfaßt sind.

Die Heimat dieser Kleinstplaneten ohne Lufthüllen dehnt sich zwischen den Bahnen des Mars und des Jupiter. Ihre mittlere Entfernung von der Sonne liegt zwischen 300 und 600 Millionen km. Ihre Bahnellipsen sind zumeist sehr langgestreckt. Bei einigen reichen sie über die Marsbahn einerseits und über die Jupiterbahn andererseits hinaus.

Die sehr vielfältigen Umlaufzeiten dieser Zwergplaneten um die Sonne liegen zwischen 1,8 und 12 Jahren. Ihre durchschnittliche Geschwindigkeit beim Lauf um die Sonne bewegt sich zwischen 14 und 21 km in der Sekunde. Einige Asteroiden weisen periodische Lichtschwankungen auf, die zeigen, daß es sich bei ihnen um unregelmäßig geformte Blöcke – Trümmer und Splitter eines einstigen Planeten – handelt, die der Sonne bei ihrer Rotation bald schmalere, bald breitere Flächen zukehren und dann im Sonnenlicht dunkler oder heller leuchten.

Die erste und größte dieser Liliputwelten – Ceres – wurde 1801 entdeckt. Sie hat einen Durchmesser von 740 km und besteht im wesentlichen aus Nickeleisen. Der Größe nach folgen Pallas mit 480 km Durchmesser, Vesta mit 380, Juno mit 200 und Hebe mit einem etwas geringeren Durchmesser.

In weitem Abstand folgt dann die Masse der Planetoiden mit Durchmessern von 20 km in der Art des Eros und einige Tausend kleinere von 3–8 km Durchmesser. Die kleinsten bisher entdeckten Zwergwelten haben 1 km Durchmesser. Daran schließen sich dann Zehn- bis Hunderttausende allerkleinster Liliputwelten mit Durchmessern von wenigen Metern und Zentimetern.

Einer der interessantesten Planetoiden ist der eben erwähnte *Eros*, weil er auf seiner Bahn zeitweise zwischen Mars und Erde gerät. Er hat eine Umlaufzeit um die Sonne von 1 Jahr und 277 Tagen und scheint sich, nach seinen regelmäßigen Lichtschwankungen zu urteilen, in etwa 5 Stunden um seine Achse zu drehen. Er mag die Form eines länglichen Gesteinsblocks haben von etwa 22 km Länge und 6 km Breite. Er kommt der Erde näher als andere Planetoiden: Der Abstand Sonne–Eros kann sich von 270 auf 170 Millionen km verringern. Von der Erde kann Eros sich bis zu 420 Millionen km entfernen, andererseits aber bis auf 21,7 Millionen km nähern. Er ist dann trotz seiner Kleinheit gut zu erkennen.

Wäre es uns – wovon schon Prof. Oberth träumte – möglich, auf diesem uns so nahe kommenden Planetoiden eine interstellare Raumforschungsstation zu errichten, könnte das unser Wissen vom Sonnensystem gewaltig bereichern, führt ihn seine Bahn doch in die Nähe des Mars und sogar des Jupiter. Die Verwirklichung dieser Idee ist nur eine Frage der Zeit und der Mittel.

Auch andere Planetoiden wie Apollo und Hermes, der 1937 entdeckt wurde, überschreiten den Raum zwischen Mars und Jupiter und kommen zuweilen noch näher an die

Erde heran. Hermes hat einen Durchmesser von 1,5 km.

Versetzen wir uns in Gedanken auf so einen kleinen Planetoiden: In einer Stunde hätten wir ihn umwandert, richtiger: umschwebt, denn gehen könnten wir auf ihm nicht. Wir würden den Boden bei unserem Dahingleiten kaum berühren, wären wir hier doch 7000mal leichter, würden also bei einem Erdengewicht von 70 kg nur 10 g wiegen. Bei einem Sprung liefen wir sogar Gefahr, so hoch zu entschweben, daß wir den Planetoiden verlassen.

Was aber uns als eine Stunde erscheint, würde etwaigen Minibewohnern dieser Welt vielleicht ein Jahr oder ein Jahrhundert bedeuten. Ob allerdings diese kosmischen Kleinwelten irgendwelchen Lebewesen Daseinsmöglichkeiten bieten, wissen wir noch nicht. Für Organismen irdischer Art sind sie unbewohnbar; aber sind denn die irdischen Verhältnisse das Maß aller Dinge und Wesen im All? Wir werden sehen, daß das nicht der Fall ist.

Steine vom Himmel

Die Planetoiden sind nicht die einzigen Kleinwelten. Die Räume zwischen den Planeten werden auch von anderen Gebilden durchschwärmt, unter denen die *Meteore* eine besondere Stellung einnehmen. Sie sind eine kurze Betrachtung wert, weil sie uns Aufschlüsse geben über die Beschaffenheit anderer Welten.

An den verschiedensten Orten der Erde hat man Steine gefunden, die aus fernen Himmelsgegenden stammen. Es sind Meteorsteine, denen wir manch Geheimnis des Alls entlokken konnten. Unter ihnen sind Weltraumvagabunden, die seit Jahrmillionen durch die Weiten des Kosmos geeilt sind, bis sie auf unserem Planeten eine Raststatt fanden . . .

Bekanntlich berichtete schon die Bibel, wie »der Herr

große Steine vom Himmel herabschleuderte« – aber noch 1790 bezeichnete die Pariser Akademie der Wissenschaften die Bekundungen von Augenzeugen über einen Meteorfall als ein »betrübliches Geschreibsel unklarer Köpfe, die der unmöglichen Vorstellung nachhängen, es könnten Steine vom Himmel fallen.« Erst um 1800 wurde die kosmische Herkunft der Meteore vom deutschen Physiker Chladni bewiesen.

Einzeln und in Schwärmen ziehen die Meteore in den verschiedensten Richtungen durch den Raum. Je nachdem nun, ob die Erde auf ihrer Bahn sich einem Meteorschwarm entgegenbewegt oder von ihm eingeholt wird, oder ob sie Teile seitwärts herbeieilender Staub- und Gesteinsschwärme auffängt, ist die Geschwindigkeit, mit der Meteore in die Lufthülle der Erde eindringen, verschieden groß. Da die Eigenbewegung der Meteore im Mittel etwa 40 km in der Sekunde beträgt, die der Erde um die Sonne 28 km, schwankt die Schnelligkeit der Meteore im Moment der Berührung der irdischen Lufthülle zwischen 12 und 70 km.

Mit diesen Geschwindigkeiten prallen sie auf den Luftmantel der Erde, geraten, in die Lufthülle einbrechend, infolge der Reibung sofort in Weißglut, durchschlagen aufleuchtend – als ›Sternschnuppen‹ – die Luftschichten von 120 bis 80 km Höhe, um schließlich zu verglühen oder, wenn sie groß genug sind, mit stark verminderter Geschwindigkeit als Meteoriten ganz oder in prasselndem Stein- und Feuerregen sich teilend auf die Erde zu stürzen.

Zumeist leuchten Sternschnuppen kaum länger als eine Sekunde auf, wobei sie erlöschen, nachdem sie Höhen bis zu 70 km durchschlagen haben. Größere Meteore zerspringen infolge des Luftwiderstands – etwa wie große Wassertropfen während des Falls auf die Erde in eine Vielzahl kleinerer Tröpfchen zersprühen. Die zur Gruppe der Perseiden gehörenden Sternschnuppen leuchten in 113 km Höhe auf und erlöschen in 89 km Höhe, die Leoniden leuchten etwa 155 km über dem Erdboden auf und verglimmen in 98 km Höhe.

Aus Helligkeitsberechnungen der glühenden Meteore ergibt sich bei Berücksichtigung ihrer durchschnittlichen Größe von wenigen Zentimetern, daß eine Höchsttemperatur von 10 000 Grad entsteht, wobei weniger der Meteoritenkörper als die von ihm durchraste und erhitzte glühende Lufthülle aufleuchtet.

Man hat errechnet, daß in einem Jahr etwa 150 Milliarden solcher kosmischen Stäubchen von der Erde eingefangen werden. Nur ein Teil davon ist so groß, daß wir ihr Verglimmen wahrnehmen, und nur wenige gleichen Granaten aus dem Weltenraum, die einen Teil ihrer Eisen- oder Gesteinskerne bis zum Erdboden hinabbringen. Immerhin bewirken sie eine tägliche Gewichtszunahme der Erde, die verschieden hoch berechnet wird.

*

Das Alter der Meteoriten richtet sich nach ihrer Herkunft. Planetarische und aus aufgelösten Kometen stammende Meteoriten haben ein Alter von einigen Millionen Jahren. Von jenseits des Sonnenreiches kommende Meteoriten können 1–5 Milliarden Jahre alt sein. Sie zeigen, daß die Materie im Kosmos überall die gleiche Zusammensetzung aufweist wie die Erde, wobei man zwischen Stein- und Eisen-Meteoriten unterscheidet.

Zum Teil treten die Meteore in Schwärmen auf, die langgestreckte Ellipsenbahnen um die Sonne beschreiben, wobei sie zu bestimmten Zeiten die Erdbahn schneiden. Zu diesen aus dem Sonnenreich stammenden Schwärmen gehören z. B. die in den Tagen um den 10. August herabfallenden *Perseiden*, die aus der Richtung des Sternbildes Perseus kommen, die um den 13. November herum aufleuchtenden *Leoniden* aus dem Sternbild des Löwen, die *Lyriden*, Mitte April aus der Gegend der Leier kommend, die Aquariden (2. Julihälfte), die Geminiden (10. Dez.) usw. Kreuzt die Erde den Weg eines solchen Schwarms, ist wegen der großen Ausdehnung dieser äußerst lockeren Schwärme ein tagelang anhaltender Sternschnuppenregen die Folge.

Die Ausdehnung dieser Schwärme ist beträchtlich. Die Leoniden müssen wir uns z. B. als einen Riesenreigen denken, der einmal in 33 Jahren in einer langgestreckten Ellipse um die Sonne eilt. Die Bahn dieses Schwarms schneidet die Erdbahn in den Tagen vom 10. bis 17. November. Nun fängt unsere Erde aber nicht nur alle 33 Jahre Millionen Mitglieder dieses Schwarms auf, sondern fast jedes Jahr im November, so daß der Leoniden-Schleier in Wirklichkeit so ausgedehnt ist, daß die einzelnen Glieder des Schwarms fast seine ganze Bahn in unterschiedlicher Dichte besetzt halten.

Die Breite solcher Schwärme übertrifft den Erddurchmesser um das Vielfache – die des Leonidenschwarms beträgt etwa 200 000 km. Dabei ist der Schwarm so locker, daß die Erde durch ihn hindurchfliegt wie ein Vogel durch eine Staubwolke oder eine Gewehrkugel durch einen Mückenschwarm. Die einzelnen Trümmer solcher Gesteinswolken liegen im Durchschnitt 100 km auseinander, wobei sie im Mittel nur wenige Gramm schwer sind.

Meteorschwärme sind zum Teil Trümmer einstiger Kometen, wofür die Übereinstimmung ihrer Bahnen mit denen verschwundener Kometen spricht. Daß ein Komet eine solche Wandlung durchmachen kann, wissen wir vom Bielaschen Kometen, der sich in seiner Umlaufzeit in entsprechend regelmäßig wiederkehrende Sternschnuppenschwärme aufgelöst hat.

Andere Meteore und Meteorschwärme mögen Überbleibsel von gewaltigen Eruptionen während der Frühzeit der Planeten sein. Dafür spricht ihre Größe, die die der meisten kleinen Meteore weit übertrifft. Die letzteren sind zumeist nur kieselgroß, einige faustgroß, größere bringen Luftdruck und Hitze zum Zerspringen. Sind die Meteore noch größer, fällt ihr schwerer Kern ungeteilt oder in größeren Splittern zur Erde.

So ist der heilige schwarze Stein in der Kaaba in Mekka, dem Wallfahrtsort der Mohammedaner, ein solcher Meteorit von 15 cm Höhe und 25 cm Länge, der, in einen Silberrahmen gefaßt, in der Nordostecke der Kaaba eingemauert wurde und von den Pilgern geküßt wird.

Andere Meteorite, die auf die Erde stürzten, waren weit größer: so die 3 in Mexiko niedergegangenen Eisenmeteoriten, die 11 000, 14 000 und 27 000 kg wogen, oder der Meteorit von Hoba in Südwestafrika mit seinen 60 000 kg Gewicht, um nur einige Beispiele zu nennen.

Weit größer wird ein Meteorblock gewesen sein, der den Meteorkrater im Kanjon Diablo in Arizona mit einem Durchmesser von 1,3 km und einer Tiefe von 175 m als Zeichen seines Absturzes hinterließ. In der Nachbarschaft dieses Kraters wurden zahlreiche Eisenmeteorite gefunden, während der Hauptblock wohl in beträchtlicher Tiefe in der Erde ruht.

Der allergrößte in letzter Zeit auf die Erde gestürzte Meteor aber ging am 30. Juni 1908 in Sibirien nieder. Der Donner, unter dem seine feurigen Massen auf die Erde einschlugen, wurde noch in 100 km Entfernung vernommen, und die Erschütterung des Aufschlags wurde von der 1000 km abgelegenen Erdbebenwarte in Irkutsk als Nahbeben registriert. An der Einsturzstelle zeigt sich ein gewaltiger Trichter von mehreren km Durchmesser. Mehr als 20 Quadratkilometer Urwald wurden beim Einsturz vernichtet.

Zum Glück kommt es äußerst selten vor, daß Meteorsteine der letztgenannten Größe auf die Erde niederfallen. In der Regel sind es unbedeutende Trümmer, und zumeist ist es nur feiner Staub, der langsam zur Erde niedersinkt.

Eisenmeteore enthalten bis zu 90 Prozent Eisen, im übrigen Nickel, Phosphor, Schwefel und andere Elemente. Die Steinmeteore bestehen aus denselben Stoffen, aus denen auch die Gesteine der Erde aufgebaut sind: Sie bergen Elemente wie Kohlenstoff, Sauerstoff, Stickstoff, Wasserstoff, Helium, Silicium, Schwefel, Magnesium, Kalzium, Phosphor, Kupfer, Gold, Uran usw.

Manche von ihnen geben uns wertvolle Aufschlüsse über den Aufbau der Materie in anderen kosmischen Gegenden. Sie haben nicht nur gezeigt, daß andere Himmelskörper aus den gleichen Stoffen bestehen wie unser Planet, sondern auch, daß Lebensformen nicht nur auf der Erde vorkommen: Man fand in ihnen Kohlenstoffverbindungen, die am Anfang erdgleichen Lebens stehen, wie Mikroorganismen und Fossilien.

Soweit sie Reste von *Kometen* sind, stellt sich die Frage, ob und wie weit diese Träger von Lebensformen sind.

Kometen

Manche Kometen waren die Mütter von Meteoren. Wie diese ihre Kinder sind die Kometen zu einem Teil ebenfalls Angehörige unseres Sonnenreiches, zu einem anderen Teil flüchtige Gäste aus fernen Welten.

Die Bahnen der zum Sonnensystem gehörenden Kometen – insgesamt sind seit Beginn unserer Zeitrechnung etwa 500 in ihren Bahnen berechnete Kometen sichtbar geworden, während ihre Gesamtzahl nicht abzuschätzen ist – reichen zum Teil weit über die Pluto-Bahn hinaus.

Wenn aber unsere Sonne noch in einer Entfernung von 100 Milliarden km Kometen zur Umkehr zwingen und zu sich zurückrufen kann, reicht ihr Kraft- und Schwerefeld gewiß weiter, als man sich bisher vorstellte. Und doch, was sind selbst diese Weiten angesichts der Grenzenlosigkeit des Raumes? Denken wir uns ein Glühwürmchen bei Nacht in der

Wüste Sahara: So viel dieses Glühwürmchen vom Sandmeer der Sahara erhellt, so viel ist unser Sonnenreich einschließlich der weit hinausreichenden Kometenbahnen im Sternenmeer des Alls.

Die Kometenbahnen sind langgestreckte Ellipsen, die aber nicht in der Ebene der Planetenbahnen verlaufen, sondern nach allen Richtungen gehen. Ihre Bahnberechnungen sind deshalb schwer, weil die Kometen uns nur eine kurze Teilstrecke ihres Weges zeigen.

Da die Sonne im einen Brennpunkt ihrer Ellipsenbahn liegt, kommen sie ihr zum Teil sehr nahe, umkreisen sie in raschem Flug und eilen dann in mehr oder minder weitem Bogen mit abnehmender Geschwindigkeit wieder in den sonnenfernen Raum hinaus. Ihre Umlaufzeiten liegen zwischen 3 und 200 Jahren.

Der alle 76½ Jahre in Sonnennähe kommende Halley'sche Komet – der von Kepler schon 1607 bewundert wurde, zuletzt 1910 sichtbar war und 1986 wieder auftaucht – hat dann nur 100 Millionen km Abstand von der Sonne, in Sonnenferne hingegen 5,5 Milliarden km, also fast den Abstand Plutos.

Der Komet von 1843 kam der Sonne sogar auf 130 000 km nahe, raste mit einer Geschwindigkeit von 600 km in der Sekunde durch die Sonnenkorona, vielleicht sogar durch hochgeschleuderte Sonnenprotuberanzen hindurch, und kam auf der anderen Seite der Sonne unversehrt wieder hervor, um aufs neue in den Raum hinauszueilen.

Wesentlich anders verlaufen die Bahnen anderer Kometen, der eigentlichen Abenteurer des Kosmos: Sie beschreiben Parabeln oder Hyperbeln – ungeschlossene Kurven, die anzeigen, daß diese Kometen auf gradliniger Bahn aus dem All herbeieilten, von der Sonne angezogen wurden, einen kurzen Bogen um sie beschrieben und dann in andere Fernen des Raumes enteilten, um nie wieder in unser Sonnenreich zurückzukehren.

Manche Kometen werden – wie Meteore – als Ergebnisse vulkanischer Prozesse kosmischen Ausmaßes auf Planeten unseres Sonnensystems – in der Frühzeit ihrer Entwicklung – gewertet, worauf auch ihr Alter von einigen Milliarden Jahren hinweist. Diese Ausbrüche mögen auch noch erfolgt sein, als sich auf den Planeten erste Mikroorganismen bildeten.

Was sind Kometen?

Wir unterscheiden bei ihnen Kopf und Schweif und beim Kopf wiederum Kern und Hülle (Koma).

Der Kometen*kern* ist der hellste Teil und weist Durchmesser von 10 km bis zu 10 000 km auf. Er scheint manchmal eine lockere Ballung fester Materie zu sein, die aussieht, als wäre sie in dichten Nebel gehüllt –, in anderen Fällen ist er eine wirbelnde Masse leuchtender Gasnebel. Zumeist ist er eine Wolke aus Meteoriten, Gas, Staub- und Eispartikeln. Er enthält vor allem Methan, Ammoniak, Kohlenmonoxyd, weiter Stickstoff, Wasserstoff und Verbindungen anderer Elemente.

Der Komet von 1811 besaß einen kugelförmigen Kern von 800 km Durchmesser, der von einem rötlich schimmernden Gasball von etwa 200 000 km Durchmesser umhüllt war, um die eine noch feinere schwach schimmernde gasartige Hülle gelegt schien. Der Rauminhalt dieses Kometen – und oft auch der anderer Kometen – übertraf den der Erde um ein Vielfaches. Dabei war seine Masse so durchsichtig, daß die hinter ihm stehenden Sterne durch Hülle und Schweif unverändert hindurchleuchteten.

Der Kern des Kometen ist von einer meist kugelartig gerundeten gasförmigen *Hülle* – Koma – umgeben, die unter dem Einfluß der Sonnenstrahlung oder des Sonnenwindes einen immer längerwerdenden Schweif zu entwickeln beginnt. Oft scheint sie in Einzelhüllen unterteilt. Zuweilen bewirken die in Sonnennähe in ihr vorgehenden Veränderungen eine Aufspaltung des Kometen in mehrere oder seine Auflösung in einen nicht leuchtenden Schwarm von Meteoren.

Die Fortsetzung der Hülle bildet der *Schweif*, dessen weißliches Licht sich mit zunehmender Entfernung vom Kern verbreitert und zugleich an Helligkeit abnimmt. Manchmal ist der Schweif mehrfach geteilt, etwa in einen Staub- und einen Gas-Schweif; immer aber ist seine Materie tausendmal dünner als die irdische Lufthülle, so daß auch die schwächsten Sterne hindurchschimmern.

Der Schweif, der vor allem aus Plasma – Ionen und freien Elektronen – besteht, hat eine Länge von mehreren Millionen km, vereinzelt sogar bis zu 300 Millionen km, und eine Breite bis zu einer Million km. Bei Annäherung an die Sonne nimmt, wie gesagt, Helligkeit und Strahlung zu, während der Kern sich lockert. Der Schweif ist dabei stets von der Sonne abgewandt, als würde er vom Sonnenwind weggedrückt.

Die Schweifteilchen sind dabei in turbulenter Bewegung. In allzugroßer Nähe eines Planeten beginnt der Komet meist zu zerfallen und sich in Meteorschwärme aufzulösen.

In früheren Zeiten erweckte das Auftauchen eines Kometen Furcht. Noch Ende des vorigen Jahrhunderts glaubte man von der Annäherung eines Kometen Gefahr für die Bewohner der Erde befürchten zu müssen ... Heute weiß man, daß diese Furcht grundlos ist: Die Kometenmaterie ist so locker, daß, wenn die Erde durch seinen Schweif geht – wie sie es zuletzt 1861 und 1910 getan hat –, wir Menschen am Grunde des Luftmeeres der Erde nichts davon verspüren. Der Luftmantel der Erde ist im Vergleich zur Kometenmaterie so dicht, daß sie sich mit gleicher Leichtigkeit einen Weg durch den Kometen bahnt wie der stählerne Bug eines Panzerkreuzers durch die Wellen des Meeres.

Jenseits des Sonnenreiches

Wir haben die wichtigsten Gebilde kennengelernt, die zu unserem Sonnensystem gehören. Damit aber sind die Wunder des Himmels nicht erschöpft. Wir stehen vielmehr erst am Anfang unserer kosmischen Wanderung, haben noch keinen Schritt hinaus getan in die unendlichen Weiten des Alls.

Wir durchmaßen bisher nur das Reich *eines* Sternes unter Milliarden Sternengeschwistern im All. Weit draußen – jenseits der Bahnen der sonnenfernsten Kometen – sehen wir andere Sterne herüberschimmern, die uns künden, daß unser Sonnenreich nicht das einzige ist, sondern nur eines unter ungezählten, und daß jeder Stern, der von fernher leuchtet, eine Sonne gleich der unseren ist.

Was für Wunderreiche dehnen sich dort? Wie bauen sich diese Sternenheere auf? Wer enträtselt ihr Woher, Wohin und Wozu?

Versuchen wir, uns diesen Welten zu nähern! Verlassen wir die kleine Ansiedlung unseres Sonnenreiches und schreiten wir hinaus, größeren Ortschaften im Kosmos entgegen!

Schon hier draußen im Raum, von wo aus es scheint, als ob sich die Planeten schutzsuchend enger an die Sonne schmiegen, wird unser Sonnenreich zu einer einsamen kleinen Oase des Lebens, weithin von unwegsamen Wüsten umgeben . . .

. . . Dennoch hält uns nichts mehr an unserer heimatlichen Sonnenküste. Wir besteigen das Raumboot des Gedankens und gleiten hinaus in den interstellaren Raum.

Ein Raumschiff mit irdischen Treibmitteln wäre in diesen Weiten nutzlos, und selbst ein Photonen- oder Licht-Schiff würde dafür nicht genügen. Denn nicht nur der Raum, auch die Zeit dehnt sich hier myriadenfach. Das einzige Vehikel, das diese Unendlichkeiten zeitlos überbrückt, ist der Gedanke.

Das ist das erste, was uns beim Verlassen unseres Sonnenreiches bewußt wird: die Unendlichkeit des Raumes. Wir durcheilen tausendmal größere Weiten als die von der Sonne zum Pluto – und dennoch scheinen die Sterne uns nicht näher zu kommen.

Erst wenn wir uns so weit vom Reich unserer Sonne entfernen, daß wir nicht mehr erkennen, von welcher der vielen hinter uns strahlenden Welten wir eigentlich kamen, mag es uns scheinen, als leuchte einer der Sterne vor uns um einiges heller, als kämen wir ihm näher . . .

Zugleich aber erwacht bedrückend und beglückend in uns das Bewußtsein der Unabsehbarkeit der Sternenfülle des Alls – und wie eine Kündung ewigen Lebens erstrahlt rings um uns heller das weißbunt schimmernde Lichtband der *Milchstraße*.

Im gleichen Augenblick fühlen wir, daß alle die Abermillionen Sterne um uns Teile eines größeren Ganzen bilden – wie etwa die einzelnen Menschen Teile einer Lebens- und Schicksalsgemeinschaft, eines Volkes sind. Wir erkennen, daß sich die Wogen von Himmelswelten nicht gliederungslos in die Weite dehnen, sondern sich zu Ordnungen vereinen, die in gewaltigen Sternenströmen gemeinsam durch den Kosmos ziehen.

Schwingen wir uns über dieses heimatliche *Großsternenreich* hinaus, um von oben, von außen her ein Bild seiner Form und seines Umfangs zu gewinnen!

Wir wählen die sternenärmste Gegend am Himmel und schwingen uns mit Gedankenschnelle zu ihr hinaus . . . Dabei wandelt sich das Gesicht des Himmels: Aus allen Fernen des Raumes scheinen die Sterne hinter uns zusammenzurücken – bis schließlich das ganze Sternenmeer sich zu einem helleuchtenden Riesenschwarm verdichtet, der, allseitig von den sternenleeren Räumen des Kosmos umspült, das Bild eines ungeheuren spiraligen Sternenrades bietet, dem wir auf Erden den Verlegenheitsnamen ›*Milchstraße*‹ geben.

IM REICHE UNSERER MILCHSTRASSE

»O Himmel über mir, Du Reiner, Tiefer – Du Licht-Abgrund!
Dich schauend, schaudere ich vor göttlichen Begierden!
Du redest nicht, so kündest Du mir Deine Wahrheit.
Ich bin ein Segnender und Ja-Sager, wenn Du nur um mich bist,
Du Reiner, Lichter! – Du Licht-Abgrund!«

Nietzsche

»Es schreitet der Geist des Universums
gewaltig wie ein Orkan über uns hin.«

Jean Paul

Wenn wir von der Erde zum nächtlichen Himmel aufblikken, erkennt unser Auge bald einen zusammenhängenden nebelartigen Lichtstreif von verschiedener Dichte und Helle – ein vielfach verzweigtes, matt schimmerndes Netz, das sich in gewaltigem Bogen durch die Sternbilder hindurchzieht und auf der uns nicht sichtbaren südlichen Himmelshälfte zu einem die Erde allseitig umspannenden Gürtel sich rundet:

Es ist das aus Milliarden Sonnen gewirkte Perlengewebe der *Milchstraße*, deren seltsamer Name auf die griechische Mythologie zurückgeht: Herkules soll als Kind so heftig an der Brust der Juno gesogen haben, daß diese ihn vor Schmerz losriß, wobei sich die verschüttete Milch über den ganzen Himmel ergossen habe ...

Die chinesischen Astromanten nannten die Milchstraße

den »Strom des Lichts«; andere sahen in ihr ›die Fußstapfen Gottes‹.

Dem unbewaffneten Auge bietet die Milchstraße unter allen Himmelserscheinungen den wundersamsten Anblick dar – wie die Röntgenaufnahme eines kosmischen Sauriers mutet sie an.

Mit bloßem Auge sehen wir am Himmel nur die hellsten Sterne, etwa 3500, mit denen der südlichen Himmelshälfte etwa 6500 Sterne ...

Richten wir ein mittleres Fernrohr auf die helleren Flecke des phosphoreszierenden Himmelsbandes, gewahren wir, daß sich die Helle in eine wachsende Fülle von Lichtern einzelner Sterne auflöst ...

In einem stärkeren Teleskop sehen wir hinter den einzelnen Sternen ganze Schwärme winziger Sonnen auftauchen – so zahlreich wie die Sandkörner am Meeresstrand ...

In den stärksten Teleskopen wird aus dem Flachbild der Sternenfülle ein uns aufs tiefste erschütterndes Raumbild unermeßlicher Sternenheere, die nach allen Seiten durch den Kosmos zu eilen scheinen. Es ist, als sähe man, wie Russell sagt, »immer tiefer und tiefer zurück in die Unendlichkeit von Sternenströmen, gleich dem Strudel eines unermeßlich komplizierten Wirbels, bis sie in blassen nebligen Punkten enden ...«

Rufen wir die stärkere Sehkraft der photographischen Platte zu Hilfe und lassen wir das Licht auch der helligkeitsschwächsten Sterne länger auf die Platte einwirken, scheint es beim Betrachten des Bildes, als habe sich jeder einzelne der Myriaden Sterne, die wir im Raum sich drängen sehen, vervielfacht. Aus einem Fleckchen am Himmel ist ein unübersehbares Gerinnsel von lauter einzelnen leuchtenden Pünktchen geworden – von Millionen Sonnen, Hunderte und Tausende von Lichtjahren entfernt, wie unser Heimatstern vielleicht von unsichtbaren Planeten voller Leben, Glück und

Leid umschwirrt ...

Es gibt kein Bild, das den denkenden Menschen tiefer aufrüttelt, als solche Vergrößerung eines Teils der Milchstraße, aus der ihn das rätselvolle Sternengewimmel des Alls schweigend anblickt ...

Dabei zeigen solche Bilder uns nur kleinste Teile der gewaltigen Sternenheit, die wir ›Milchstraße‹ nennen und die sich als riesenhafter etwa linsenförmiger, vielarmiger Lichtnebel aus Milliarden Sonnen kreisend durch den Raum bewegt. Und sie zeigen uns auch nicht, daß unsere Milchstraße eine Schwester der unzähligen *Galaxien* ist, die sich über alle Räume des Alls verteilen. –

Insgesamt sehen wir in unserer heimatlichen Milchstraße mehrere Milliarden Sterne – leuchtende Sterne. Wir werden später sehen, daß es neben ihnen Abermillionen dunkler Sterne im gleichen Raume gibt, von den Planeten und Monden unzähliger dieser Sonnen ganz abgesehen.

Heute wissen wir, daß unsere Milchstraße aus über 100 Milliarden Sternen gleich unserer Sonne besteht. Die Gesamtmasse der Milchstraße beläuft sich auf 160 Milliarden Sonnenmassen. Und dieses riesige System rotiert um seine Achse, wobei die zentralen Sternenschwärme am schnellsten, die äußeren Sonnen am langsamsten um den Mittelpunkt der Milchstraße kreisen.

Aus kosmischer Ferne, halb von der Kante gesehen, bietet die Milchstraße das Bild einer einsam im All schwebenden sternigen Wolkenscheibe: eines Spiralnebels von der Form zweier flacher mit den Rändern aufeinandergelegter Teller – mit zahlreichen nachschleifenden Armen aus Abermillionen Sternen, zwischen denen sich sternarme Räume breiten ...

Der größte Durchmesser dieses Riesenrades beträgt 82 000 Lichtjahre, einschließlich der zu ihm gehörenden Kugelsternhaufen 160 000 Lichtjahre, die ›Dicke‹ im Milchstraßenkern 16 000 Lichtjahre.

Innerhalb dieses stark abgeflachten Sternenkreisels verteilen sich die einzelnen Sonnenschwärme – und in einem dieser Schwärme, in einer Entfernung von 27 000 Lichtjahren vom Zentrum der Galaxis, kreist unsere Sonne.

*

Neben den über 100 Milliarden Sonnen rechnet man in der Milchstraße mit ebenso vielen Planeten – und unter diesen wiederum mit mindestens einer Milliarde erdähnlichen Planetenwelten.

Zu den weiteren Bestandteilen der Milchstraße gehören die kugelförmigen Sternhaufen, weiter leuchtende und nichtleuchtende Gas- und Staubwolken. Im übrigen ist der gewaltige leere Raum der Milchstraße mit intergalaktischer Materie – feinst verteiltem kosmischem Staub, Gaswolken, atomaren Partikeln, Licht-, Radio- und anderen Wellen – erfüllt, also kein absolutes Vakuum.

Bedenken wir noch einmal für einen Augenblick, daß um viele der 100 Milliarden Sonnen der Milchstraße Milliarden für uns unsichtbare Planeten kreisen, die Trillionen Geschöpfen Licht, Wärme und Lebenskraft geben mögen . . .

Dabei scheinen die Sonnenheere der Milchstraße nur so gedrängt, weil wir ungeheure Räume überblicken und das zugleich und nebeneinander sehen, was in Wirklichkeit hintereinander und räumlich wie zeitlich weit auseinander liegt. Denn alle diese Sonnenwelten, die wie ungezählte Kubikmeilen glitzernden Sandes hingeschüttet scheinen, sind im Durchschnitt zumeist weiter voneinander entfernt als unsere Sonne von ihrer 4 Lichtjahre fernen Nachbarsonne.

*

Würden wir uns in dieses Lichtmeer hinausschwingen und wollten wir dann in unser Sonnenreich zurückkehren – wir würden es in dieser Funkenfülle nicht mehr wiederfinden. Wer will unter Milliarden Sandkörnern am Ufer des Meeres ein einzelnes wiederentdecken?

Fast will uns der Anblick dieser Sternenströme entmutigen: Was sind wir Eintagsmenschen in dieser durch das All sich dehnenden Unendlichkeit von Welten, in der dutzendemal mehr Sonnen kreisen, als Menschen auf der Erde leben ...

... Leuchteten nicht alle diese Sterne schon, als der erste Mensch über unseren Planeten schritt, ja, ehe das erste Leben den Erdball zu besiedeln begann? Und werden sie nicht leuchten, wenn auf der Erde vielleicht alles, was Mensch heißt, anderen Lebensformen gewichen ist? Wird ihr Licht nicht gleich unverändert in unsere Weltgegend herüberstrahlen, wenn die Erde nicht mehr ist?

Wie bedeutungslos winzig erscheint selbst unsere kleine Erde in diesem Riesenheer strahlender Sonnen! Und dennoch lassen wir uns nicht von diesem Gefühl übermannen! Denn ist es nicht schon ein Gewaltiges, daß wir die Größe des Ganzen zu erfassen vermögen und noch größere Ordnungen begreifen? Sind wir nicht über die Weltwertungen der Alten, die die Sterne noch nach ›Sternbildern‹ ordneten, als ob die scheinbar zusammenstehenden Sterne tatsächlich zusammengehörten, längst hinausgewachsen?

Wohl gruppieren sich die mit bloßem Auge sichtbaren Sterne zu Bildern von Tieren, Menschen und Dingen; und nach Jahrtausenden noch scheint das Bild unverändert. Tatsächlich aber sehen alle uns vertrauten Sternbilder nach einigen Millionen Jahren völlig anders aus, da jeder Stern seine eigene Bahn verfolgt ...

Wir wissen andererseits, daß die Planlosigkeit, die die Sternenschwärme in ihren Wegen zeigen, nur eine scheinbare ist, daß in Wirklichkeit jede Sonne am Himmel Glied größerer Sternengemeinschaften ist, die ihren vorgeschriebenen Bahnen folgen.

Die Astromanten des Altertums wußten und Demokrit vermutete es, daß unsere Milchstraße eine Gemeinschaft von Sternen gleich unserer Sonne ist. Aber erst die optischen Hilfsmittel unserer Zeit haben dies zur Gewißheit erhoben und die Milchstraße als eine kosmische Sternenheit aus Tausenden von Sternenvölkerschaften enthüllt.

Zu einer dieser Sternenvölkerschaften wiederum gehört unsere Sonne. Weil sie in ihrem heimatlichen Sonnenschwarm etwa in der Mitte kreist, sehen wir von der Erde aus in allen Zonen des Raumes Tausende von Sternengeschwistern unserer Sonne unregelmäßig verstreut, während die Sonnen entfernterer Sternenvölkerschaften dichter zusammengedrängt erscheinen und in ihrer Gesamtheit das schimmernde Band der Milchstraße bilden.

Der heimatliche Sonnenschwarm mit unserer Sonne braucht für eine Umkreisung des Milchstraßenzentrums 220 Millionen Jahre bei einer Geschwindigkeit von ca. 240 km je Sekunde, während die Milchstraße als Ganzes mit einer noch höheren Geschwindigkeit sich in jene Richtung des Alls bewegt, in der sich, von uns aus gesehen, das Sternbild des ›Steinbocks‹ befindet.

Versuchen wir, uns von der Größe dieser Sternenheit ein lebendiges Bild zu machen!

Wagen wir es, uns in diese Sonnenheere hineinzustürzen, um ihre Rätsel zu lösen und Ausschau zu halten nach den Wundern des Lebens in fernen und fernsten Planetenreichen.

*

Der Astronom Arrhenius verglich die Milchstraße einer ungeheuren Qualle, die im All dahinschwebt und deren Ausmaße sich zu denen unserer Erde verhalten wie die Dimension der Erde zu dem eines Atoms.

Wenn von 100 Milliarden Sonnen und Entfernungen von 100 000 Lichtjahren die Rede ist, bei Entfernungen der Galaxien untereinander gar von Lichtjahrmillionen – Zahlen, für deren Größe uns zumeist das Vorstellungsvermögen abgeht –, könnte man meinen, die Astronomen litten an einem Inflationskomplex und nähmen es mit den Nullen nicht so genau.

Wer aber sieht, mit welch peinlicher Gewissenhaftigkeit der Astronom rechnet, der weiß, daß die von ihm ermittelten Daten zuverlässiger sind als die Zahlenangaben, die uns auf irgendeinem anderen Gebiet des Lebens und des Wissens begegnen.

Andererseits könnte, wenn hier und im weiteren Verlauf unserer kosmischen Wanderung Zahlenungetüme von Billionen und Trillionen auftauchen, jemand uns mit der Frage Schillers begegnen: »Ist die Natur euch nur groß, weil sie zu zählen euch gibt?«

Diesem Frager antworten wir mit dem alten Diesterweg: »Gewiß nicht, aber doch lehren uns gerade die Zahlen, die das Weltall aufstellt, vieles – unter anderem Bescheidenheit. Wie anmaßend und töricht ist es, wenn wir stolz glauben, diese große Welt sei nur unseretwegen vorhanden! Was ist ein einzelner Mensch, was ein großes Volk, was die ganze Erde im Vergleich mit dem unermeßlichen Weltenraum?« –

So dicht gedrängt erscheinen uns die Sterne – und liegen doch in Wirklichkeit tausendmal weiter auseinander als unsere Sonne und der ihr so ferne Planet Pluto. Die durchschnittliche Entfernung der Fixsterne voneinander beträgt innerhalb der Milchstraße etwa 6 Lichtjahre. Die Milchstraße besteht also ebenso wie unser Sonnensystem im wesentlichen aus *leerem Raum.*

Stellen wir uns – nach einem treffenden Vergleich Eddingtons, »30 Tennisbälle vor, die im hohl gedachten Innern der

Erde umherfliegen; die Sterne, die im Weltenraum umherschweifen, haben ebensoviel Platz zur Verfügung und laufen ebensowenig Gefahr, zusammenzustoßen, wie diese Tennisbälle.«

Mit einem anderen Beispiel: Die Sternendichte in der Milchstraße gleicht der eines Mückenschwarms, der so über die Erde verteilt ist, daß sich 5 Mücken in das Gebiet etwa Frankreichs teilen.

Oder nehmen wir, um das noch mehr zu verdeutlichen, den Maßstab 1:100 Milliarden, dann wäre unsere Erde von der Sonne 1,50 m entfernt, Pluto schon fast 60 m. Die nächste Sonne, Alpha Centauri, hingegen bereits 410 km, der Sirius über 800 km, Prokyon über 1000 km, fernere Sonnen Millionen km. So locker verstreut ist die Sonnenmaterie im Raume unserer Milchstraße!

Der Sirius ist bereits 8,6 Lichtjahre von uns entfernt, der Polarstern 41 Lichtjahre, der Orionnebel über 500 Lichtjahre. Und es gibt Sterne innerhalb der Milchstraße, die von uns fast 100 000 Lichtjahre entfernt sind ...

... Um eines dieser Milliarden kosmischer Sandkörner – unsere Sonne – schwirren in nächster Nähe mikroskopisch winzige Stäubchen. Eines davon ist die Erde. Und auf diesem Stäubchen richtet ein submikroskopisches Wesen sein Fernrohr auf die weit entfernten Planetenstäubchen und die weit entfernteren nächsten Sonnen-Sandkörnchen in der Unendlichkeit ... und erkennt seine eigene Winzigkeit ... und lächelt ...

*

Bei den Entfernungsangaben wurde wiederholt von ›*Lichtjahren*‹ gesprochen. Das bedarf einer Erläuterung:

Der Lichtstrahl ist der Bote, der uns von Vorgängen in fernen Welten berichtet. Ohne ihn wüßten wir nichts über

Aufbau und Beschaffenheit der Welten jenseits unserer Erde.

Bei Beobachtung der Jupitermonde stellte man zuerst fest, daß dieser Bote – das Licht – eine bestimmte *Zeit* braucht, um einen Kilometer zu durchqueren, nämlich eine dreihunderttausendstel Sekunde. In einer Sekunde durchmißt das Licht eine Strecke von genau 299 793 km. Es könnte also in einer Sekunde achtmal um die Erde rasen.

Wir sahen schon, daß der Lichtstrahl die Entfernung Erde-Mond in etwas mehr als einer Sekunde durcheilt, den Weg von der Sonne zur Erde in ungefähr 8 Minuten. In einer Stunde ist das Licht schon 1 Milliarde und 80 Millionen km. weiter. Der ganze Bereich unseres Sonnensystems umspannt nicht einmal einen halben Lichttag.

Viele *Jahre* aber vergehen, ehe das Licht von einer Sonne zur nächsten gelangt . . .

Ein Jahr hat 31 556 926 Sekunden. Da das Licht in jeder Sekunde, Tag und Nacht, Monat um Monat, rund 300 000 km hinter sich bringt, umspannt ein *Lichtjahr* die Strecke von 9 467 077 800 000 km, also fast 10 Billionen Kilometer.*

Aber auch das Lichtjahr ist zu klein, um kosmische Entfernungen in Zahlen auszudrücken, weshalb man sie in *Parsec* (= Parallaxen-Sekunde = 3,26 Lichtjahre = 30 Billionen km) und *Megaparsec* (= 1 Million Parsec = 30 Trillionen km) ausdrückt.

Ob der Lichtstrahl der schnellste Bote im Kosmos ist oder ob es schnellere Boten gibt, für deren Erfassung uns noch die Hilfsmittel oder Organe fehlen? Ist vielleicht das Verhältnis der Lichtgeschwindigkeit zu der des *Gedankens*, das einer Postkutsche zu einer Rakete? Haben Wesen anderer Welten

* Eine Billion ist eine Million mal eine Million, hat also 2 mal 6 Nullen. Eine Trillion ist eine Million mal eine Million mal eine Million, hat also 3 mal 6, also 18 Nullen. Eine Quadrillion hat 4 mal 6 = 24 Nullen, eine Quintillion 30, eine Sextillion 36 Nullen, eine Dezillion 60 und eine Zentillion 600 Nullen. So viele Nullen zu schreiben, wäre umständlich, darum wird eine Million umschrieben mit 10^6, eine Billion mit 10^{12}, eine Trillion mit 10^{18}, und so fort bis zur Zentillion = 10^{100}.

das Rätsel der Gedankenwellen gelöst? Bisher haben nur die Astromanten eine Antwort auf diese Fragen gegeben. Schon kosmische Besuche aus fernen Sonnenreichen würden ja Überlichtgeschwindigkeiten voraussetzen ...

Die Lichtgeschwindigkeit macht uns weiter bewußt, daß jede räumliche Entfernung zugleich eine *zeitliche* Entfernung bedeutet dergestalt, daß wir beim Blick in kosmische Fernen in eine entsprechende Vergangenheit zurückblicken.

Einen 100 000 Lichtjahre entfernten Kugelsternhaufen sehen wir demnach so, wie er vor 100 000 Jahren aussah. Ein Teil der Kulturgeschichte der Menschheit rollte auf unserem Planeten ab, bis der Lichtstrahl, der zu Beginn derselben von jenem ferngelegenen Sternhaufen ausging, unser Auge traf. Wie viele Völker und Kulturen sind gekommen und vergangen, während das Licht unermüdlich durch die Räume raste ... Und wie mag es auf unserer Erde aussehen, wenn das Licht, das *heute* von jenem Sternhaufen zu uns herschießt, unseren Planeten berührt – nach abermals 100 000 Jahren?

Bedenken wir, daß das Licht fremder Milchstraßensysteme seit Millionen von Jahren durch den Kosmos eilte, von den fernsten Spiralnebeln seit Milliarden von Jahren, daß es schon auf dem Wege zu uns war, als sich noch kein Leben auf der Erde regte ...

Je weiter wir in den Raum hinausblicken, desto tiefer blikken wir in den Abgrund der Vergangenheit und damit in frühere Entwicklungsepochen des Kosmos. Manche Sterne mögen uns noch leuchten, die vor Jahrtausenden erloschen sind ...

Wir stoßen hier überall an eine Dimension, die wir noch nicht beherrschen: die der *Zeit.* Wir rechnen mit Jahren, der Kosmos mit Jahrmilliarden. Wir können unseren Blick höchstens über ein paar Tausend, notfalls über eine Million Jahre ausdehnen, jenseits deren in der Vergangenheit das Nichtwissen regiert und in der Zukunft das undurchdringliche Nebelmeer des Nochnichtwissens sich breitet.

So stehen wir gewissermaßen am Schnittpunkt zweier Ewigkeiten, der sich von der einen Ewigkeit mit unendlicher Langsamkeit in die andere hineinschiebt, ohne sie im geringsten zu verkleinern.

Rätsel der Fixsterne

Von den zahlreichen Geheimnissen, die die Sterne und Milchstraßen dem Forscher offenbaren, berühren wir hier nur jene, die das lebendigste Bild der Erhabenheit und Mannigfaltigkeit des Allgeschehens vermitteln.

Zunächst vergegenwärtigen wir uns nochmals, daß die *Fixsterne* ihren Namen zu Unrecht tragen: Es sind keine feststehenden Sterne; im ganzen Universum gibt es keinen festen Punkt; alles ist in unablässiger Bewegung; jeder Stern rast seit Jahrmilliarden durch die Unendlichkeit des Alls.

Die fernen Sonnenwelten, die seit Jahrtausenden unverändert am Firmament zu verweilen scheinen, die die Sternweisen des Nordens, Chinas, Indiens, Ägyptens an der gleichen Stelle sahen wie wir, eilen in Wirklichkeit mit phantastischen Geschwindigkeiten in alle Richtungen des Raumes . . .

Eine Täuschung ist die ewige Ruhe des Sternenhimmels – wie vieles andere, was unsere Sinne uns zeigen –: Jeder Stern jagt, ein kosmischer Schnellzug, allein oder mit anderen vereint, auf gemeinsamen Himmelsheerstraßen, in Rätselfernen des Alls, quer zur Bahn unserer Sonne, zu ihr hin oder von ihr fort in unbekannte Weiten . . .

Nur weil die menschliche Lebensdauer im Vergleich zu der der Sterne so millionstelsekundenhaft winzig ist, erscheint uns das Durcheinanderschwirren der Sterne als Stillstand, so wie das einzelne Bild eines Filmstreifens keinerlei Bewegung und Fortschritt zeigt. Wir sehen vom All-Film des Kreisens,

Werdens und Vergehens der Welten nicht mehr als ein oder zwei Filmbilder ...

Erst im Laufe der Jahrtausende und Jahrhunderttausende würden die Sternbewegungen wahrnehmbare Veränderungen der Sternbilder ergeben. Vermöchten wir das Bild des Sternenhimmels zu reproduzieren, wie es unsere Vorfahren vor 100 000 oder 300 000 Jahren sahen, würden wir allerdings bemerken, daß kein Sternbild am Himmel gleichgeblieben ist.

... Aber der Alltagsmensch spürt nichts von dem schneegestöbergleichen Umeinanderschwirren der Sternenheere, nichts von sie verbindenden tausendfältigen Licht- und Kräfteströmungen, nichts von den psychischen und geistigen Wellen, die die Galaxis durchblitzen, nichts von den Daseinsrhythmen der Sterne, dem Erlöschen altgewordener und dem Entstehen junger Sonnen, nichts von den billionenfachen Lebensformen, die auf Millionen Welten entstehen und vergehen ...

Er spürt nicht, daß das kosmische Rad des Andromeda-Nebels sich mit 300 km in der Sekunde auf uns zu bewegt, daß andere Spiralnebel sich mit Geschwindigkeiten von Tausenden und Hunderttausenden km in der Sekunde von uns fortbewegen ...

Erst wenn man in galaktischen Größen oder gar kosmisch zu denken lernt, spürt man die unendliche Bewegtheit der Galaxis.

Wohl dem, der, galaktisch denkend, darüber hinaus spürt und ahnt, daß unsere Milchstraße eine *dynamische Einheit* bildet, daß sie beseelt ist und bewegt wird von lenkenden Geistmächten und Bildekräften, für deren Machtfülle den meisten Menschen jede Vergleichsmöglichkeit fehlt!

In seltenen Sternstunden der Seele gewahrt der galaktisch Denkende im Bruchteil einer Sekunde vielleicht das Walten geistiger Potenzen, die überlichtschnellen Gedankenströme und Willensimpulse, die auch entfernteste Sonnen- und Lebensbereiche der Galaxis kosmotelepathisch miteinander verbinden . . . Vielleicht ertastet er sogar den Willen des allgegenwärtigen ›galaktischen Kybernetes‹ . . .

*

Bei manchen mag inzwischen die Frage aufgetaucht sein, woher die Astronomen ihr Wissen von den fernen Sternen und Galaxien beziehen. Einer ihrer stillen Helfer, dem diese und andere Feststellungen über Wesen, Bahnen und Bahngeschwindigkeiten der Sterne zu verdanken sind, ist der Spektrograph, eine Kombination von Teleskop, Spektroskop und Kamera.

Die von diesem Gerät aufgenommenen Spektren der Sterne geben Aufschluß über ihren Aufbau. Sie zeigen, daß die meisten auf der Erde vorkommenden Stoffe sich auch auf diesen Sternen in glühendem gas- oder plasmaförmigem Zustand befinden, daß beispielsweise auf Aldebaran im Sternbild des ›Stier‹ folgende Elemente vorhanden sind: Wasserstoff, Kalzium, Natrium, Eisen, Wismut, Quecksilber, Magnesium u. a., während Stickstoff, Zinn, Blei und andere Stoffe dort zu fehlen scheinen.

Unzählige Sterne und Galaxien wurden spektroskopisch untersucht, so daß wir über ihr Alter, ihre Größe, Temperatur, Bewegung usw. informiert sind, über das Maß an Strahlung, das sie aussenden, und ihre wirkliche Helligkeit.

Die Oberflächentemperatur der Sterne bewegt sich zwischen 3400 und 35 000 Grad Celsius, wobei Sterne mit geringerer Oberflächentemperatur rot bis orangefarben leuchten, bei mittlerer Temperatur wie unsere Sonne gelb, bei hohen Temperaturen weiß bis bläulich-weiß. Je nachdem unterscheidet man eine Reihe Spektralklassen, die von den Novae und sehr heißen Sternen bis zu den ›kühlen‹ Sternen reichen und hinsichtlich ihrer Leuchtkraft von den Übergiganten und hellen Riesen bis zu den weißen Zwergen abweichen. Die Einteilung nach Spektralklassen ermöglicht zugleich eine Vorstellung von der Entwicklung der Sterne

*

Im Innern dieser Gasbälle herrschen, wie wir schon beim Besuch unserer Sonne sahen, unvorstellbar hohe Temperaturen von Millionen Grad. Hier geht die Reihe umgekehrt von den weißen Zwergen mit Zentraltemperaturen von 10 Millionen Grad bis zu einer Milliarde im Kern der roten Riesen.

Bei solchen Temperaturen vermögen die Atome ihr Gefüge aus Kern und Elektronen nicht mehr zusammenzuhalten. Je höher die Temperaturen ansteigen, desto mehr Elektronen lösen sich aus dem Atom und machen sich selbständig. Wir haben es also im Innern dieser Sonnen mit Atomresten und freien Elektronen zu tun.

Auch in ihren Größenverhältnissen unterscheiden sich die Sonnen. Es gibt Sterne, die viel kleiner sind als unsere Sonne, wie etwa die weißen Zwerge, über die noch zu sprechen ist, und andere, die den Umfang unserer Sonne bis zum Tausendfachen übersteigen.

Die meisten Sonnen innerhalb unserer Milchstraße zeigen ähnliche Größen wie unsere Sonne. Sirius ist zweimal so groß, Arktur schon über 20mal so groß, Antares 330mal, Beteigeuze 400mal so groß wie unsere Sonne. Die großen Sterne haben Durchmesser vom 20- bis zum mehrtausendfachen unserer Sonne. Auf einzelne kommen wir noch zurück.

Die spektroskopischen Messungen ermöglichen auch die Feststellung der *Geschwindigkeiten* der Sterne seitlich, auf uns zu oder von uns fort. Und zwar ergeben sich diese Geschwindigkeiten aus dem Betrag, um den sich die Linien im Spektrum gleich bleiben oder nach dem roten Ende hin verschieben.

Dabei verlaufen, wie man erkannte, die Bahnen der Sonnen im Raum keineswegs willkürlich; sie folgen Gesetzmäßigkeiten im Rahmen des Gesamtgravitationsfeldes der rotierenden Milchstraße.

Vom Sirius wissen wir, daß er seit Christi Geburt seinen Standort am Himmel um etwa eine Vollmondbreite verändert hat; außerdem rückt er uns mit einer Geschwindigkeit von 8 km in der Sekunde näher. Capella entfernt sich in jeder Sekunde um 30 km von uns, Atair im Adler kommt uns allsekundlich 33 km näher, während Aldebaran mit 55 km/Sekunden von uns forteilt.

Der Stern Schedir in der Cassiopeja hat eine Sekundengeschwindigkeit von 180 km, die der schnellsten Sterne geht bis zu 500 km hinauf. Die Geschwindigkeit der Sterne innerhalb unserer Milchstraße ist um so größer, je näher sie dem Zentrum der Galaxis sind, um so geringer, je näher sie dem Rande stehen.

Aber der lichtblinde Alltagsmensch gewahrt nicht die schimmernden Sternbahnen, auf denen die Sonnenwogen dahinrollen ... Die flüchtige, nur eine Allsekunde dauernde Gruppierung der Sonnen zu Sternbildern erscheint ihm ewig. Denn als Greis sieht er die Sterne in der gleichen Stellung, wie er sie als Jüngling schaute – ja, seitdem die Menschheit zu den Sternen aufblickt, seit längst verschollenen Zeitaltern, aus denen uns vereinzelt Berichte über Sternstellungen überliefert sind, scheint das Bild des Himmels sich kaum gewandelt zu haben ...

... Wie kurz ist das Leben des Menschen, wenn mehr als hundert Generationen die durch das All rasenden Sternenströme stillzustehen scheinen ...

... Wie fern sind jene Sonnen, wenn es Jahrmillionen

braucht, ehe das Spiel von Milliarden bewegten Sonnenreichen uns Menschen bewußt wird.

Allzu kurz ist ein Menschenleben, um der Sterne Bahnen zu erkennen. Ein Gleichnis:

Wir wandern durch die Landschaft unserer Heimat. Ein vorüberrasendes Auto wirbelt Wolken von Staub auf ... Wir versetzen uns in Gedanken auf eines dieser Millionen schwebenden Stäubchen und schrauben, der fast atomaren Verkleinerung unseres Körpers entsprechend, den *Zeitraum* unseres Daseins zurück auf den zehnmillionsten Teil einer Sekunde, den wir uns in so viele Abschnitte geteilt denken, wie ein Menschenleben Jahre enthält ...

Eine fremde Welt umfängt uns: Die Millionen Stäubchen, die wild durcheinanderschwirren, erscheinen uns nun als blinkende Riesenwelten, die am Anfang unseres Lebens genauso unbewegt im Raume stehen wie am Ende desselben ... Hundert Generationen ›Staubgeborene‹ nach uns mögen sie noch an der gleichen Stelle sehen, so daß sie dem Wahn verfallen dürften, diese Verteilung der Staub-Welten werde wohl in alle Ewigkeit dauern – wenn nicht raumerforschende Mitgeschöpfe entdeckt hätten, daß die fernen Staub-Welten im Laufe der Zeiten kaum merkliche Veränderungen ihrer Stellungen zueinander vornehmen, deren Sinn allerdings noch unerkennbar sei ...

... Wir kehren aus dieser Kleinwelt auf die Erde zurück. Die Staubwolken wogen noch umher, um sich in wenigen Augenblicken zu Boden zu senken ... Wie diese, so ist das ganze sichtbare All, das uns Erdenmenschen stillzustehen scheint, in Wahrheit ein wild durcheinanderwogendes Sternenmeer.

So winzig ist der Mensch und doch so groß, daß er das All-Geschehen mit seinem Geiste zu umspannen und in seiner Größe und Bewegung zu erfassen vermag!

Obwohl ein Menschenleben weniger als den Bruchteil einer galaktischen Sekunde umfaßt, vermag er sich doch mittels des gedanklichen Zeitraffers, der Jahrmillionen in Augenblicke verwandelt, der Sterne schnelles Durcheinanderwirbeln vorstellbar zu machen.

Veränderliche Sterne

Unter den Sternen gibt es nicht nur solche verschiedener Helligkeit, sondern auch andere, deren Helligkeit *wechselt*, die periodisch lichtstärker oder dunkler erscheinen. Man unterscheidet hier viele Gruppen, darunter die folgenden:

Häufig sind rote regelmäßig veränderliche Sterne mit längeren Lichtwechselperioden. Zu ihnen gehört *Mira Ceti*, ein roter Riese im Sternbild des ›Walfisch‹, die einige Zeit sehr hell strahlt, dann im Lauf von 3 Monaten allmählich bis zur Unsichtbarkeit erblaßt. Nach 5 Monaten wird sie aufs neue sichtbar und hat nach weiteren 3 Monaten wieder den Höhepunkt ihres Glanzes erreicht, um alsdann abermals zu erblassen. Ob die Lichtschwankungen hier Folgen der Pulsation sind oder auf einen dunklen Begleiter zurückzuführen sind, ist noch offen. Das gilt auch für viele unregelmäßig veränderliche Sterne, und zwar für die roten Riesensterne ebenso wie für die gelblich-weißen veränderlichen.

Weiter gibt es neben den pulsierenden Sternen – bei denen sich der Umfang der Sterne, die Oberfläche und die Dichte und damit auch Temperatur, Helligkeit und Spektrum ihrem ›Atemrhythmus‹ entsprechend ändern – mit Lichtschwankungsperioden von Monaten und Jahren andere mit Perioden von einigen Stunden, nova-ähnliche Flackersterne mit heftigen Helligkeitsausbrüchen, oft innerhalb von Minuten (meist rote Zwergsterne mit vermutlich gigantischen Gasausbrüchen) und andere Typen.

Am aufschlußreichsten sind die sogenannten *Kepheiden* –

Sterne mit regelmäßigen, relativ kurzen Lichtwechselperioden, benannt nach dem Stern *Delta Cephei*, dessen Helligkeitsschwankungen erstmals 1875 gemessen wurden und bis heute keine nennenswerte Veränderung aufweisen.

Die Kepheiden sind für die Astronomen als *kosmische Leuchttürme* wichtig wegen des für alle Sterne dieser Art im ganzen Universum geltenden Zusammenhangs ihrer Lichtwechselperioden mit ihrer absoluten Lichtstärke, die wiederum zuverlässige Schlüsse auf ihre *Entfernung* ermöglicht. Kepheiden gibt es nämlich nicht nur in unserer Milchstraße und in den kugelförmigen Sternhaufen außerhalb derselben, sondern auch auf anderen Galaxien, so daß zuverlässige Messungen des Raumes in allen Gegenden des Kosmos möglich sind.

Gleiches gilt für die den Kepheiden verwandten Sterne vom *RR Lyra-Typus*, die wie diese ihrer Lichtkraft, ihrem Durchmesser und ihrer Masse nach bekannt sind, wenn auch die Ursache ihrer Lichtschwankungen noch umstritten ist.

Bei neuentdeckten Sternhaufen und Galaxien sucht der Astronom darum zuerst nach Kepheiden, um aus den für diese geltenden Abstandstabellen deren Entfernungen, Größen usw. zu ermitteln. So wurde es möglich, bis in Tiefen des Alls vorzustoßen, von denen her das Licht seit Jahrmillionen und Jahrmilliarden zu uns unterwegs ist.

Schließlich gehören noch die sogenannten *Bedeckungs-Veränderlichen* von der Art des Algol in diese Gruppe. Von ihnen wissen wir, daß es sich um *Doppelsterne* handelt, bei denen die Lichtschwankungen, von uns aus gesehen, durch lichtschwache oder dunkle Begleiter hervorgerufen werden, die ihren hellen Hauptstern mehr oder minder verdekken.

Eine Helligkeitsminderung tritt dann ein, wenn der lichtschwache oder dunkle Begleiter, von der Erde aus gesehen, vor den Hauptstern tritt, größte Helligkeit hingegen, wenn Hauptstern und lichtschwacher Begleiter nebeneinanderstehen. Zweifellos gehört ein Großteil der veränderlichen Sterne zu den Doppelsonnen.

Doppelsonnen und Mehrsonnenreiche

Die schönsten Sternenwelten sind wohl die Doppel- und Mehrsonnenreiche.

Im Fernrohr erkennen wir oft dort, wo das unbewaffnete Auge *ein* Sternchen erblickt, einen Doppelstern – das heißt: zwei Sterne, die sehr eng zusammenstehen. Das können zwei Sonnen sein, die hintereinander stehen und Lichtjahre weit voneinander entfernt sind, also nichts miteinander zu tun haben, aber auch solche, die, zu einem Zweisonnensystem verbunden, einander umkreisen.

Wir müssen also die wirklichen Doppelsterne von den nur optischen, scheinbaren unterscheiden, die weiter voneinander entfernt sein mögen als unsere Sonne vom Sirius oder von Aldebaran.

Heute wissen wir, daß 30 – 40 Prozent aller Sterne Doppelsterne sind. Bisher haben die Astronomen über 30 000 Doppelsonnensysteme katalogisiert. Bei über 300 von ihnen sind die gemeinsamen Bahnen der Geschwistersonnen genau bekannt.

Solche kosmischen Sonnen-Ehepaare bleiben Jahrmillionen hindurch miteinander verbunden, wobei zumeist eine hellstrahlende Sternin von einem weniger hellen Stern, etwa einem weißen Zwerg, umkreist wird, begleitet oft von einer mehr oder minder großen Schar von Planeten-Kindern und Mond-Enkeln in zumeist äußerst komplizierten Bahnen – alle zusammen von der Gravitation, dem kosmischen Liebes-Gesetz, miteinander verbunden.

Dabei ist es aber nicht so, daß der kleinere weniger helle

Begleiter seine Sternin umkreist, vielmehr bewegen sich beide in Ellipsen um einen gemeinsamen Mittelpunkt, der zumeist in der Nähe der viel größeren Sternin gelegen ist. Infolge der Ellipsenform ihrer Bahnen stehen die beiden Sonnen einander bald ferner, bald näher, und mal scheinen sie, von der Erde aus gesehen, zu einem Stern zu verschmelzen ...

Die Umlaufzeiten der Doppelsonnen schwanken zwischen einigen Stunden und vielen Jahren. Zuweilen sind sie einander so nah, daß sie infolge der gegenseitigen gewaltigen Massenanziehung nicht mehr Kugelform besitzen, sondern Tropfen- oder Eiform annehmen. In einzelnen Fällen scheinen sich die äußersten Gashüllen dieser Doppelsonnen zu berühren, wobei entsprechende Flutbewegungen auf den Sonnenoberflächen entstehen, die zur Bildung von beide Sonnen verbindenden Gasbrücken führen können.

Einige Beispiele:

Der bekannteste Doppelstern ist *Sirius*, nach Ansicht altägyptischer Astromanten, die ihn Sapdet (griechisch: Sothis) nannten, der Heimatstern der Göttin Isis. Aus der Tatsache, daß der Sirius sich nicht in einer geraden Bahn bewegt, sondern eine Schraubenlinie beschreibt, schloß man auf einen unsichtbaren Begleiter, der dann 1862 entdeckt wurde. Seine Helligkeit beträgt nur ein Zehntausendstel der Lichtstärke des Sirius.

Beider Umlaufzeit um das gemeinsame Massenzentrum beträgt 49,9 Jahre. Die Masse des Sirius wurde auf 2,25, die des Begleiters auf 1,08 Sonnenmassen berechnet.

Obgleich die Lichtstärke des Sirius-Begleiters, der im Vergleich zum Sirius nur den Umfang eines großen Planeten hat, nur einen winzigen Bruchteil der Sirius-Helligkeit ausmacht, strahlt diese Zwergsonne doch in einem überaus starken Glanz. Eigentlich müßte sie ihrer geringen Größe nach rötlich leuchten und eine niedrige Temperatur aufweisen. Aber in Wirklichkeit besitzt sie – gleich anderen zur Gruppe der

›weißen Zwerge‹ gehörenden Sonnen – außer einem blendenden Glanz ein enorm hohes Gewicht, also eine unheimlich große Massendichte. Ein Kubikzentimeter ihrer Materie würde auf der Erde 5 Zentner wiegen.

Ein Doppelstern ist auch die im Abstand von 52 Lichtjahren durch den Raum eilende *Capella* im Sternbild des ›Fuhrmann‹, deren beide Sonnen einander in 104 Tagen umkreisen und zusammen mehr als die hundertfache Masse unserer Sonne besitzen.

Von besonderem Interesse ist *Barnards Stern* (1916 von Barnard entdeckt), der sich, weil er nur 6 Lichtjahre von uns entfernt ist, rascher als andere Sonnen am Himmel bewegt und in 180 Jahren einen Weg zurücklegt, der dem scheinbaren Monddurchmesser entspricht. Beobachtungen seiner Schwankungen ergaben, daß er einen kleinen Begleiter von etwas mehr als Jupitergröße besitzt, der 24 Jahre für einen Umlauf um den Hauptstern braucht. Man schließt nicht aus, daß es sich auch um einen oder zwei planetarische Begleiter handeln kann.

*

Neben den Doppelsonnen gibt es viele *Mehrsonnensysteme*:

Zu den *Dreisonnenreichen* gehören die Sterne Eta Orionis, Beta Persei, Kappa Pegasi, Zeta Cancri. Das letztere besteht aus einem orangeroten Riesen und einem kleineren weißen Stern, die beide von einem dritten Begleiter umkreist werden. Während die beiden ersten einander in 60 Jahren umzirkeln, braucht der dritte zu einer Umkreisung 1150 Jahre.

Ein *Viersonnenreich* ist der veränderliche Stern Algol: Ursache der regelmäßigen Lichtschwankungen sind Bahnstörungen des Hauptsterns mit einem Durchmesser von 2,1 Millionen km durch seinen lichtschwachen Begleiter von 1,33 Millionen km Durchmesser. Beide werden von zwei weiteren

Sonnen umkreist. – Der lichtschwache Begleiter umzirkelt den gemeinsamen Schwerpunkt mit 89 Sekunden-km Geschwindigkeit in einer Umlaufzeit von 2 Tagen und 21 Stunden.

Zu den Viersterne-Systemen gehören auch Epsilon Lyrae und ebenso der Polarstern, der aus einem Zweisonnenreich besteht, umkreist von einem optisch unsichtbaren Begleiter von beträchtlicher Umlaufzeit sowie von einem aus den Störungen der Spektrallinienverschiebungen ermittelten dunklen Stern mit etwa 15jähriger Umlaufzeit.

Ein *Fünfsonnensystem* ist Kastor in den ›Zwillingen‹: Er besteht aus zwei Sonnenpaaren, deren eines seinen gemeinsamen Schwerpunkt in etwa neun Tagen umkreist, das andere den seinen in drei Tagen. Beide Paare umwandern einander wiederum in 350 Tagen und werden insgesamt von einer fünften Sonne umschwärmt.

Als Beispiel eines *Sechssonnen-Systems* sei Mizar-Alkor erwähnt, der bekannte mit bloßem Auge sichtbare Doppelstern an der Deichsel des ›Himmelswagens‹. Im Fernrohr entpuppt Mizar sich als Doppelstern, dessen beide Glieder sich ihrerseits wieder als spektroskopische Doppelsterne herausstellten, so daß Mizar also ein Viersonnenreich ist, während Alkor ebenfalls ein spektroskopischer Doppelstern ist, so daß wir es hier mit einem Sechssonnenpaar zu tun haben.

Im Sternbild des ›Einhorn‹ finden wir sogar einen Ring von 5 Doppelsternen, so daß ein Planetenbewohner dieser *Zehnsonnenwelt* das für uns fast unfaßbare Schauspiel eines ewigen Tages genießen würde.

Andere Mehrsonnensysteme enthüllen sich als Sternhaufen, deren einzelne Glieder nur zum Teil zusammengehören. Ein Beispiel hierfür gibt der Doppelsternhaufen im ›Perseus‹ – vergleiche die Bildtafel –: Hier löst sich der Doppelstern im Fernrohr in zwei Sonnenschwärme auf, deren jeder eine große Anzahl Sonnen umfaßt, die im Raum vor einem weißflimmernden Hintergrund aus Millionen Sonnen dahinzuschweben scheinen.

Die beim Anblick mancher Doppelsonnen auftauchende Frage, ob sie Ergebnisse der Zerreißung von Riesensternen darstellen und ob gar in ihrer weiteren Entwicklung die kleinere Sonne des Systems sich in einen Schwarm von Planeten aufspalten wird, ob also einzelne Doppelsonnen Zwischenglieder bilden in der Entwicklung einer planetenlosen Groß-Sonne zu einer von Planeten umschwirrten Sonne von der Größe der unseren, ist bis heute unbeantwortet.

Der Umstand, daß die beiden Sonnen solcher Systeme einander zuweilen überaus nahe sind, ja sich manchmal wie zwei einander mit den spitzen Enden zugewandte und sich berührende Riesen-Eier in wirbelndem Kreislauf umpendeln, scheint auf die Berechtigung dieser Überlegung hinzudeuten. Manche Doppelsonnen mögen einmal eine einzige Masse gebildet haben oder künftig eine bilden . . .

Zu diesen Bewegungsphänomenen kommt ein weiteres: der Farbenreichtum der Doppel- und Mehrsonnenwelten. Wir finden hier, nach der Schilderung Struves, der über 1000 Doppelsonnen entdeckt hat, »außer weißen Sternen alle Farben des Regenbogens vertreten. An der einen Stelle haben wir eine grüne Sonne mit einem blutroten Begleiter, dort eine orange mit einem dunkelblauen Gefährten. Manchmal findet man eine Menge Farben in einem einzigen System. So besteht eine Gruppe im Südlichen Kreuz aus nicht weniger als 110 Sternen, die im Fernrohr wie ein Schmuckkästchen von Edelsteinen erscheinen, die in allen Farben funkeln«.

Unwillkürlich drängt sich die Frage auf, die auch der Astronom Klein stellt, *wozu* dort oben jene Lichtfluten und Farbenstrahlungen versprüht werden? »Wozu jenes Jagen und Rollen der Himmelskörper? Gibt es auch drüben Wesen, deren Herz rascher schlägt unter den Strahlen einer heimatlichen Sonne – belebt und angefeuert zu Taten unvergänglichen

Nachruhms? Wissen können wir hierüber nichts, aber ahnen und vermuten dürfen wir, daß diese Fragen zu bejahen sind.«

Welch farbenprächtiges Schauspiel muß die Planetenwelt eines bunten Mehrsonnenreiches den Sinnen bieten! Nicht nur *eine* Sonne kreist am Firmament, sondern eine Vielzahl, und niemals wird es hier völlig dunkel ...

... Im Nordosten steigt vielleicht gerade eine grüne Sonne herauf – die ganze Natur, von den Wolken bis zu den kleinsten Bodenerhebungen, geisterhaft mit meergrünen Schleiern umhüllend ... Im Südwesten neigt sich eine blutrote Sonne dem Horizont zu – die bizarre Landschaft im Westen purpurn umsäumend und den Himmel mit einem schimmernden Lichtrot übersprühend ... Vom Süden her taucht eine noch unter dem Horizont schwebende saphirne Sonne die höchsten Wolken in ein vielfach abgestuftes Blaulicht, dessen Widerschein die Gegend um uns kaleidoskopartig färbt, wobei die Licht- und Farbensymphonien dieser phantastischen Wunderwelt sich von Augenblick zu Augenblick wandeln, bald die einen, bald die anderen Farbentöne über die Landschaft vorrücken und sich in Flüssen und Seen buntblitzend spiegeln ...

Novae und Supernovae

Wie für die Geschöpfe der Erde gilt auch für die Sterne im All das Gesetz des ›Stirb und Werde‹. Wie wir aber vom Kreislauf menschlichen Entstehens, Daseins, Sterbens und Neuwerdens nur einen Teil sehen, so auch bei den Gestirnen.

Eine Zeitlang sah es so aus, als könnten wir die Lebensgeschichte der Sterne aus den Vorgängen im All verfolgen wie einen Roman in der Zeitung. Aber die jüngsten Entdeckungen haben die früheren Weltentstehungslehren immer stärker in Frage gestellt.

Die Theorien von Kant und Laplace gehen vom Urnebel als dem Anfangszustand eines Sterns aus: Der Raum, den später das Sonnensystem einnimmt, ist am Beginn der Sternentwicklung von einem ungeheuer bewegten, feinst verteilten, allmählich sich zusammenziehenden, in zunehmender Drehung befindlichen Gasnebel erfüllt, wie wir ihn häufig am Himmel finden. (Der Gasball einer Galaxis umspannt mehrere hunderttausend Lichtjahre.)

... Von einer gewissen Rotationsgeschwindigkeit an lösen sich die zu weit vom Zentrum befindlichen Außenarme des Nebels, wobei die leeren Zonen zwischen dem rotierenden Kern und den abgelösten selbst wieder in Drehung befindlichen Teilen nach und nach größer werden ...

... Im Laufe der Jahrmilliarden konzentrieren sich der zentrale Nebel zu einem Sonnenkern, die in verschiedenen Abständen rotierenden Einzelnebel zu Planeten und Monden.

Der zentrale Sonnengasball wird erst rotglühend, dann gelblich, schließlich bläulich-weiß-glühend, um von da an bei weiterer Verdichtung im Laufe der Zeiten seine Glut allmählich wieder durch Strahlung zu verlieren, bis er abermals gelblich leuchtet, dann rötlich, schließlich dunkelrot, um darauf zu erlöschen und zu einer dunklen Sonne zu werden. –

Nach anderen Theorien beginnt ein Stern sein Dasein als Riesenstern von gewaltiger Ausdehnung, der sich durch allmähliche Zusammenziehung erwärmt bis zu einer Oberflächentemperatur von 10 000 Grad Celsius. Von da an nimmt die Oberflächentemperatur trotz weiterer Zusammenziehung bis auf durchschnittlich 6000 Grad ab.

Die Entstehung von Planeten wird hier so vorgestellt, daß sich bei Begegnungen zweier Sonnen infolge der gegenseitigen Anziehung Gas-Flutwellen bilden, die immer weiter hinausschwingen, bei der Wiederentfernung der anderen Sonne von dem fremden Stern angezogen werden, sich aber auch von ihm lösen und einzelne Verdickungen bilden, die dann im Laufe der Jahrmilliarden als Planeten ihre Sonne zu umkreisen beginnen ...

Ob hier die Lösung des Rätsels der ›Neuen Sterne‹ (›*Novae*‹) liegt, oder ob ein Stern auf seiner Bahn in kosmische Nebelmassen gerät, die er zum Leuchten brachte – worauf die Tatsache hindeuten würde, daß sich die Glutwirbel in den Gas-Staub-Massen der Nebel um einen neuen Stern mit über 1000 km Geschwindigkeit in der Sekunde ausbreiten, so daß der Normaldurchmesser des ›neuen Sterns‹ vom 1-4fachen unserer Sonne im Maximum des Ausbruchs auf das 24- bis 250fache des Sonnendurchmessers anschwillt – oder ob das plötzliche Aufflammen einer ›Nova‹ eine Revolution im Sterninnern anzeigt, bei der seine leuchtende Atmosphäre sich um das Vielfache ausdehnt und seine Helligkeit innerhalb von Stunden oder Tagen vorübergehend das 10000- bis 100000fache erreicht, ist noch umstritten.

Bis heute hat man über 100 Novae beobachtet, da jährlich etwa 25 Novae allein in unserer Milchstraße, vor allem im Zentrum der Galaxis, aufleuchten, ihre Helligkeit aber rasch wieder verlieren.

Ein solcher neuer Stern flammte im August 1885 im Zentrum des Andromeda-Nebels auf. Er war bei seinem Aufstrahlen mit bloßem Auge erkennbar, sank aber rasch unter die Sehgrenze, konnte dann mit dem Fernrohr noch einige Monate beobachtet werden, bis er unsichtbar wurde.

Ein anderer, die ›Nova Aurigae‹, wurde im Januar 1892 entdeckt und löste sich im August desselben Jahres in einen Gasnebel auf.

Der neue Stern im Perseus, der im Februar 1901 sichtbar wurde, übertraf zur Zeit seines größten Glanzes alle Sterne mit Ausnahme des Sirius an Helligkeit. Dann nahm diese, mit regelmäßigen Schwankungen, stark ab, stieg im Juli des gleichen Jahres nochmals ein wenig an, um dann völlig abzusinken. Nach spektroskopischen Untersuchungen müssen sich auf diesem Stern oder um ihn herum mächtige Gasmassen entzündet haben – wobei zu bedenken ist, daß dieses Ereignis, da der Stern über 300 Lichtjahre entfernt ist, sich etwa im Jahre 1600 abgespielt hat . . .

Von den Novae unterscheiden sich die *Supernovae* durch ihre etwa 10 000mal stärkeren Energieausbrüche. Eine Supernova strahlt in einer Sekunde soviel Energie aus wie unsere Sonne in 3 Jahren, wobei sie vorübergehend die Helligkeit einer Galaxis erreicht. Dabei stößt sie Materie mit Geschwindigkeiten bis zu 10 000 km in der Sekunde aus.

Im Innern dieser wie kosmische Atombomben explodierenden Sterne herrschen Temperaturen von mehreren Milliarden Grad.

Die erste von der Erde aus entdeckte Supernova war der im Jahre 1054 von chinesischen Astronomen beobachtete Stern, der an Helligkeit eine Woche lang alle Sterne des Himmels überstrahlte und sogar bei Tage sichtbar blieb. Es dauerte einige Jahre, bis sein Licht wieder schwächer wurde. Den Rest dieses Sterns sehen wir heute im *Crab-Nebel*, dessen Gaswolken sich heute noch allseitig weiter ausdehnen. Da das Licht von ihm zu uns etwa 4000 Jahre unterwegs ist, fand die Explosion der Supernova vor 5000 Jahren statt.

Man rechnet, daß auf 10 000 Novae eine Supernova kommt. Von den bisher bekannten über 50 Supernovae unserer Welteninsel fallen nur drei in den Bereich unserer Milchstraße. Außer dem im Jahre 1054 beobachteten Riesenstern wurden die beiden anderen 1572 von Tycho de Brahe und 1604 von Kepler beobachtet.

Anfangs- und Endglieder in der Hauptentwicklungsreihe der Sterne oder – wahrscheinlicher – selbständige Gebilde außerhalb dieser Reihe sind die ›roten Riesen‹ mit geringer Dichte und die ›weißen Zwerge‹ mit außergewöhnlicher Dichte.

Zu den gigantischen Gasbällen der ›roten Riesen‹ gehört *Beteigeuze* im ›Orion‹ mit einem Durchmesser von 500 Millionen km, einer Oberflächentemperatur von 3000 Grad und einer Innentemperatur von 1 Million Grad. Seine Materie besitzt nur ein Tausendstel der Dichte der irdischen Atmosphäre. – Stellen wir uns vor, daß der Glutball unserer Sonne sich bis weit über die Marsbahn hinaus erstrecke, dann haben wir ein Bild von der Größe dieses Riesensterns. 30 Millionen Sonnen mit einem Volumen von je 1 Million Erden würden in diesem Gigantenstern Platz finden.

Noch gewaltiger ist *Antares* mit einem Durchmesser von über 600 Millionen km. Er könnte mehr als 50 Millionen Sonnenbälle vom Umfang unserer Heimatsonne in sich aufnehmen.

Ein weiterer Superriese ist der bläuliche Stern S-Doradus in einem der offenen Sternhaufen in der Großen Magellan-Wolke. Seine Leuchtkraft erreicht das Millionenfache unserer Sonne.

Die nächste Stufe nach den ›roten Riesen‹ nehmen die bläulich-weißen Sonnen ein, die auch in der Größe beträchtlich von den Gigantensonnen abweichen: Sie haben Durchmesser vom durchschnittlich 40fachen bis zum 10fachen unserer Sonne und besitzen die relativ höchsten Oberflächentemperaturen.

Ihnen folgen dann die gelblich-weißen Sonnen, darauf die gelb-rötlichen, deren Oberflächentemperatur stufenweise weiter zurückgeht, je mehr ihre Farbe sich dem Rot nähert.

Am Ende dieser Reihe stehen die ›roten Zwerge‹, die in der

Regel kleiner sind als unsere Sonne und eine Oberflächentemperatur unter 3000 Grad aufweisen. Ihre Größe verhält sich zu der der roten Riesen wie ein Sandkorn zu einer Kugel von einem Meter Durchmesser.

*

Nun gibt es aber noch kleinere Sonnen als die ›roten Zwerge‹, nämlich die geheimnisvolle Gruppe der sogenannten ›*Weißen Zwerge*‹, auf deren Oberflächen Temperaturen von 10 000 Grad aufwärts gemessen werden – höchst seltsame Gesellen, die unserer Sonne an Masse gleichkommen, aber höchstens dem Uranus an Größe.

Diese Schrumpfsonnen – Folgen einer Implosion – machen etwa 5 Prozent aller Sterne aus.

Wir finden sie oft mit ›roten Riesen‹ vergesellschaftet: Der weiße Zwerg, der die rote Riesensonne Omikron Ceti mit einem Durchmesser von etwa 400 Millionen km auf ihrer Bahn durch das All begleitet, hat einen Durchmesser von kaum 50 000 km. Das ist etwa so, als ob ein winziges Mäuschen einen Rieseneleefanten begleitet, wobei wir uns jedoch vorstellen müssen, daß dieses ›Mäuschen‹ fast ein Viertel des Gewichts des großen Elefanten besitzt, also eine unglaublich hohe *Massendichte* aufweist, die bis zum Vielmillionenfachen unserer Sonne betragen kann. Infolgedessen rotiert der ›weiße Zwerg‹ keineswegs um die rote Riesensonne, vielmehr umkreisen beide einen gemeinsamen, allerdings in der Nähe des roten Riesen liegenden Schwerpunkt.

Man kennt bisher etwa 250 weiße Zwerge, auf deren Oberfläche je nach Dichte ihrer Materie das Gewicht eines Menschen zwischen tausend und 250 000 Tonnen betragen würde ...

Der Sirius-Begleiter ist 25 Millionen mal schwerer als die Erde. Die Materie ist hier so dicht verpackt, daß zwischen

Atomkern und Elektronen kein freier Raum mehr ist.

Im Innern der weißen Zwerge herrschen Temperaturen bis zu 100 Millionen Grad.

Eine noch größere Dichte weisen die sog. ›*Pygmäen*‹ auf, die oft nur Mondgröße besitzen. Ein Kubikzentimeter ihrer Materie würde auf der Erde 50 Tonnen wiegen.

Einen derartigen Zustand der Materie können wir experimentell nicht herbeiführen – zu unserem Glück. Denn die Glut, die ein solches Atomtrümmer-Konzentrat ausstrahlt, ist ungeheuerlich: Ein Kubikzentimeter Materie aus dem Mittelpunkt eines ›weißen Zwerges‹, auf die Erde verbracht, würde, wenn seine Energie sich plötzlich befreite, im Umkreis von Tausenden von Kilometern alles verbrennen und durch seine Strahlung einen Zyklon entfesseln, dessen Wirbel die ganze Erdoberfläche in Mitleidenschaft ziehen würde.

Unsichtbare Sterne

Nach Berechnungen von Harrison Brown gibt es mehr unsichtbare Sterne als sichtbare Sonnen – Sterne, auf denen Lichtverhältnisse herrschen, die für unsere Augen absoluter Finsternis gleichkommen. Noch wissen wir nicht, ob es schwarz leuchtende oder erloschene Sonnen sind.

Man kann davon ausgehen, daß allein unsere Milchstraße mindestens 1 Milliarde dunkler Sonnen enthält, die »gleich Friedhöfen, die sich in höllischen Kreisen in ewiger Vergessenheit drehen«, wie ein Astronom es ausdrückte, ihre Bahnen ziehen.

Ob sie tatsächlich ›kosmische Friedhöfe‹ sind, wissen wir noch nicht. Warum sollte das Leben sich nicht auch den dort herrschenden Bedingungen angepaßt und Organismen geschaffen haben, für die das, was wir als absolute Dunkelheit empfinden, Helle ist? Nach Ansicht der Astromanten kreist

Helle Partie in der Milchstraße im „Scutum"

Das schimmernde Lichtband der Milchstraße löst sich im Fernrohr in ein Heer von Milliarden Sonnensystemen auf, die sich zu tausenden von Sonnenschwärmen in der Art der hier gezeigten vereinigen.

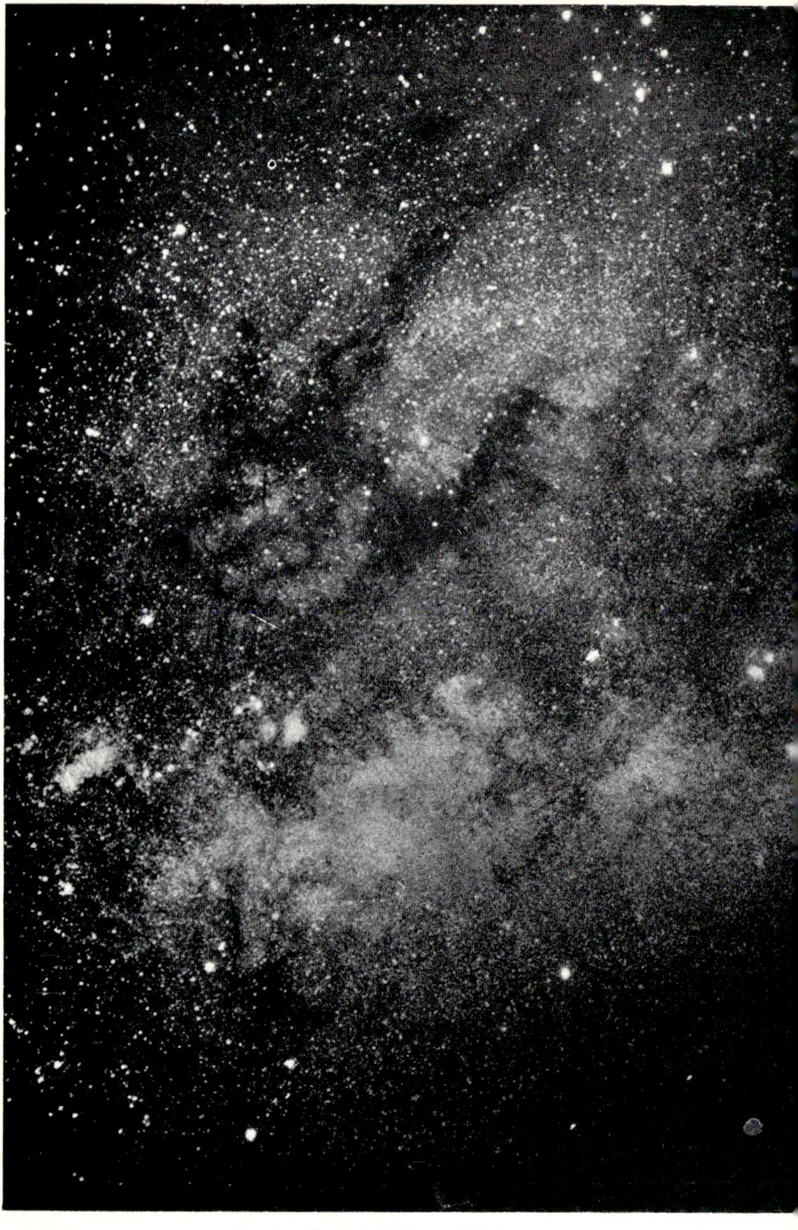

Partie der südlichen Milchstraße

Wie sich hier die Sonnenschwärme zu einem unübersehbaren Funken-Gerinnsel ballen, so vereinigen sich Milliarden von Milchstraßen zu gigantischen Sterneninseln — und Milliarden von Sterneninseln wiederum zu Universen, die sich endlos aneinanderfügen zum Gewand der Gottheit.

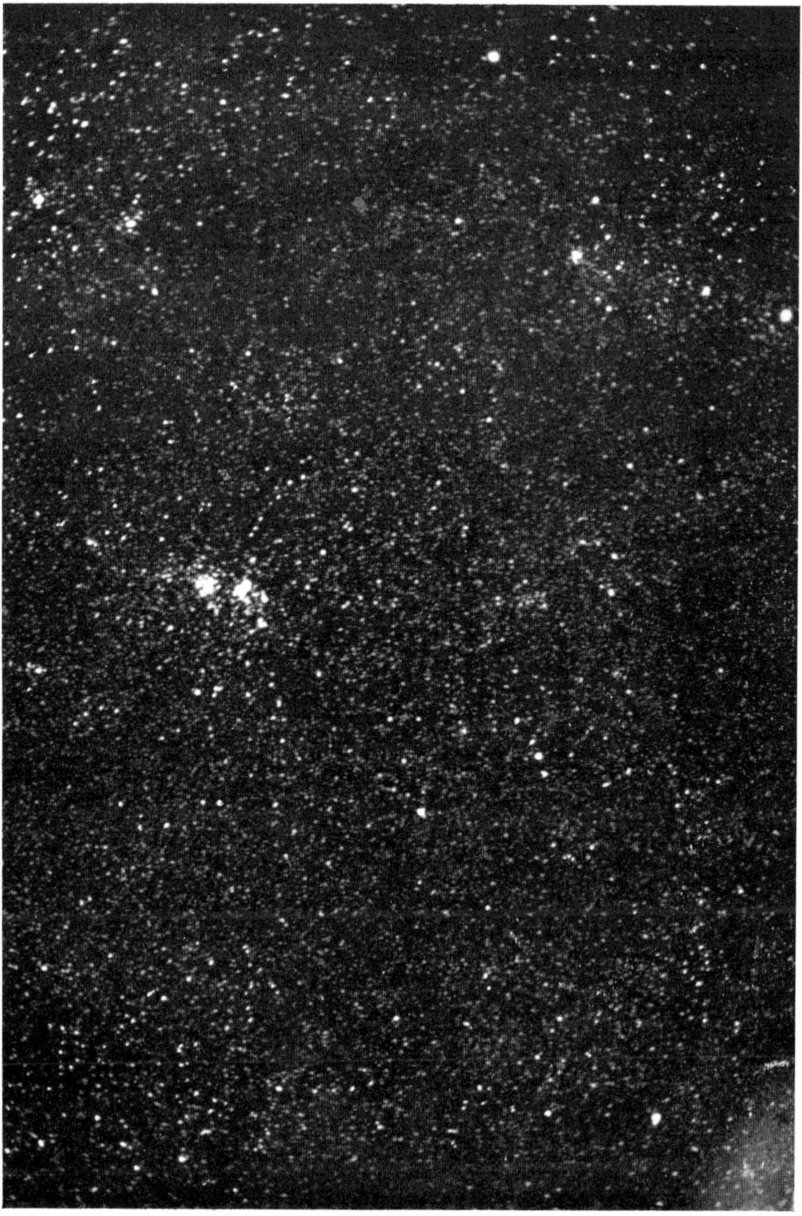

Doppelstern-Haufen im „Perseus"

Wo das bloße Auge nur einen winzigen Doppelstern sieht, zeigt das Fernrohr einen Sternhaufen vor einem Perlengewebe von Millionen Sonnensystemen.
(Vgl. d. Abschn. „Sonnen und Doppelsonnen")

Der kugelförmige Sternhaufen M 13 im „Herkules"

Auf dem Raum von 1/20 der scheinbaren Vollmondgröße drängen sich Millionen von Sonnen hintereinander im Raum. Der Sternhaufen ist etwa 33 000 Lichtjahre von uns entfernt und zeigt uns nur seine hellsten Sonnen.

Der große Nebel in der „Andromeda"

Das Licht dieses etwa 8 Milliarden Sonnensysteme umfassenden Spiralnebels braucht 900 000 Jahre, um zu uns zu gelangen. Die hellen Lichtpünktchen d a v o r sind uns viel näher gelegene Sonnen unserer heimatlichen Milchstraße.

Südliche Region des großen Andromeda-Nebels

Diese Vergrößerung der rechten unteren Ecke des Andromeda-Nebels zeigt, wie sich der „Nebel" in zahllose Schwärme aus je Millionen von Sonnen auflöst. Bei längerer Belichtung der Platte treten immer mehr einzelne Sonnen hervor.

Spiralnebel M 51 in den „Jagdhunden"

Bei diesem weit über 1 Million Lichtjahre entfernten Nebel ist die Rotation besonders deutlich. Trotzdem dauert eine einzige Umdrehung dieses Riesenrades aus Milliarden Sonnen einige hundert Millionen Jahre.

Spiralnebel im „Pegasus", von der Kante gesehen

Dieses einige Dutzend Millionen Lichtjahre entfernte Milchstraßensystem läßt das Verhältnis von „Länge" und „Dicke" besonders klar erkennen. Seiner großen Entfernung wegen löst sich sein Licht auch im stärksten Fernrohr nicht mehr in einzelne Sonnen auf.

kein Himmelskörper zwecklos im All, und keiner ist ohne Leben.

Es gibt ja schon auf unserem Planeten Lebewesen, die in tiefster Finsternis leben – Mikroorganismen, die das Licht meiden. Entsprechen diesen Kleinstlebewesen vielleicht vielzellige Organismen auf den dunklen Sonnen, die dessen nicht bedürfen, was wir ›Licht‹ und ›Wärme‹ nennen, weil ihr Metabolismus, ihr Stoffwechsel, völlig anders geartet und ihre Sinne auf andere Wellen abgestimmt sind, die diesen Wesen ihre Umwelt lebensgemäß und hell erscheinen lassen?

Vielleicht ist es in jenen Welten wie auf Erden in den Tiefen der Ozeane, deren finstere Wasserräume von seltsam geformten Fischen und anderen Seegeschöpfen bevölkert sind, die ihre Umwelt durch eigene Lichtorgane sichtbar machen? Oder breitet sich über die schwarzen Sonnen eine bunte Vegetation phosphoreszierender Pflanzen, die mehr Licht verbreiten als unsere hellsten Bogenlampen bei Nacht?

Es bedarf keiner völlig vom Irdischen losgelösten Phantasie, um solche Verhältnisse zu begreifen. Wir müssen uns nur vergegenwärtigen, daß die für uns sichtbare Welt in ein Gewirr von Sinnestäuschungen versponnen ist, wie es Fechner einmal schmerzvoll empfand: »Im Grunde ist doch alles vor mir und um mich Nacht und Stille; auch die Sonne, die mir so glänzend scheint, ist in Wahrheit ein finsterer, im Finstern seinen Weg suchender Ball . . .«

Wir wissen, daß nichts wirklich so aussieht, wie es uns scheint, sondern daß unsere Sinne uns das Bild einer Welt spiegeln, deren wirkliches Gesicht noch kein Mensch geschaut hat. Licht existiert für uns nur, soweit ein Menschenauge es als solches wahrnimmt.

Letztlich wird jedes Wesens Weltbild dadurch bestimmt, welche Gruppen von Schwingungen im Wellenmeer von ihm wahrgenommen werden und welche ihm verborgen bleiben. Und jedes sieht nur einen Teil der Wirklichkeit. Ist es nicht

Vermessenheit, das kleine Stückchen der Wirklichkeit, das unsere täuschungsungeschützten Sinne uns zeigen, als die ganze Wirklichkeit anzusehen?

Während unser Ohr zehn Ton-Oktaven aufzufangen vermag, nimmt unser Auge nur *eine* Licht-Oktave wahr. Unser Wärmesinn ist in seiner Leistung noch begrenzter und unsere elektrischen Sinne sind fast völlig unentwickelt. Von den mehr als 60 uns bekannten Strahlungs-Oktaven, die auf der einen Seite des Wellenbandes von den sichtbaren Lichtstrahlen über die für uns bereits unsichtbaren ultravioletten, Röntgen- und Gammastrahlen bis zu den kosmischen Strahlen hinauf- und auf der anderen Seite über die infraroten weiter hinabreichen, sehen wir nur eine Oktave. Die anderen sind für uns unsichtbar.

Unseren Augen unsichtbare Lichtwellen jenseits des ultravioletten Lichts werden zum Teil von der photographischen Platte aufgefangen. Mit ihrer Hilfe gelang es, kosmische Gebilde wie den ›Nordamerika-Nebel‹ im Sternbild des ›Schwan‹ zu photographieren, den unsere Augen nicht sehen.

So mag es viele Sonnen geben, die ultraviolettes Licht verstrahlen und den Bewohnern ihrer Planeten strahlend hell erscheinen, und wieder andere Sonnen, kosmische Nebel und Galaxien, die in anderen uns unwahrnehmbaren Strahlen schimmern . . . Die tausendfarbige Welt eines solchen Planeten wäre für unsere Augen unsichtbar. Wir wären dort in derselben Lage wie ein Blinder auf der Erde.

Wahrscheinlich gibt es im Kosmos vielerlei Stufen gegenseitiger Unsichtbarkeit und andere Wunder, die wir nicht einmal ahnen, an denen sich Wesen mit vieltastrigen elektrischen Seh- und Fühlorganen erfreuen, die wiederum unsere Welt nicht wahrnehmen und nichts von uns wissen.

Wieviel vollkommener muß das kosmische Weltbild anderer Gestirnbewohner sein, deren Organe nur zehnmal mehr Strahlungsoktaven aufnehmen als unsere Sinne, und wie ganz anders wieder das von Wesen, deren Wellenaufnahmevermögen das unsere um das Hundertfache übertrifft! Solche Wesen stünden erkenntnismäßig so weit über uns wie wir über einer Alge.

Solche Überlegungen mögen uns andererseits zum Bewußtsein bringen, welche Evolutionsmöglichkeiten im Menschen – wie in allem Lebendigen – schlummern, die im Laufe der Jahrhunderttausende und -millionen zur Entfaltung kommen mögen.

Gewöhnen wir uns einstweilen an den Gedanken, daß die Welt des Lichts tausendmal umfassender ist, als unsere unzulänglichen Sinne und Begriffswerkzeuge reichen – und gleichermaßen die Welt des *Lebens*.

Nebel und Sternhaufen

Aber bevor wir uns den Fragen des Lebens im All zuwenden, werfen wir noch einen Blick auf zwei weitere Himmelsgebilde, die Fernrohr, Himmelsphotographie und Spektroskopie uns erschlossen haben.

Da sind zuerst die *kosmischen Nebel*, von denen nur wenige mit bloßem Auge erkennbar sind. Als die ersten Nebel entdeckt wurden, hielt man sie durchweg für Teile unserer Milchstraße. Aber bald mußte man erkennen, daß die meisten von ihnen sich jenseits unseres Milchstraßenbezirks bewegen: Es sind *Spiralnebel*, andere Milchstraßensysteme, ferne Galaxien, zu denen wir uns später hinausbegeben werden.

Zu den zur Milchstraße gehörenden Nebeln zählen dunkle und leuchtende Gas- und Staubnebel und planetarische Ringnebel. Die Dunkelwolken werden für uns erst sichtbar, wenn sie von einem oder mehreren benachbarten Fixsternen beleuchtet werden.

Die zumeist in explosiver Bewegung begriffene ›Materie‹

dieser Nebel ist extrem dünn. Die Spektren der *leuchtenden Nebel* zeigen, daß diese Gas- oder feinst verteilte Materie-Nebel sind, die sich auch bei stärkster Vergrößerung nicht in Sternschwärme auflösen lassen, weil noch keine Sterne oder keine mehr in ihnen sind.

Das Auffallendste an ihnen ist ihre gewaltige Ausdehnung: Sie erfüllen oft ungeheure sternreiche Gebiete, ziehen sich durch mehrere Sternbilder hindurch und sind bei alledem meist so dünn – eine Milliarde mal dünner als die irdische Atmosphäre – daß die in und hinter ihnen schwebenden Sterne, denen sie größtenteils ihr Licht verdanken, sichtbar bleiben.

Der 1300 Lichtjahre entfernte *Orion-Nebel* z. B. sieht wie eine von Sonnenwinden zerfranste Wolke aus, die an einigen Stellen Verdichtungen, Gaszusammenballungen aufweist, die Keimstätten neuer Sonnenreiche sein mögen, obwohl die Gesamtmasse dieses Nebels sich nur auf das Zehnfache der Masse unserer Sonne beläuft.

Dabei liegen die Nebel nicht still im Raum, sondern sind, wie die Spektrallinienverschiebungen erweisen, in chaotischer oder rotierender Bewegung begriffen. Manche Nebel zeigen bizarre Formen, so der Pferdekopfnebel im Orion, der sich als dunkles Gebilde von helleren Nachbarnebelwolken abhebt. Oder denken wir an den wie aufsteigender Zigarrenrauch aussehenden Nebel im ›Schwan‹, den Krebs-Nebel im ›Stier‹, den Omega- und den Trifid-Nebel im ›Schützen‹.

Aber so zerrissen und flüchtig manche von ihnen aussehen – wie von einem kosmischen Orkan zerrissene Wolkenfetzen, die ihre Form ständig verändern –, so unendlich langsam erscheint *uns* die in ihnen vorgehende Wandlung ... Ein Menschenleben ist eben zu kurz, um die stürmischen Veränderungen in den kosmischen Nebeln als solche wahrzunehmen. Wie bei der Momentaufnahme einer heranstürmenden Gewitterwolkenmasse die schnellste Bewegung erstarrt scheint, so stehen wir zeitlebens den Bewegungen der kosmischen Nebel gegenüber: Wir müßten ein Leben von Jahrhunderttausenden Länge haben, wollten wir ihre Entwicklung und ihre Wege verfolgen ...

Wieder anders sind die *planetarischen Nebel* mit ihren Kugel-, Scheiben- oder Linsen-Formen, deren Rotation oft aus ihrer Form erkennbar ist. Wie dünn ihre Materie verteilt ist, mag die Tatsache verdeutlichen, daß die mittlere Elektronendichte hier nur etwa 5000 Elektronen je Kubikmeter beträgt.

Ein typisches Beispiel ist der schon erwähnte *Crab-Nebel* im ›Stier‹, dessen leuchtende Gas- und Staubmassen mit einer Geschwindigkeit von 1200 km in der Sekunde auseinanderstreben. Man hat errechnet, daß diese Entwicklung vor rund 1000 Jahren irdischer Zeitrechnung begonnen haben muß, nämlich als die von chinesischen Astronomen beobachtete Supernova am 4. Juli 1054 explodierte und über ein Jahr hindurch zum hellsten Stern am Himmel wurde. Der Nebel ist heute noch eine Quelle starker Radio-Strahlung als Folge der turbulenten Bewegung seiner glühenden Gasmassen.

Unter den vielen *Dunkelwolken*, die wie kosmische Löcher oder Höhlen im Sternenschleier anmuten, sind die bemerkenswertesten die sog. ›Kohlensäcke‹ in der Nähe des Südlichen Kreuzes, weiter die Taurus-Wolke im ›Stier‹ mit einem Durchmesser von 250 Lichtjahren.

Lange wußte man nicht, wie diese Erscheinungen zu deuten seien, bis man endlich dahinterkam, daß sich hier lichtverschlingende kosmische Nebel dehnen, die unseren Blicken alle dahinterstehenden Sterne verbergen und darum wie rabenschwarze Flecke wirken.

Solcher dunklen Nebel kennt man in unserer Milchstraße heute schon mehr als 2000. Ihre Gesamtzahl dürfte die der leuchtenden Nebel weit übersteigen. Der Astronom vermag aus der Zahl der Sterne der verschiedenen Größenklasse vor und neben solchen Nebeln mit ziemlicher Genauigkeit nicht nur die Entfernung, sondern auch Ausdehnung und Dichte der Nebel zu ermitteln.

Vielleicht wird die Milchstraße auch noch von anderen Nebelschwaden durchzogen, die uns wegen der Besonderheit ihres Lichts einstweilen unsichtbar und unbekannt sind . . . unenträtselte Wunderwelten im All, die zu entdecken fortgeschritteneren späteren Generationen des Menschengeschlechts vorbehalten bleibt.

*

Manche Nebelwölkchen, die man anfangs für planetarische oder Kugelnebel hielt, entpuppten sich bei stärkerer Vergrößerung als dicht zusammengedrängte Sonnenschwärme, in deren Zentrum die Sonnen so zahlreich sind, daß sie zu einem einzigen Lichtmeer verschwimmen.

Diese Sonnenansammlungen muten wie kosmische Gemeinden an, die sich um einen All-Prediger geschart haben. Aber ihre Gedrängtheit ist nur eine scheinbare: In Wirklichkeit liegen die Sonnen dieser Sternhaufen fast ebenso weit auseinander wie die unseres heimatlichen Sonnenschwarms. Nur die große Entfernung läßt sie so eng zusammengeschmiegt erscheinen. Dabei weisen die hellsten Sterne in ihnen eine Leuchtkraft bis zum 2000fachen unserer Sonne auf.

Diese *kugelförmigen Sternhaufen* sind nicht über den ganzen Himmel verstreut, sondern halten sich am Rande der Milchstraße, von deren Linse sie gewissermaßen in zwei Hälften geteilt werden. In der Milchstraße selbst kommen keine derartigen Sternhaufen vor. Am Milchstraßenrand sind sie am häufigsten, weiter draußen im All werden sie immer seltener.

Wir kennen etwa 300 kugelförmige Sternhaufen mit einer durchschnittlichen Sonnenzahl von 100 000 bis zu 10 Millionen. Sie sind also im Vergleich zu anderen Himmelserscheinungen relativ selten.

Da diese Sternhaufen eine beträchtliche Anzahl Kepheiden enthalten, ist ihre Entfernung ziemlich genau ermittelt. Sie liegen alle sehr weit von uns weg: Der nächste – Omega im Zentauren – ist schon 23 000, der fernste etwa 150 000 Lichtjahre von uns entfernt.

Auffallend ist die Geschwindigkeit, mit der sie sich durch den Raum bewegen: Ihre mittlere Geschwindigkeit beträgt etwa 150 km in der Sekunde. Das bei allen ungefähr gleiche Alter ihrer Sonnen wird auf etwa 6 Milliarden Jahre geschätzt.

Ein für das bloße Auge gerade noch sichtbarer kugelförmiger Sternhaufen dieser Art liegt im Sternbild des Herkules in einer Entfernung von 33 000 Lichtjahren. Im Teleskop zeigt er ein prächtiges Bild: Eine flammende Sternenarmee scheint aus kosmischer Ferne auf uns zu im Anmarsch.*

Der innere Teil dieses Haufens hat einen Querdurchmesser von etwa 400 Lichtjahren. Sein Längsdurchmesser beträgt vermutlich über 2000 Lichtjahre. Er besteht aus vielen einzelnen Sonnenschwärmen, deren jeder Hunderte und Tausende von Sonnen umfaßt.

Nehmen wir einmal mit dem Astronomen Henseling an, »es gäbe inmitten des schönen Herkules-Sternhaufens eine oder viele Sonnen mit bewohnten Planeten: Wie würde der Kosmos sich jenen Siedlern darbieten? Sie würden an einem Sternhimmel, dessen Reichtum dem unseren kaum nachstehen würde und dem auch der Schimmer der Milchstraße nicht fehlt, Dutzende von Fixsternen erblicken, deren Glanz die gebieterische Kraft des Venuslichts noch übertrifft«, . . . ja deren hellsten Sterne im Fernrohr nicht mehr winzige Pünktchen blieben, sondern bereits als Scheiben erkenn- und meß-

* Einen lebendigen Begriff von der wunderbaren Struktur dieses kugelförmigen Sternhaufens vermittelt die Bildtafel 4 nach Seite 134

bar wären.

Bei alledem sind die kugelförmigen Sternhaufen keine selbständigen kosmischen Gebilde, sondern trotz ihrer Entfernungen Teile unseres Milchstraßensystems – gewissermaßen Spiralarme desselben, die sich zu eigenem Spiel im Raum loslösten und nun, wie von der Einsamkeit des Weltenraums erschreckt, wieder dichter an die Milchstraße heranrücken . . .

LEBEN IM ALL

> *»Die Sternenwelt ist mit Wesen übersät, die uns Erdenmenschen derart überlegen sind, daß wir sie im Blick auf die der Göttlichkeit zugeschriebenen Eigenschaften als Götter bezeichnen können.«*
> *Voltaire*
>
> *»Wir sind mit Bewohnern ferner Sternenwelten in einer Existenzentwicklung verbunden genau so wie mit den Pflanzen und Tieren unseres Planeten und wie mit den atomaren Grundstoffen aller Planeten und Sonnen. Das Bewußtsein dieses Verbundenseins erheischt Ehrfurcht und Bescheidenheit.«*
> *Harlow Shapley*

Für die Astromanten war und ist der Kosmos weder leer noch ein toter Mechanismus, sondern ein dynamischer organismusartiger Harmonismus: ein Wesens- und Lebens-Kraftfeld höchster Ordnung, von unendlichen Energieströmen durchpulst, von Elektronen, Atomen, Gasen und anderen Partikeln sowie von Himmelskörpern der verschiedensten Art erfüllt.

Für sie ist das Leben eine universale Erscheinung und kein nur chemisch-physischer, sondern primär ein geist-energetischer Prozeß, auf Organisation, Information und schöpferische Höherentwicklung angelegt.

Für sie ist das Universum um des Lebens willen. Die kosmischen Welten sind Geburts- und Entfaltungsstätten immer neuer und immer höherer Lebensformen.

Wenn sie ihren Blick himmelwärts schweifen ließen, gewahrten und gewahren sie, »wie alles sich zum Ganzen webt, eins in dem andern wirkt und lebt, wie Himmelskräfte auf- und niedersteigen ... und himmlisch all das All durchdringen«, wie die Sphärenklänge ewig unvernichtbaren Lebens durch die Unendlichkeit des Univerums tönen.

Goethe ahnte Gleiches: »Diese plumpe Welt aus einfachen Elementen zusammenzusetzen, hätte Gott wenig Spaß gemacht, wenn er nicht den Plan gehabt hätte, auf dieser materiellen Unterlage eine Pflanzschule für eine Welt von Geistern zu gründen.« –

Vom Geiste aus gesehen, gibt es nichts Totes im All. Selbst Elektronen und Atome sind geistgesteuerte Wesenskraftfelder, die mit den von ihnen gebildeten 92 Elementen die Baustoffe für alle Welten im All und für alle Lebensformen liefern. Das Leben selbst aber ist nicht von chemisch-physischen Bedingungen und Vorgängen abhängig; es ist der geistige Kybernetes, der Steuerer der psycho-alchemistischen Prozesse auf allen Welten und in allen Lebensformen.

Wir müssen den Begriff ›*Leben*‹ allerdings weiter fassen, als das gemeinhin geschieht, um uns mit der Tatsache vertraut zu machen, daß das Leben dauernder ist als seine jeweiligen kosmischen Heimstätten.

Wer einmal – sagt ein Astronom – das Wunder des Lebens und seiner Unzerstörbarkeit ahnend erfaßt hat, erschauert ob der Vielheit der belebten Welten: »Diese Erkenntnis der Beseeltheit des gesamten Alls vernichtet zwar auf der einen Seite unsere lächerliche Anmaßung, den Mittelpunkt der Welt zu bewohnen, und öffnet uns die Augen über unsere Kleinheit im Vergleich zum Ganzen; auf der anderen Seite aber erhebt sie uns herrlich, indem sie uns unsere kosmische, göttliche Herkunft enthüllt. Nun erleuchtet der Glanz der Unvergänglichkeit unseren Geist, der bisher in Unwissenheit schwebte, nun schwingt er sich auf zur Gewißheit seines Herzverbundenseins mit dem Leben auf allen Welten und seines Einsseins mit dem Ewigen. Im gleichen Augenblick, in dem er sich in seiner Erniedrigung sah, fühlte er seine Allschwingen sich regen, der Unendlichkeit des belebten Alls gewiß . . .

. . . Werden wir nun noch in die Dunkelheit des Nichtwissens zurückfallen können, in der wir einst dahinlebten? Wird je fernerhin ein Zweifel über den Sinn unseres Daseins uns schwanken machen können? Nein – über uns leuchten die Sterne, und ihr beredtes Schweigen kündet lauter als Menschenworte die Ewigkeit unseres Seins und die Größe unserer Bestimmung.«

In uns erwacht leise ein neues Bewußtsein, das wir das kosmische nennen: Es spürt unser inneres Verbundensein mit dem All-Leben; es fühlt, daß unser Erdenkörper ebenso wie unser Sternenleib, die Seele, ein Geschenk des Kosmos ist, und daß, was in den fernsten Fernen des Alls geschieht, auch *uns* berührt und angeht, wie das, was wir tun, auf das ganze lebendige All zurückwirkt . . .

In unseren letzten Seelentiefen sind wir eins mit dem Leben des Universums. Was kann uns da im Letzten fremd sein? Ist nicht selbst das Leben auf Welten, die Millionen Lichtjahre fern von uns kreisen, im Grunde unserer Art? Ja, der gleiche Geist des Lebens waltet in allen. Wir sind es selbst!

Wir fühlen: Es gibt keinen Tod im All, nur Wandel der Formen, wie ihn der Dichter (Hans Ossenbach in »Weltenmär«) besang:

> »Brände leuchten, Sternwolken hauchen Glanz, Flammen sprühen . . .
> Den Blick erreicht bewegte Kunde,
> in allen Glutenströmen dröhnt's:
> *Lebendig ist das Weltenall!*
> Sonnen steh'n auf, erstrahlen wie ein junger Blick,
> umschwärmt von unermeßlichen Gestirnen,
> die aus dem Quell des Lebens Vielgestalt empfangen, –

bis er der Seele überreichen Glanz
in eig'ner Tiefe, schützend, birgt.
So winken sie sich zu, in ew'gem Wechsel:
Unsterblich ist das Weltenall!«

Allgegenwärtig wie die Gottheit ist das Leben. Ergreift uns nicht tiefe Ehrfurcht vor dem Geist des Alls, der die uferlosen Ozeane des Lebendigen ins Sein gerufen? Beglückt uns nicht die Gewißheit, daß *ein* Leben alle Wesen in allen Welten durchpulst – daß jedes Leben Wirkstatt des Weltengeistes ist, Selbstoffenbarung Gottes, Teil des Alls, der Gottheit selbst?

An dieser Erkenntnis zerbricht materialistischer Aberwitz, der leugnet, was er nicht begreift. Selbst die Kräfte der Natur werden zu Äußerungen des Lebendigen, zu beseelten Wächtern der Ordnung. Die Wesen der einzelnen Welten erscheinen uns als Lichtgedanken dieser Welten, und diese wieder als Allgedanken der Welteninsel – und diese als Zelle im Organismus der Weltengottheit . . .

Panspermie?

Damit beantwortet sich die Frage, woher das erste Leben auf den Himmelskörpern kam – und auch das von Astrobiologen diskutierte Problem der Panspermie, der Allbesamung:

Man nahm an, daß sich die ersten, kleinsten Lebensformen, von der Weltraumkälte unberührt, von Stern zu Stern durch den Kosmos bewegen und auf den verschiedenen Welten, von denen sie angezogen werden, den Anfang millionenfach differenzierten Lebens bildeten . . .

. . . Aus den höchsten Höhen der Atmosphäre eines lebenerfüllten Planeten, in die der Wind sie hinauftrieb, wurden die Mikroorganismen durch den Lichtdruck oder ›Sonnenwind‹ herausgehoben und durch den Weltenraum getragen, bis sie irgendwann einmal in den Bereich einer anderen Welt gelangten ...

Andere sahen im Meteorstaub Träger für Mikroorganismen von Welt zu Welt. Wieder andere erwogen gar den Gedanken einer künstlichen Panspermie, mit der einst Kosmonauten höherentwickelter Lebensreiche durch planmäßige Aussetzung von Lebenskeimen für die Entfaltung von Lebensformen auf möglichst vielen Planeten sorgten ...

Aber das sind bestenfalls sekundäre Lebens-Mittler. Primär sind es geistige Lebenskraftfelder, die Seelen des Lebendigen, die das All durchwandern und sich, wo immer sie Haftensmöglichkeiten finden, aus dem Stoff der neuen Sternenheimat zuerst ätherische und schließlich physische Körper bauen gemäß den ökologischen Bedingungen, die sie auf den Sternen vorfinden.

Wir kommen der Wahrheit wohl am nächsten, wenn wir von der All-Anpassungs- und Selbsthilfe-Fähigkeit des Lebens ausgehen und dem Bereich des Lebendigen nicht dort Grenzen setzen, wo wir nicht weitersehen.

Schon die kleine Erde ist eine Heimstatt für Billionen Organismen von Millionen Arten. Auf Milliarden Welten im All vervielfacht sich die Zahl der Lebensformen ins Unberechenbare. So viele Sterne – so viele belebte Welten in den unausmeßbaren Weiten des Allgebäudes, von dem Jesus einmal sagte: »In meines Vaters Hause sind viele Wohnungen.« Wir werden uns noch an dieses Wort erinnern.

Selbst auf den uns unbewohnbar erscheinenden Welten mag das Lebendige einen Wurzelboden gefunden und sich in Formen verkörpert haben, von deren Buntheit wir uns erst dann ein der Wirklichkeit angenähertes Bild machen werden, wenn wir nicht mehr anthropozentrisch, kleinmenschlich, sondern kosmozentrisch denken.

Wir gewahren dann, daß die Zahl der für *irdische* Geschöpfe bewohnbaren Welten begrenzt sein mag – obwohl sie auch in die Milliarden gehen dürfte –, während die der belebten Welten insgesamt unendlich ist.

Irdische Lebens-Voraussetzungen

Kurzsichtig und falsch wäre es, bei der Frage nach den Selbstentfaltungsmöglichkeiten des Lebens von irdischen Verhältnissen auszugehen, die zweifellos nicht als kosmische Norm gelten können, auch wenn alle Welten im All aus den gleichen Grundstoffen aufgebaut sind wie unsere Erde.

Wir haben vielmehr davon auszugehen, daß das Leben an sich allen materiellen Bedingungen überlegen ist, sich ihrer aber zu seiner Verkörperung und Selbstverwirklichung bedient.

Die besonderen ökologischen Verhältnisse auf der Erde haben die Entfaltung der uns bekannten Lebensformen von den Viren bis zu den Menschen ermöglicht. Auf jedem anderen Weltkörper liegen die Verhältnisse anders.

Um das zu verdeutlichen, wollen wir uns kurz 10 irdische Voraussetzungen für die Bildung von Lebensformen vergegenwärtigen:

1) Auf der Erde bildet die *feste Gesteinskruste* eine der Voraussetzungen zur Entfaltung menschlichen Lebens. – Es gibt Welten, deren Hüllen sich in *flüssigem* Zustand befinden und unzähligen Wasserbewohnern Lebensmöglichkeiten bieten. Es gibt andere, deren Körper *gasförmig* ist und völlig anderen Geschöpfen als Lebensraum dient. Neben diesen mag es plasmatische, feinstoffliche, ätherische, mentale und andere Stufungen geben von einer Fülle, die unsere groben Erdensinne nicht fassen. Darunter mögen Daseinsreiche sein, die einander durchdringen, ohne daß ihre Lebensformen voneinander wissen, und andere, in denen der Blick von der

äußersten, gröbsten bis zu den innersten, feinsten, höchsten Seinssphären vordringt ...

2) Auf der Erde sind die Lebensformen vom *Wasser* abhängig. Auf anderen Welten, auf denen kein Wasser vorkommt, mögen sich Wesen entwickelt haben, für die die Berührung mit Wasser tödlich wäre.

3) Auf der Erde ist die *Pflanzenwelt*, deren Existenz wiederum von den Bodenbedingungen und vom Sonnenlicht usw. abhängt, die Voraussetzung für die Entfaltung der Tierwelt, und beide sind unerläßlich für den Menschen. – Auf anderen Welten mag die Entfaltung des Lebens ganz andere Wege gegangen sein – darunter solche, bei denen die Erhaltung der Körperform nicht den Umweg über die Ernährung durch Lebensstoffe geht, sondern durch unmittelbare Energieaufnahme aus der Atmosphäre, dem Sonnenlicht, aus kosmischer Strahlung oder anderen Quellen erfolgt.

4) Die meisten irdischen Wesen bedürfen des *Lichts*. – Wir sahen aber schon bei Betrachtung der dunklen Sonnen, daß das Fehlen von Licht kein Beweis gegen das Vorhandensein von Leben ist. Abgesehen davon, daß es eine absolute Finsternis nicht gibt, mag anders konstituierten Wesen das, was uns als Dunkelheit erscheint, sich als hundertfach abgestufte Helle darbieten.

5) Auf der Erde ist der Bestand organischen Lebens an das Dasein der *Lufthülle* gebunden, die aus 78 Prozent Stickstoff, 21 Prozent Sauerstoff und zu Prozentbruchteilen aus Argon, Kohlendioxyd, Wasserstoff, Neon, Helium, Krypton, Xenon und Wasserdampf besteht. – Warum sollte auf Welten, die einen völlig anders zusammengesetzten Gasmantel oder gar keine Lufthülle besitzen, nicht ein gleich buntes Leben sich breiten, das in der irdischen Atmosphäre ebenso erstikken müßte, wie wir etwa in der Methanatmosphäre des Jupiter.

Der Luftmantel der Erde ist trotz seiner Dicke von mehreren 100 km für unsere Augen fast völlig durchsichtig. – Andere Welten mögen von atmosphärischen Hüllen umgeben sein, die für menschliche Augen vielleicht undurchdringlicher sind als eine meterdicke Steinmauer. Je nachdem nun, ob die Atmosphäre dieser Welten auch für ihre eigenen Bewohner lichtundurchlässig oder durchsichtig ist, wird das Leben dort ganz verschiedene Wege eingeschlagen haben.

6) Auf der Erde ist *Sauerstoff* für die meisten Geschöpfe zur Lebenserhaltung unentbehrlich. – Auf anderen Welten mögen andere Stoffe an die Stelle dieses Gases treten. Schon auf Erden gibt es Geschöpfe, für die Sauerstoff Gift ist: die anaeroben Mikroorganismen, Schwefelbakterien, die in Schwefelquellen leben und den Schwefelwasserstoff so dringend brauchen, wie wir den Sauerstoff, oder Eisenbakterien, denen das Eisenoxydhydrat als Lebens- und Wärmequelle dient ... Welch phantastische, allem Irdischen ungleiche Welt wird uns auf Himmelskörpern entgegentreten, in denen diese irdischen Ausnahmen die Regel bilden!

Vielleicht sind die eben erwähnten anaeroben Mikroorganismen der Erde die ältesten Ahnen der irdischen Lebensformen. Sie mögen bereits gelebt haben, als die Erde noch kein Pflanzenkleid trug und darum, infolge des Fehlens von Sauerstoff, noch keinen Tieren Lebensmöglichkeiten bot ...

7) Auf der Erde ist das Leben an *Wärme* gebunden, und zwar an eine Durchschnittstemperatur von 15 Grad. Aber schon hier beweist das Leben eine weitreichende Anpassungsfähigkeit: In den heißesten Wüsten wie an den Polen finden wir Leben. Den Fischen macht eine Kälte von 15 Grad unter Null wenig aus, Schnecken überstehen sogar Temperaturen von minus 100, Bakterien von minus 200 Grad. – Auf kalten Welten mag es Leben geben, dem die Weltraumkälte Bedürfnis ist wie uns die Erdenwärme.

Denken wir andererseits an die wärmeliebenden Bakterien, die sich bei Temperaturen von 50 bis 65 Grad wohl fühlen. In dem heißen Wasser der Geysire des Yellowstone-Parks und auf Island gibt es Algen, die bei 90 Grad Wasserwärme gedeihen. Wir wissen, daß manche Bakterien Temperaturen von 150 Grad überstehen. – Auf anderen Welten mag es feinstoffliche Wesen geben, denen die höllische Gluthitze von mehreren tausend Grad als angenehmer Aufenthalt gilt. Ist vielleicht die Flamme selbst, die sich wie der Mensch von Sauerstoff nährt, ein irgendwie Lebendiges? Sind gar die glühenden Sonnen Heimstätten von Wesen gleich den sagenhaften Salamandern der Alten?

Das Primäre sind doch immer die geistigen Lebenskraftfelder, die sich unter allen ökologischen Bedingungen geeignete Körperwerkzeuge zu schaffen wissen werden. Auch leuchtende Gas- und Staubwolken im All könnten solche Bedingungen bieten.

8) Auf der Erde bildet der *Kohlenstoff* die Hauptgrundlage des Lebens; neben ihm helfen die übrigen Elemente die Organismen aufbauen. – Auf anderen Welten mögen andere Elemente, wie etwa das dem Kohlenstoff chemisch nahestehende und fast so viele Verbindungen ermöglichende Silizium, Basis und Ausgangspunkt organischen Lebens sein, dessen Entwicklung völlig andere Wege eingeschlagen haben dürfte als die der Erdgeschöpfe. Solche Wesen mögen kristallartige Körperformen haben. – Ebenso können Verbindungen von Elementen, die auf der Erde außerhalb des Denkbaren scheinen, unter anderen ökologischen Bedingungen die Grundlage umweltangepaßter Lebensformen bilden.

Wer meint, unter den 92 Elementen böte einzig der Kohlenstoff die Möglichkeit zur Bildung komplizierter Atomgruppen und Molekülketten, aus denen sich lebendige Substanz aufbauen kann, der unterschätzt die Bildekräfte des Lebens.

9) Auf der Erde wird die Gestalt der Dinge, Körperform und Beweglichkeit der Wesen vom *Gewicht*, der Anzie-

hungskraft und Rotationsgeschwindigkeit der Erde und anderen physikalischen Faktoren bestimmt. – Auf kleineren wie weit größeren Welten bestehen andere Bedingungen, denen sich das Leben anpassen wird. Dabei können die Lebensbedingungen der einen Welt für Wesen anderer Welten tödlich sein.

10) Auf der Erde ist das Leben von den hier herrschenden *Raum- und Zeitverhältnissen* umgrenzt. Gelten die gleichen Schranken aber auch für Wesen anderer Welten? Gibt es etwa Wesen im All, die, so wie wir im Raume, in der *Zeit* vorwärts und rückwärts zu wandeln und den für uns unaufhaltsam dahinfließenden Strom der Zeit beliebig zu dehnen, zu raffen und zu durchqueren vermögen? Leben auf fernen Sterneninseln Wesenheiten, für deren Bewußtsein 100 000 Jahre nicht mehr sind als uns eine Stunde? Und wohnen auf Mikrowelten wiederum Geschöpfe, für die eine Minute unserer Zeit hunderttausend Jahre bedeutet? Sind wir nicht schon gegenüber Wesen, die nur 1000 Jahre leben, wie Kinder, die bereits in der Wiege sterben? Kann ihre geistige Reife die unsere nicht so weit übersteigen wie unser Sehkreis den einer Milbe?

In diesen Welten, die nicht phantastischer sind als einer Ameise ein Fernsehgerät, mögen alle Märchen zu Wahrheit werden. Vielleicht enthüllen sich alle Träume unserer Phantasie als schemenhafte Widerspiegelungen kosmischer Wirklichkeiten ...

Auf jeden Fall erkennen wir, wie abwegig und unweise es ist, die Möglichkeiten des Lebens auf anderen Welten nach irdischen Maßstäben zu beurteilen.

Einstweilen wissen wir nicht – von den Astromanten abgesehen –, welche Wesenheiten auf anderen Welten nach dem Gesetz des Überlebens des Tauglichsten an der Spitze der Kultur fremder Welten stehen. Sie mögen äußerlich so weit von aller Menschenähnlichkeit entfernt sein, daß selbst bei ebenbürtiger Intelligenz eine gegenseitige Verständigung unmöglich erscheint. Aber die *geistige* Verwandtschaft wird *gedankliche* Verständigungsmöglichkeiten erschließen, von denen wir uns heute noch keine Vorstellung machen.

Manche Wesen anderer Welten mögen uns noch begreifbar erscheinen, andere, die sich nach Belieben verflüchtigen und wieder zu physischer Sichtbarkeit verdichten können, oder solche, die jede Körperfom annehmen können und denen hundert Sinne eignen, mögen unserem Fünfsinnenverstand so unfaßbar sein wie die Welten jenseits der Todespforte, die sich unseren Körpersinnen entziehen.

Verfallen wir nicht dem Fehler des Materialismus, nur *das* Leben zu nennen, was wir mit den Augen sehen! Innerhalb wie jenseits des materiellen Alls mag sich ein geistiges All dehnen, und dieses wieder mag Teil noch höherer Lebensbereiche sein, die ihrerseits wieder winzigstes Bruchstück einer größeren Wirklichkeit bilden . . .

Wie das Leben sich auf der Erde allen ökologischen Schwierigkeiten gewachsen gezeigt hat, weil es, vom Geiste ausgehend, alle Möglichkeiten vorher abtastet und sich die bestmöglichen zur Bildung geeigneter Körperwerkzeuge dienlich gemacht hat, so auch auf Milliarden anderen Welten im All. Überall rufen materielle oder energetische Widerstände die entsprechenden Gegenkräfte des Lebens auf den Plan, die es ihm ermöglichen, sich unter allen denkbaren Bedingungen durchzusetzen.

Geistige Lebenskraftfelder

Für den, der hier tiefer sieht, weitet sich die Stufenleiter des Lebens, die uns schon auf der Erde so umfassend und vielgliedrig erscheint, millionenfach nach oben und nach unten.

Nichts im All ist tot. Überall breitet sich Leben, unter Billionen Masken, in tausend Bereichen des Sichtbaren und in abertausend des Unsichtbaren – um seiner selbst willen, um der Selbstverwirklichung willen, um der Alloffenbarung und Gottwerdung willen ...

Kurz vor seinem Tode schrieb Ernst *Häckel* ein Buch über »Kristall-Seelen«, in dem er seinem früheren materialistischen Glauben den Todesstoß versetzte und bekannte: »Alle Substanz besitzt Leben, organische wie anorganische. Alle Dinge sind beseelt, Kristalle so gut wie Organismen.«

Wie es ein Gesetz der Erhaltung der Energie gebe, so auch ein Gesetz der Unvernichtbarkeit des Lebens ... Häckel hat recht gesehen: Es gibt nichts Totes – alles ist in Bewegung und irgendwie lebendig. Überallhin reichen die Kraftfelder des Lebens, und wo sie sind und wirken, breiten sich Lebensformen aus.

Das menschliche Wesenskraftfeld ist nur eines unter Myriaden. Erkennen wir darum, wer wir unserem wirklichen Wesen nach sind, nämlich unzerstörbare Lebenskraftfelder wie die der Sterne.

Oder sollten die Sterne geringer sein als die Wesen, die auf ihnen Leben fanden? Wie könnten wir Menschen Bewußtsein haben, wenn nicht ein Gleiches der Erde eigen wäre? Was wissen wir von der Unendlichkeit der Bewußtseinsstufenleiter – wir, die wir nur wenige Bewußtseins-Oktaven vom Wachbewußtsein bis hinab zum kollektiven Unbewußten begreifen und nur von ferne die größeren Tiefen des Überbewußtseins, All- und Gott-Bewußtseins ahnen?

Wie wollen wir das Bewußtsein einer Sonne berühren, die wir noch nicht einmal das des Atoms erforschten, in dem ein Astronom, Dr. Ruths, ahnend die Wurzel alles Seelischen erblickte. »Die Himmelskörper enthalten die Elemente des Lebens und des Psychischen. Damit wollen wir nicht sagen, daß es sich um dieselben Lebensformen handelt wie in der organischen Welt und im menschlichen Denken. Nicht, daß die Fixsterne organische Wesen seien, die *menschlich* fühlen und wahrnehmen, die in Sonnenflecken denken und in glühenden Protuberanzen ihre Leidenschaften austoben. Aber wenn man tiefer sieht, mag man erkennen, daß die Vorgänge im Universum den psychischen Vorgängen in den organischen Wesen verwandt sein müssen, die ja auch von der Strahlungsenergie der Zentralkörper angeregt und mitbedingt werden. Das organische Leben auf der Erde und auf fernen Himmelskörpern ist gewissermaßen auch eine Funktion des Universums, und man darf den Satz hinstellen: *»Das Universum besitzt einen psychischen Charakter.«*

Vielleicht sind wir nicht so weit ab von der Wahrheit, wenn wir in jedem Himmelskörper genau so wie in jedem Geschöpf auf ihnen ein *Lebendiges* sehen – anderer Art freilich als Mensch oder Virus. Warum sollen Planeten und Sonnen nicht durchseelt sein, wie es *Fechner* sah:

»Glaubt man, daß das Äthermeer, in dem die Erde schwimmt, keine Geschöpfe habe, die darauf eingerichtet sind, darin zu leben? Wo sind sie, wenn nicht die Himmelskörper selber es sind? Sie sind wirklich ganz auf ihr Element eingerichtet wie der Fisch auf das Wasser oder der Vogel auf die Luft. Sie wandeln darin, groß und ruhig, wie alles Erhabene groß und ruhig wandelt, begnügen sich mit dem Licht, das sie einander zusenden, und ziehen einher in klarer Ordnung und einträchtiger Richtung . . .

. . . Hat man nicht von jeher gefabelt von Engeln, die im Lichte wohnen, die durch den Himmel fliegen? Hier hat man Wesen, die im Lichte wohnen, Zwischenwesen zwischen Gott und uns . . . Hält man sie vielleicht deshalb nicht für Engel, weil sie nicht wie Menschen aussehen und keine Flügel haben? Glaubt man denn, daß unsäglich höhere Wesen als der Mensch gerade so beschaffen sein müßten wie der Mensch? Der ganze Himmel ist voll solcher Engel, deren jeder für eine andere Schar von Wesen die Sorge und Obhut übernommen hat . . .«

So hätten die Astromanten der alten Völker recht, als sie

von Sternseelen, Sonnenlogoi, Planetengeistern und Kosmokratoren sprachen? Die lehrten, daß, wo Körper sind, *Seelen* am Wirken seien, daß die sichtbaren Himmelswelten nur die materiellen Kleider der Sternengeister seien? Daß zuerst das geistige All, dann das sichtbare, erst die Seele, dann die Materie war?

Gibt es vielleicht auch Gruppenseelen von Sternenheiten – ein Bewußtseinsmeer der Galaxien? Sind die Galaxien mehr als bloße Sternenheere? Sind sie lebendige Gruppenwesen – etwa wie der Menschenleib eine biologische Einheit ist aus Billionen Zellen? Und sind sie wiederum nur Bewußtseinsteile eines milliardenmal Gewaltigeren: der *Welteninsel*? Und ist diese wieder nur ein beseeltes Molekül im Organismus der Allheit, das selbst wieder eines unter Billionen Teilchen des unausmeßbaren Kleides der Weltengottheit ist?

Oder hört die Allbelebtheit etwa dort auf, wo der Milliardenreigen der Sonnen unserer Galaxis zu Ende scheint?

Wohl kaum – denn jenseits des sternenleeren Raumes, der unsere Milchstraße auf allen Seiten umspült, kreisen in weiter Ferne andere Milchstraßensysteme.

Wir werden im weiteren zu ergründen suchen, was sich jenseits derselben in den Tiefen des Weltenraumes breitet . . .

*

Wir gehen mit Recht von der Einsicht aus, daß es im Grunde keine tote Materie gibt, daß auch das Gestein lebt und altert, daß Kristalle Vorgänge aufweisen, die der menschlichen Atmung und den Wachstumsgesetzen entsprechen, daß hinter allen Formen der Natur seelische Bildekräfte und hinter diesen geistige Potenzen am Werke sind.

Es war der geniale Flensburger Arzt Otto *Franck*, der als einer der ersten (in seinem Werk: »Die Bahn der Gestalt im Lichte des qualitativen Dynamismus«, Flensburg '49) alles

Geschehen in der Natur und im Leben auf *Kraftfelder* zurückführte:

Von der Feststellung ausgehend, daß wie die physikalischen Kraftfelder auch die biologischen Geistkraftfelder unzerstörbar sind und daß für beide die gleichen Gesetzmäßigkeiten gelten, kam er zu dem dreifachen Ergebnis:

»1) Es gibt eine biologische Quelle für alle Gestaltung, ein übergeordnetes biologisches Gesamtkraftfeld,

2) es gibt eine unsichtbare Gestalt-Biologie,

3) die biologische Gestalt ist konstant und unzerstörbar.«

Dies gilt nach ihm für alle Ebenen der Schöpfung, für alles Leben im Universum. Gleich zwingend ist sein weiterer Schluß:

»Da das Hervorbringende immer mehr sein muß als das Hervorgebrachte, muß das, was die einzelnen Lebensformen hervorbrachte, mehr sein als diese selbst: Es ist ein übergeordnetes geistiges Lebenskraftfeld.«

Franck überträgt diesen Schluß auch auf die Sonnen und Planeten. Er wagt es, »unseren Wandelstern Erde nicht nur als erkaltete Materie-Kugel zu fassen, sondern in ihm ein übergeordnetes, biologisches Wesen zu sehen, in dessen Kraftfeld seine abhängigen Teile, die lebendigen Gestalten, wechselnd aufleuchten und erlöschen . . . Die Gestirn-Kraftfelder sind ihrerseits nur Teile und Ausschnitte noch höherer und weiterer physikalisch-biologischer Sender.« Und diese Reihe geht weiter hinauf bis zum Brahman der Inder: zum universellen Geistkraftfeld der Gottheit.

Demgemäß kam Franck in seiner ›Confessio Philosophica‹ zu dem Ergebnis:

»Ich glaube an ein höchstes biologisches Wesen, dessen Teile wir anderen Lebewesen sind und in dessen Kraftstrahlung wir leben, geboren werden und sterben. Jede lebendige Gestalt ist mehr als die Summe ihrer Teile, nämlich ein Kraftfeld, das sich abwechselnd mit Masse bekleidet und diese wieder abwirft.«

Nach ihm wie auch nach dem Dichter-Philosophen Bruno *Wille* haben »jene Naturphilosophen recht, die nicht bloß die sogenannten Organismen für psychische Geschöpfe halten, sondern Seele und Geist allenthalben sehen, auch in der ›anorganischen‹ Natur«.

Wille sah das Universum in ungezählte Lebenssphären gegliedert, »einem gotischen Dome gleich, der ins Unendliche emporwächst, in dem viele Säulen sich zur Einheit zusammenfinden und die so gebildete Einheit wiederum eine Säule höherer Ordnung darstellt und mit ihresgleichen einen abermals höheren Zusammenschluß zur Einheit zustandebringt, wobei diese Organisation immer weitere Fortsetzung auf übergeordneten Daseinsstufen findet . . . Dabei entspricht jede Einheit, zu der sich das Leben auf der physischen Seite verbindet, zugleich einer seelischen Einheit, und der Dom, den die kosmisch-organischen Gebilde, einander haltend und überwölbend, ins Unermeßliche bauen, ist zugleich eine Gliederung und Rangordnung von geistigen Sphären.«

Daß diese Einsicht allgemein zunimmt, mag die Tatsache zeigen, daß Versuche östlicher Astrobiophysiker ergaben, daß nicht nur jeder Mensch Träger eines biologischen Kraftfeldes ist, sondern daß alle lebendige Materie von elektrodynamischen Feldern umgeben ist und getragen wird, die auch die Fähigkeit der Fernwirkung und andere parapsychische Eigenschaften und Kräfte besitzen.

Der russische Radio-Astronom J. S. Schklowsky vertrat in einem von der Sowjetischen Akademie der Wissenschaften veröffentlichten Werk demgemäß die These vom *universellenergetischen Charakter des Lebens*, der auch Möglichkeiten kosmischer Kommunikation einschließt, von denen schon der Nestor der russischen Weltraumforschung, Ziolkowsky, träumte.

So sicher sich auf allen Welten des Kosmos Leben findet, so ungewiß erscheint es, ob und auf welchen Welten dieses Leben *mensch*gleiche Formen annahm und ob der Erdenmensch auf anderen Himmelskörpern zu bestehen vermag.

Hat die menschliche Eitelkeit recht, die dem Geschlecht der Erdbeherrscher eine Ausnahmestellung im Weltall zuschreibt und in ihm den Sinn des Universums erblickt? Ein namhafter Biologe hat einmal die Theorie verfochten, daß die Erde einen bevorzugten Platz im Kosmos einnehme und von der Vorsehung als kosmische Versuchsstation bestimmt sei, deren Ergebnis – der Mensch – für die spätere Besiedelung des Alls dienen solle ...

Das führt zu der Frage, ob die kleine Erde im ganzen All tatsächlich die einzige Heimat denkender Wesen sei – oder ob der Geist des Lebens auf allen Himmelskörpern Möglichkeiten der Entfaltung vernunftbegabter Geister schuf.

Die Antwort der *Astromanten* der Vorgeschichte lautet:

Unsere Erde ist ein Stern unter Sternen – nicht vollkommener und nicht unvollkommener als die Mehrheit der übrigen Welten.

Gleich ihnen erkennen wir – mit Immanuel *Kant* – die irdischen Lebensbedingungen als relativ unvollkommen, wenn wir Kant auch nicht zustimmen, daß »der Mensch unter allen Geschöpfen im All am wenigsten den Zweck seines Daseins erreicht«, weil die Kräfte seiner Seele »von den Hindernissen der groben Materie, darin sein geistiger Teil versenkt ist«, allzusehr eingeengt werden. Denn auf allen Welten im All haben die nach Inkarnation strebenden Geistwesen die gleichen Widerstände zu bewältigen, um sich die Materie als Mittel zur Selbstverwirklichung dienstbar zu machen.

Wenn wir zurückschauen, tönen uns manche Stimmen entgegen, die die Allsicht der Astromanten bestätigen, Stimmen wie die des gelehrten Kirchenvaters *Origenes*, der als einer der ersten den Gedanken einer Vielheit bewohnter Welten vertrat und in Übereinstimmung mit einem uralten Glauben der Menschheit lehrte, daß nach dem Tode eines Wesens seine Seele sich auf anderen, vollkommeneren Welten wieder einkörpern könne und daß das ewige Leben der Seele in eben dieser Wanderung von Welt zu Welt bestehe, wobei sie sich nach dem Maße ihrer Vervollkommnung zu immer lichteren Himmelswelten hinaufschwinge.

Nach ihm sei es falsch, von den Himmelskörpern im All als von Welten zu sprechen, die ›noch keines Menschen Fuß betrat‹. Denn wir seien wohl schon vor unserem gegenwärtigen Erdendasein über so manchen Planeten ferner Sonnen geschritten – unter anderen Daseinsbedingungen nach Erkenntnis ringend. Danach wäre die Erde nicht unsere Mutter, sondern nur unsere Amme, das All hingegen unsere Heimat . . .

Wenn wir aber vor unserem gegenwärtigen Dasein schon in fremden Zonen des Weltenraumes lebten, wenn mancher der Sterne, deren Licht zur Nacht in unser Auge fällt, uns schon Heimatsonne war und wenn andere Welten darauf warten, uns als Stätte fortschreitender Selbstverwirklichung zu dienen – dann beantworten sich die Fragen nach dem Leben in anderen kosmischen Bereichen und nach dem gegenseitigen Verstehen der Wesenheiten im All in anderer Weise: In nächste Nähe rückt nun, was zuerst weltenfern schien, und wir fühlen im Blick auf Tod und Vergehen des irdischen Lebens eine tiefe Wahrheit in dem Wort des Dichters:

». . . jeder Wehruf ist verschollen, jede Klage ist verweht,
wo mit seinem wechselvollen Los ein neu Geschlecht ersteht.

And'rer Jugend goldne Tage, andern Alters steile Bahn,
neue Hoffnung, neue Klage – *alles hebt von neuem an.*«

Wie viele Sterne, fragen wir nun mit Kant, sind uns wohl schon Heimat gewesen, welche werden es dereinst sein? »Wer weiß, laufen nicht jene Trabanten um den Jupiter, um dereinst uns zu leuchten?« Wie Origenes, so war auch Kant der Gedanken höchsten Trostes voll, daß die auf Erden an mancherlei Unvollkommenheiten gefesselte Menschenseele in immer neuen Sternenwelten von Vollkommenheit zu Vollkommenheit höher steigt und daß wir eines Tages wachbewußt, wie Diotima in Hölderlins ›Hyperion‹, »wie Schwalben von einem Frühling der Welt zum andern wandern, durch der Sonne weites Gebiet und darüber hinaus an des Sirius goldene Küsten und in die Geistertale des Arktur . . .«

Wie andere Inspirierte erblickte auch der nordische Seher Emanuel *Swedenborg* in jedem Himmelskörper eine Stätte der Entfaltung für vernunftbegabte Wesen. Wir sehen es aber heute als unwahrscheinlich an, daß *alle* diese Wesen menschenähnlich sind. Offensichtlich gibt es im Durchschnitt nicht einmal einen Planeten in jedem Sonnenreich, auf dem das Leben ähnliche Wege geht wie auf der Erde – was nichts gegen die Zweckmäßigkeit anders beschaffenen Lebens besagt.

Nur wo bei der Gleichheit aller Elemente über das ganze Universum hinweg auch ungefähr gleiche ökologische Verhältnisse herrschen wie auf unserem Heimatplaneten, bestehen Möglichkeiten, daß die dortigen höchsten Lebensformen dem Menschen gleichen oder ähneln. Das mag auf einigen Tausenden unter je einer Milliarde Planeten der Fall sein.

Fehl geht hingegen, wer sich *alle* Wesenheiten anderer Welten durchweg menschengleich vorstellt. Denn die leiblichen Organe der Geschöpfe passen sich immer den jeweiligen physikalischen, chemischen, energetischen, ökologischen

Gegebenheiten des Himmelskörpers an, auf dem sie sich entfalten. So entsprechen die irdischen Geschöpfe, wie wir sahen, den auf unserem Planeten herrschenden Gesetzmäßigkeiten. Auf Milliarden anderen Welten mag sich das Leben entsprechend anders den immer verschiedenen Daseinsbedingungen angepaßt und geistige, psychische, soziale, kulturelle, religiöse Entfaltungen eingeschlagen haben, die auszudenken unsere Phantasie zu anthropomorph und erdgebunden ist.

*

Auf der anderen Seite ist nicht zu übersehen, daß der menschliche Leibesorganismus nicht aus den Strahlen der Sonne und der Sterne und aus den gleichen Elementen aufgebaut wurde wie die Himmelskörper, wenn seine Bestimmung nicht über die Erde hinausginge!

Wie der Kosmos expandiert, so auch der Menschengeist. Art und Umfang seines Wesenskraftfeldes und seines Wirkens auf die Umwelt sind in steter Ausdehnung begriffen. Die Grenzen seines Vermögens wachsen immer weiter hinaus. Im Laufe seiner kosmische Zeitalter umspannenden Evolution wird er nicht nur geistig in Harmonie mit dem Unendlichen gelangen, sondern auch physisch immer weiter in den Kosmos hinausgreifen.

Der amerikanische Physiker G. R. *Harrison* hat (in »Was der Mensch zu sein vermag«, Düsseldorf, '58) mit Recht darauf hingewiesen, daß, »wenn das Leben auf der Erde heute tausendmal komplizierter ist als vor einer Million Jahren, es in einem gleich großen künftigen Zeitraum ohne weiteres noch tausendmal komplexer, geordneter und sinnvoller werden kann. Wir sehen ein ungeheures Universum, das sich von der Einfachheit zur Komplexheit entfaltet und durch die Wechselwirkung seiner Komponenten neue Formen entwickelt . . . Ob man das blinde Evolution nennt oder Gottes

Hand: Das Gesamtergebnis, der Aufbau der Lebewesen, die immer mehr Göttern gleichen werden, kann uns nur zu tiefer Ehrfurcht veranlassen. Der Mensch hat ein natürliches Streben nach Vollkommenheit, nach größerer Bewußtheit und nach der Fähigkeit, immer größere Bereiche seiner Umgebung zu beherrschen ...

... Jenseits des (heutigen) menschlichen Stadiums liegen unbegrenzte Möglichkeiten weiterer Evolution. Der Mensch hat die Götter erblickt, das Wesen der Vollkommenheit, und sein Herz sagt ihm, daß er ihnen gleich werden könne, wenn er seinem *inneren Licht* folgt und lernt, die wachsenden Weiten des Alls und sich selber zu beherrschen.«

Für die Bewohnerscharen anderer Welten gilt sinngemäß das gleiche, und unter ihnen mögen unzählige unter Verhältnissen leben, die tausendmal vollkommener sind als die von Lärm, Krisen, Ichsucht, Leid und Krieg erfüllte irdische Atmosphäre. Vielleicht sind es Verwirklichungen der von uns erst erträumten Heimstätten ewiger Jugend, Liebe und Schönheit, bewohnt von Wesen, denen gegenüber der Mensch von heute erst ein Anfang ist.

*

Wenn wir den Blick fragend zum Himmel richten, grüßen uns von überall her die Sonnenschwärme der Milchstraße mit ihrer Lichterfülle. Wohin wir unser Fernrohr wenden, löst sich der flimmernde Lichtreif der Galaxis in endlose Heerscharen von Millionen Sonnen auf*, die uns von Abermillionen Planetenwelten raunen, denen sie Licht und Wärme spenden und auf denen Möglichkeiten bestehen für den stufenweisen molekularen Aufbau lebendiger Organismen und für de-

* Vergl. die Bildtafeln nach Seite 134, die an Hand der Wiedergabe zweier sonnenreicher Partien der Milchstraße die *Stern*-Erfülltheit des Universums spürbar machen.

ren fortschreitende Höherentfaltung. Wo immer diese einmal Fuß gefaßt haben, folgen höhere Lebensformen, die immer vollkommeneren Wesenheiten Einkörperungsmöglichkeiten bieten.

Wie mannigfach verschieden mag dieses Leben sich entfalten, wenn, wie Fechner im »Zend-Avesta« hervorhebt, »die eine Welt ein Riese ist, andere Zwerge sind, die eine platt ist, andere kugelhaft sind, auf einer eine Feder bleischwer, auf anderen Blei federleicht ist, auf der einen Nebel, Wolken, Wasser, Eis, auf anderen ewige Trockenheit und klarer Himmel, die eine um ihre Sonne schleichend, die andere rasend, für die eine die Sonne groß wie ein Wagenrad und glühend am Himmel stehend, für andere wie ein ferner kalter Stern, hier der Tag blendend hell, dort dämmerig dunkel . . . Und das alles Unterschiede, die sich in kosmischer Nähe beobachten lassen . . . Wie ganz anders muß sich organisches Leben infolge der anderen Existenzbedingungen gestalten, wo die Schwere so ganz anders wirkt, wo die Sonnen so viel glutender oder so viel kälter, die Mischungen und Verbindungen der Stoffe so ganz andere sind . . .«

Die großen freien Denker aller Zeiten haben die Frage nach der Bewohnbarkeit und Bewohntheit der Welten mit JA beantwortet und ihrem Glauben Ausdruck gegeben, daß die strahlenden Edelsteine des Himmels Leben beherbergen – unendlich mannigfaltiger und zum Teil erhabener und geistig fortgeschrittener als das der noch jungen unterentwickelten Erde . . .

»Wesen voll höchster Erkenntnisse, der Pracht dieser lichteren Welten angemessen, mögen ihr Dasein auf ihnen haben, vollendeter als der Erdenmensch mit dem Schöpfer und der Schöpfung übereinstimmend« – Träger von Erkenntnissen, Fähigkeiten und Kräften, von deren Dasein nicht einmal unsere hellfühlenden Träume wissen . . .

Es ist bedeutsam, daß die älteste und die jüngsten Religionen gleiches künden. Taoismus und Buddhismus sprechen von einer Vielheit lebenerfüllter Welten mit Bewohnern, unter denen manche im Vergleich zum Menschen Götter seien.

Wie Georg *Grimm* (in »Die Lehre des Buddho«) darlegt, war man »ganz im Einklang mit der heutigen Astronomie bereits im alten Indien zu der Erkenntnis durchgedrungen, daß das Universum aus unzähligen Weltsystemen und demgemäß auch zahllosen erdgleichen Welten voller Leben besteht.«

Unter den neueren Religionen ist es – von den christlichen Mystikern abgesehen – die der Mormonen, die gleiches lehrt. Nach den Visionen ihres Begründers, Joseph *Smith*, hat Gott erklärt: »Welten ohne Zahl habe ich erschaffen, doch nur wenige gleich der Erde. Manche dieser Welten sind vergangen, zahllose andere bestehen jetzt. Und wenn eine Erde vergeht, wird eine andere hervorkommen. Es gibt kein Ende meiner Werke.«

Im Mittelalter war es Giordano *Bruno*, der am deutlichsten von der Beseeltheit und Lebenerfülltheit des Universums sprach. Gleich ihm kam Immanuel *Kant* zu dem Ergebnis, daß die Himmelskörper Wohnstätten vernunftbegabter Wesen seien. Und einer der ersten Astronomen, die sich ernsthaft mit der Frage außerirdischen Lebens befaßten, war der 1842 geborene Camille *Flammarion*, dessen 1862 erschienenes Werk »Die Vielheit bewohnter Welten« über 50 Auflagen erlebte!

Er war überzeugt, daß es viele Welten gebe, die von hohen Intelligenzen bewohnt werden, »frei von materiellen Nöten, infolge ihrer feineren Sinne und größeren geistigen Wachheit die Wunder der Schöpfung unmittelbarer erkennend, so daß Wissenschaft, Philosophie und Religion bei ihnen eins sind. Mit ihren schärferen Sinnen beobachten sie die Wanderungen der Welten und verkehren dank ihrer geistigen Fähigkeiten mit deren Bewohnern auf unmittelbare Weise ...«

Daß auch inspirierte Dichter oft ähnliche Gedanken vertreten, ist bekannt. Als Beispiel sei der Dichter-Philosoph R. M. *Holzapfel* (1874–1930) erwähnt, der in seinem »Welterlebnis« auf Grund eigener Visionen sich zu dem Glauben an die Lebenerfülltheit des Universums bekannte. Er fühlte sich von einer Wesenheit inspiriert, die mit ihren Geistesschwingungen seine Seele berührte und ansprach und ihm an Beispielen weit fortgeschrittener Welten Möglichkeiten künftiger Menschheitsentwicklungen offenbarte »in unermeßlicher Ferne, auf einem leuchtenden Sterne«. Offenbar erlebte er ähnliches wie die vorgeschichtlichen Astromanten.

*

Wissenschaftliche Anerkennung und Würdigung fand der Gedanke der Vielzahl außerirdischer Wohnstätten höherentwickelter Wesen etwa seit 1940. Heute weiß man, daß lebendige molekulare Verbindungen überall im Kosmos unter den verschiedensten Bedingungen entstehen können.

Heute neigt man mehr und mehr der Ansicht und Einsicht zu, daß, was auf der Erde möglich war – die Entstehung des Lebens – auf Milliarden Welten im All in ähnlicher Weise statthaben kann, da die Gesetze der Physik, Chemie, Biologie usw. universal gültig sind. Das Entstehen des Lebens ist kein Zufall, sondern wegen der Gleichheit der Grundstoffe das Selbstverständlichste im Weltall.

Was Astronomen wie Flammarion im vorigen Jahrhundert vermuteten, wird heute von Vertretern der verschiedenen wissenschaftlichen Disziplinen in Ost und West bejaht: *die unendliche Mannigfaltigkeit möglicher Lebensformen auf anderen Welten.*

Man rechnet heute in den über 100 Milliarden Sonnenreichen allein unserer Milchstraße damit, daß mindestens 10 Milliarden Sonnen *Planeten* besitzen, deren Zahl auf minimal 20 Milliarden veranschlagt wird. Für die 100 Milliarden Galaxien in unserer Welteninsel mag ähnliches gelten.

Bei den 20 Milliarden Planeten geht man davon aus, daß ein Teil von ihnen sich – immer von irdischen bzw. solaren Verhältnissen auf die Lebensverhältnisse in anderen Sonnenreichen schließend – innerhalb der ›Lebenszone‹ bewegt, also in Entfernungen von ihren Sonnen, in welchen Wasser und Luft vorhanden sind und die klimatischen, physischen und chemischen Verhältnisse biologische Prozesse wie auf der Erde ermöglichen. Schließlich gibt es unzählige G-Sterne in der Art unserer Sonne, die besonders günstige Entfaltungsmöglichkeiten für den irdischen verwandte Lebensformen bieten.

Als Beispiel wird der schon erwähnte Stern Barnards angeführt, der nur 6 Lichtjahre von uns entfernt ist und sich so rasch bewegt, daß sich bestimmte Unregelmäßigkeiten in seiner Bahnbewegung feststellen ließen, die auf das Vorhandensein – wie man heute meint – von einem oder zwei planetarischen Begleitern hinweisen, für die die 1,6fache Masse des Jupiter errechnet wurde.

Wenn man das, was für die Sonnen unserer Milchstraße angenommen wird, auf die Milliarden anderen Galaxien überträgt, kann mit einer Billionenzahl lebenerfüllter Welten gerechnet werden. Aber vor der weiteren Verfolgung dieses Gedankens ist die Frage zu beantworten, ob es außer den technischen astronomischen Hilfsmitteln noch andere Möglichkeiten gibt, hier Gewißheit zu erlangen – etwa jene, über die die eingangs erwähnten Astromanten früherer Zeiten verfügten.

Der All-Sinn der Seele

Wichtiger als die Erweiterung unseres *Wissens* in den Bereichen des Makrokosmischen wie des Lebendigen mit technischen Hilfsmitteln erscheint die *Erweiterung unseres Be-*

wußtseins von der Ebene des Menschlichen zur höheren Ebene kosmischer Wachheit und Bewußtheit, wie sie offenbar von *Astromanten*, aber auch seit je von anderen seelisch aufgeschlossenen Menschen erreicht wurde.

Diese Bewußtseinserweiterung besteht praktisch in erster Linie in einer Ausdehnung des Wahrnehmungsvermögens über den Bereich des Nursinnlichen in den des Außersinnlichen hinein.

Es war der geniale Chirurg Carl Ludwig *Schleich* (1859–1922), der (in »Das Ich und die Dämonien«. Berlin '22) von der ›Geburt des Weltallsnerven‹ sprach, womit er den Sympathicus meinte, der für meta-physische, mentale, spirituelle, kosmische Wellen, Strahlungen, Kraftfelder ansprechbar sei. Schleich sprach von der »Weltall-Marconi-Platte des Sympathicus und seiner Wurzel unter dem Zwerchfell im *Sonnengeflecht*«, jenem sympathischen Geflecht auf der Vorderseite der Aorta abdominalis und der Crura diaphragmaticus, das als ›allopsychisches Organ‹, d. h. als Empfangsorgan für fremde psychische Strömungen wirkt und uns im übrigen auch in unserem instinktiven Verhalten der Umwelt gegenüber, in unseren unwillkürlichen Reaktionen, Anti- und Sympathien, Gestimmtheiten usw. oft entscheidender beeinflußt als alle Wahrnehmungen mittels der bekannten Körpersinne.

Von dem, was die Antenne, das Psycho-Radargerät unseres Sonnengeflechts, empfängt und was unser Unterbewußtsein dann verarbeitet, gelangt zumeist nur ein Bruchteil in unser ›Wach‹bewußtsein. Doch ist es durch entsprechende Gedankenschulung, Gewöhnung an Stille und Meditation möglich, die Empfangsbreite wie die Feinabstimmung für mentale Schwingungen und Strömungen zu erweitern, ohne daß dabei wie bei Medien und Sensitiven das Bewußtsein ausgeschaltet wird.

Wir reichen mit unserem Bewußt-Sein weit tiefer, als wir

ahnen. Wir sind vielseitiger begabt, als wir denken. Und wir empfangen mehr Inspirationen, als uns zumeist bewußt wird – zuweilen aus kosmischen Fernen . . .

. . . Manchmal scheint es, als verspürte man bis zum Berühren nahe spirituelle Schwingungen oder Gedankenimpulse von Wesenheiten anderer Welten – aber diese Fühlungen bleiben zumeist unterhalb der Bewußtseinsschwelle. Dennoch mag mancher Herzgedanke, der in uns aufklingt, ein Ruf sein aus fernen Welten, von unserer Seele aufgenommen, als ihr Sehnen im gedanklichen Gleichklang eines verwandten, aber fernen Wesens schwang . . .

. . . Wer kann sagen, wie viele Erfindungen unseres Geschlechts Übertragungen aus fremden Denkwelten sind, wie viele Erkenntnisse außerirdischen Wissensbereichen entstammen, wie viele geistige Entwicklungen Folgen kosmischer Einwirkung von der Feinheit eines Gedankenimpulses sind . . .

Ich spreche hier aus eigener Erfahrung und sehe im *All-Sinn der Seele* eine natürliche Eigenschaft des menschlichen Wesenskraftfeldes, wenn dieser auch bei den meisten noch unentfaltet ist. Mehr oder minder aktiv war dieser radar-gleiche All-Sinn bei den *Astromanten*, die er zu kosmischem Fernfühlen befähigte.

Um solche Kontaktmöglichkeiten zu begreifen, muß man sich mit den Ergebnissen der Parapsychologie und den Erfahrungen der Mystiker vertraut machen. Dann erlangt man ein Gespür für die ›astralen‹, mentalen, psychischen und metapsychischen Möglichkeiten der Kontaktgewinnung zu außerirdischen Wesenheiten und Welten.

Man erkennt dann mit dem Schöpfer der modernen Quantentheorie, Max *Planck* (1858–1947), daß »die Welt nicht nur von physikalischen Gesetzen regiert wird«, sondern daß auch metaphysische, geistige Gesetze und Kräfte auf die physisch-atomaren Vorgänge, also das für uns sichtbare Weltgeschehen, steuernd und ändernd einwirken, daß *eine geistige, für unsere Sinne ›jenseitige‹ Welt in die materielle Welt hineinragt und hineinwirkt.*

Unserer inneren Struktur nach sind wir Menschen – als Lebenskraftfelder – nicht drei –, sondern vierdimensionale Wesen, wie alle Mystiker erkannten und wie es jeder in der meditativen Selbstbesinnung erfahren kann. Bei weiterem Fortschreiten auf dem Wege nach innen wurde schon manchem bewußt, *daß der Mensch nicht der einzige Geistträger im Universum ist, sondern einer unter unzähligen, die sich zu Hierarchien der Geistmächtigkeit ordnen,* deren Stufungen im Aufgang des inneren Lichts – der Erleuchtung – mehr oder minder klar erkannt werden.

Astromantisch Begabte spüren dann das Vorhandensein wechselseitiger Information und Beeinflussung des Lebendigen im All. Sie sprechen von interstellaren Gedankenkontakten mit fremden Lebensreichen.

Fremde Lebensreiche

Da überall im Kosmos die gleichen Natur- und Lebensgesetze gelten, sollte die Möglichkeit einer Verständigung jedem Einsichtigen einleuchten. Zudem wird es auf anderen Welten entsprechende Parallelen geben zu dem, was wir Wissenschaft, Philosophie, Mystik, Religion nennen.

Hingegen ist es kaum so, wie es der Philosoph und Indologe Paul *Deussen* (1845–1919) noch sah dahingehend, daß »der Gesamteindruck, den wir von der Kultur und dem Treiben einer fremden Welt empfangen, ein ähnlicher sein wird wie bei Reisen in fremde Länder der Erde, wo wir, bei allem Wechsel der Szenerie und der Kostüme, denselben Spielern begegnen wie bei uns.« Er meinte, daß Wesen anderer Welten in ihrer Entwicklung »kaum weiter von uns entfernt sein werden als der Mensch von einer Muschel. Denn die Natur ist zwar verschwenderisch in der Hervorbringung der Individuen, sparsam hingegen in der Hervorbringung der Gattungen.«

In Wirklichkeit ist das Leben schon auf der Erde in der Zahl der Umweltanpassungen und Formen der Geschöpfe unendlich erfinderisch. Unter tausend andersartigen ökologischen Verhältnissen dürfte es sich auf zehntausend andere Weisen die jeweiligen physikochemischen, atmosphärischen, Strahlungs-, Temperatur-, Druck- und sonstigen Verhältnisse der Biosphäre dienstbar gemacht haben.

Die Organismen werden dort, wie wir uns bereits bei Betrachtung der irdischen Lebensvoraussetzungen klar machten, mit anderen Organen und Sinnen ausgestattet sein, und es mögen sich dort andere Symbiosen zwischen den verschiedenen Lebensformen – ähnlich dem Verhältnis Pflanze–Tier–Mensch auf der Erde – ergeben haben.

Manche fremde Wesenheiten mögen uns technisch überlegen sein, die meisten aber wohl ethisch-geistig. Fraglich ist, ob es auf anderen Welten die von irdischen Technokraten und Science fiction-Autoren erträumte Herrschaft von Robotern, sich selbst programmierenden ›Cyborgs‹ (kybernetischen Organismen) und dergleichen gibt, die den an der Spitze der Evolution stehenden Wesenheiten nicht nur die Arbeit, sondern auch das Denken und Planen abnehmen ...

... Gerade die Entwicklung der Denkmaschinen sollte uns Menschen bewußt machen, welch ungeheures, noch ungenutztes Potential im Riesenheer der grauen Zellen des Gehirns steckt, deren jede einzelne als Mini-Computer weit mehr zu leisten imstande ist als jeder Apparat, weil sie als psycho-elektronisches Mikro-Lebenskraftfeld schöpferische Vermögen besitzt, die kein Apparat erreicht.

Auf höher entwickelten Welten dürfte die technische Entwicklung als bloße Vorstufe der geistig-dynamischen Evolution der Längstvergangenheit angehören ...

Über die Gestalt der führenden Lebensformen auf anderen Welten, soweit sie nicht der Menschenform nahekommen, gibt es phantasievolle Überlegungen, von denen aber vorerst kaum einer sagen kann, ob sie irgendeiner Wirklichkeit entsprechen.

Manche mögen in ihrem Aussehen entfernt an irdische Pflanzen- und Tierformen erinnern, andere mögen kristalline Formen aufweisen mit eingeschränkter oder unbegrenzter Bewegungsfähigkeit, noch anderen mag das Vermögen beliebiger Körperverformung eignen . . .

Auf Wasserplaneten mögen delphinartige Wesen die fortgeschrittenste Lebensform mit hochentwickelter Unterwasserkultur bilden. Eine andere Welt mag von Geschöpfen bewohnt sein, die Kentauren gleichen, wieder andere mögen wie schwebende Energiebälle anmuten. Und daneben mag es mannigfaltige ätherische, plasmatische oder für unsere Augen unsichtbare Wesenheiten geben.

Und noch andere mögen mit ihrer Erscheinungsform dem menschlichen Glauben an Engel und an die Lichtnatur der Götter nahekommen. Vielleicht bergen gar die Sonnen höheres Leben astraler Natur, in dem sich, wie *Kepler* meinte, »das Geistfeuer oder der Geist schlechthin, der Nous, der, wer er auch sei, die Quelle aller Vernunft ist«, verkörpert hat – hundertmal vollkommenere Inkarnationen des göttlichen Lebens als der Mensch . . . Dort mögen Wesen leben, auf die das Mephisto-Wort zutrifft:

»Der Luft, dem Wasser wie der Erde
entwinden tausend Keime sich,
im Trocknen, Feuchten, Warmen, Kalten!
Hätt' ich mir nicht die Flamme vorbehalten,
ich hätte nichts Apart's für mich . . .«

Aber wie fremd auch immer sie uns erscheinen mögen, wenn sie für uns wahrnehmbar würden – immer werden sie Verkörperungen geistiger Wesenskraftfelder sein und wie wir Menschen nach Veredelung, Vergeistigung, Vervollkommnung, Vergöttlichung streben.

Kosmische Kontakte

Damit stellt sich die weitere Frage nach etwaigen Möglichkeiten interstellarer Kontaktnahme mit fremden Wesenheiten, soweit bei diesen Kontaktbereitschaft besteht.

Astronomen sehen hier *vier Möglichkeiten*: Licht- und Radio-Signale, unbemannte Raumsonden, bemannter Raumflug.

Einer der ersten Versuche, Lichtbotschaften zu senden, war das Projekt ›Ozma‹ des radioastronomischen Observatoriums Green Banks, das auf die beiden nächstgelegenen Sonnenreiche von Tau Ceti und Epsilon Eridani gerichtet war. Ein Ergebnis ist hier, wenn überhaupt, naturgemäß erst in Jahrzehnten zu erwarten, wobei offen bleibt, ob auf der Gegenseite eine der irdischen ähnliche technische Entwicklung stattfand, und wenn ja, ob weiterentwickelte Wesenheiten Wert darauf legen, auf diese primitive Weise mit der noch in den Anfängen ihrer Evolution steckenden Erdenmenschheit Verbindung aufzunehmen ...

Für interstellare Entfernungen bleiben derartige Versuche und ähnliche Unternehmen russischer Radioastronomen unzureichend, weil die Lichtgeschwindigkeit dafür zu langsam ist.

Das gilt entsprechend für Kontaktversuche mit Hilfe unbemannter oder bemannter Raumfahrzeuge und andere technische Vorhaben, wie im weiteren ersichtlich wird.

Erfolg versprechen hier nur zeit- und raumüberbrückende

Versuche *mentaler, geistiger Kontaktnahme.* Diese setzen jedoch eine entsprechende kosmische Reife und, wie bei den Astromanten, das Aktivwerden des All-Sinns der Seele und die Gabe mentalen Fernfühlens und Fernwirkens voraus.

Die irdischen *Sprachen* wären dabei kein Hindernis, da geistige Kontakte unmittelbar von Seele zu Seele erfolgen. Die Gedankensprache ist interstellar, universal. Darum erscheint auch jeder Versuch zur Erleichterung einer Verständigung mit Hilfe mathematischer logistischer Kryptogramme (Verschlüsselungen) ebenso vergeblich wie die zur Schaffung einer ›Astraglossa‹, einer künstlichen Sternensprache, in der Zahlenverhältnisse durch entsprechende Impulse (Radioglyphen) dargestellt werden.

Hierher gehört z. B. die vom Utrechter Mathematiker Hans Freudenthal geschaffene lingua cosmica, kurz ›Linkos‹ genannt: eine Art kosmisches Esperanto, das Radiosignale verschiedener Dauer und Wellenlänge benutzt, um Laute darzustellen, die wiederum zu einfachen Wörtern und später zu abstrakten Begriffen, zu Sätzen und Gedankengängen kombiniert werden.

Weiser wäre es, Astromanten heranzubilden – soweit das möglich ist –, da ansprechbare, höherentwickelte fremde Wesenheiten *Noodynamiker* (Geistkraftmeister) sein dürften.

Im Osten hat man bereits erste Versuche in dieser Richtung unternommen mit telepathischen Kontakten zwischen Sputnikbesatzung und Erde, die zeigten, daß die Entfernung bei mentaler, telepathischer Verständigung keine Rolle spielt. US-Selenauten haben das bestätigt. Aber zu kosmischen Nachbargesprächen genügt die Gabe der Telepathie allein nicht.

Nicht übersehen werden darf hier auch, daß der erste unmittelbare Kontakt mit fremden Lebenswelten, der offiziell erfolgt und gelingt, unübersehbare Folgen für die Entwicklung der Menschheit haben würde, die durch die Informationsvermittlung völlig neue dynamische Evolutionsimpulse vor allem kultureller Art erhalten würde ...

Erst danach wird es überhaupt möglich, auch die Evolution fremder Wesenheiten, ihre Gesellschaft, Wissenschaft, Kultur, Religion usw. zu überblicken, zu begreifen und zum Segen für die Menschheit auszuwerten.

Im weiteren Verlauf würden wir dann mit immer wieder andersartigen kosmischen Lebensformen und Kulturen und dadurch mit völlig neuen Möglichkeiten der Wissens- und Bewußtseinserweiterung und Weisheitsgewinnung in Berührung kommen, für die uns erst größere Fortschritte auf dem Wege kosmischer Bewußtheit aufnahmefähig machen würden.

Kosmische Reisen

Eine andere vieldiskutierte Frage ist die, ob und wie weit die Versuche zur Verwirklichung des uralten Menschheitstraumes nach Bekanntwerdung mit fremden Himmelswelten auf dem Wege der *Raumfahrt* Erfolg versprechen. Ist das nur eine Frage der Mittel und der Zeit, bis die technische Seite dieses Problems gelöst ist? Wird ein Tag kommen, ein Markstein in der Entwicklungsgeschichte der Menschheit, an dem wir Menschen von uns aus die ersten Brücken über den Weltenraum schlagen?

Interstellare Reisen sind im Prinzip möglich. Nur würde selbst ein Lichtboot mit annähernder Lichtgeschwindigkeit Jahre, Jahrzehnte, Jahrhunderte und länger zu den Sternen unterwegs sein. Vielleicht ist das gut so, solange irdische Raumschiffe dazu dienen könnten, menschliche Unzulänglichkeiten über die kosmische Nachbarschaft auszubreiten.

Die bisher geschaffenen Treibstoffe sind für interstellare Reisen unzureichend. Das gilt auch für Ionen- und Photonen-Raumschiffe, die unterhalb der Lichtgeschwindigkeit bleiben.

Auch wenn man, wie schon geplant, die dafür benötigten Raumer, die ihrer Größe wegen statt auf der Erde im Raum zusammengebaut werden müßten, mit Robotern besetzen würde oder wenn man bei den menschlichen Insassen durch Kälteschlaf und andere Mittel die Lebensprozesse reduzieren und das Altern hinausschieben, ihnen eine vielfach verlängerte Lebensdauer geben würde, müßten noch viele andere Probleme jahrzehnte- und jahrhundertelanger Luft-, Wasser-, Wärme-, Nahrungsversorgung, die des Schutzes vor kosmischen Strahlen, den Folgen der Schwerelosigkeit usw. gelöst werden.

Bei Großunternehmen müßte eine kosmische Arche auf den Weg gebracht werden, die unzähligen Generationen von Raumfahrern als Heimat dienen würde, bis das ferne Ziel erreicht ist ...

Kosmische Fernfahrten sind weit mehr eine Frage der Biologie als der Technik.

Deshalb haben Wissenschaftler sogar erwogen, ob und wie man in ferner Zukunft das *Raumschiff Erde* aus dem Sonnensystem herauslösen könnte – z. B. wenn die Strahlkraft der Sonne so weit abnimmt, daß das Leben auf der Erdoberfläche durch Kälte gefährdet wird –. Doch bleibt das vorerst Utopie, solange kein Weg gefunden wird, kosmische Reisen mit Überlichtgeschwindigkeit durchzuführen, und zwar entgegen Einsteins Feststellung, daß sich im Raum nichts schneller fortbewegen kann als das Licht ...

Offenbar gibt es subatomare Teilchen (sog. ›Tachyonen‹), die sich mit Überlichtgeschwindigkeit bewegen. Bis diese als kosmische Treibstoffe eingespannt werden können, denkt man an andere Methoden wie den ›*Raumsprung*‹, der zugleich ein Zeitsprung wäre – und zwar mit Hilfe des ›Pararaums‹ jenseits des gekrümmt und als Kugeloberfläche vorgestellten dreidimensionalen kosmischen Raumes.

Bei diesem ›Pararaum‹ könnte man allerdings nicht mehr von Raum sprechen, weil es in diesem höherdimensionalen Bereich weder ein Hier und Dort noch ein Vorher und Nachher gibt. Dafür wirft dieses metaphysische Universum, der Parakosmos, andere Probleme auf.

Doch solange selbst lichtschnelle Raumreisen vorerst technisch undurchführbar sind, erübrigt sich das Eingehen auf Vorgänge wie die der *Zeit-Dilatation* (Zeitdehnung), dahingehend, daß für die Raumschiffinsassen die Zeit langsamer verläuft, und zwar bei 80 Prozent der Lichtgeschwindigkeit bereits nur noch halb so schnell wie auf der Erde. Bei weiter zunehmender Geschwindigkeit wächst diese Differenz immer schneller, so daß die nur wenig gealterten Raumfahrer bei der Heimkehr zur Erde feststellen würden, daß dort inzwischen Jahrzehnte oder Jahrhunderte verflossen sind ...

Auch für die Fragen unmittelbarer zeitloser *Teleportation* von Stern zu Stern sind vorerst keine Lösungen bekannt. Etwas anderes ist es mit *geistigen Reisen*, bei denen ich weniger an Medien denke, sondern an bewußte geistige Teleportation, wie sie einzelne Astromanten erlebten.

Auch hier bleibt die Frage offen, ob, wie und wann es einmal möglich sein wird, metatechnische Mittel allgemein für geistige Raumsprünge zu nützen.

Fortgeschrittene Wesenheiten anderer Welten haben diese Frage offenbar nach beiden Seiten hin längst gelöst. Sie scheinen fähig, sowohl mit Raumern als auch auf dem Wege geistiger Fernversetzung kosmische Räume zu überbrücken. Damit berühren wir die Frage nach Besuchern aus dem All.

Wenn man den Astromanten glauben will, wurde die Erde schon in vorgeschichtlichen Zeiten von höher entwickelten Wesenheiten fremder Sonnenreiche besucht. Viele sind heute mit Prof. Hermann *Oberth* überzeugt, daß die Entwicklung der Menschheit wie einst so auch heute von außerirdischen Beobachtern wachsam verfolgt wird.

Waren es engelgleiche Wesenheiten, die schon in den Zwischeneiszeiten mit Raumern unseren Planeten besuchten – kosmische Gäste, menschgleiche Bewohner anderer Welten, die auf ihren Allfahrten zu kurzer Rast auf die Erde kamen, eine Zeitlang unter den Menschen weilten, in ihr primitives Verstehen einzudringen suchten und ihnen einiges von ihrem Weistum und Können vermittelten, um dann ihren Allflug fortzusetzen?

Liegt hier der Ursprung mancher Engel- und Göttersagen des Altertums?

Älteste indische Urkunden berichten von *Vimânas* – Luft- und Raumschiffen, die leuchtenden Kugeln glichen und die Erde umkreisten. Von Ardjuna, dem Helden des Mahabharata und der Bhagavad Gita, hieß es, daß ihm der göttliche Berater, Krishna, in seinem Himmelswagen nahte . . .

Offenbar waren es nicht immer *menschen*ähnliche Wesen, sondern auch andersgestaltete Himmelsbewohner, etwa von einem Wasserplaneten, in dessen Biosphäre delphinartige Wesen an der Spitze der Evolution standen. Darauf deutet u. a. ein uralter Tempelbericht über die Frühgeschichte Vorderasiens, der von dem babylonischen Priester *Berosus*, einem Zeitgenossen Alexanders des Großen, wiedergegeben wurde:

Der Bericht handelt von dem *Fischmenschen Oannes* oder ›Dagon‹, der eines Tages in Eridu aus dem Wasser ans Land stieg und am Königshofe die Menschen das Schreiben lehrte. Vielleicht war er ein Kosmonaut, der beim Anblick der wasserreichen Erde hier Station machte und gehofft hatte, Geistverwandte zu finden, die gleich ihm den Weg vom planetarischen Meer zum Sternenmeer gefunden hätten ...

Er wird in der Bibel (Richter 16, 23; 1. Samuel 5, 2 f.) als *Dagon*, der Gott der Philister, aber auch der Phönizier und der Babylonier, erwähnt. Dort wird auch vom Tempel Dagons und den Priestern Dagons gesprochen.

Möglicherweise kam er nicht allein, denn auch im altindischen Mahabharata wird vom ›Matsya-(= Fisch-)Avatara‹ berichtet, der in ähnlicher Weise die Menschen lehrte und die Gabe der Hellschau besaß, da er die bevorstehende Sintflut voraussagte und den Menschen riet, ein großes Schiff zu bauen, um ihr Geschlecht vor den kommenden Fluten zu retten, wie es Jehova dem Noah riet ... Es gab auch einen chinesischen Noah, der dem gleichen Rat folgte – was zeigt, daß die Sintflut ein globales Phänomen war, das von verschiedenen außerirdischen Beobachtern vorauserkannt wurde ...

Ein später Nachklang dieser Berichte war die griechische Göttersage vom Meergott Poseidon und seinem Sohn Triton, der mit Delphinschwanz und Muschelhorn dargestellt wurde. Vielleicht besaß auch er wie der Meergreis Nereus mit seinen fünfzig Töchtern, den Nereiden, die Fähigkeit der Transformation, der zeitweisen Umwandlung in Menschengestalt ...

Doch es erübrigt sich, in den Sagen der Alten und in den wenigen Relikten aus jenen Zeiten nachzugraben. Das hat Erich von *Däniken* in seinen Schriften (»Erinnerung an die Zukunft« u. a.) bereits getan. Er hat nachzuweisen versucht, daß die Erde schon vor unzähligen Jahrtausenden von fremden Kosmonauten besucht wurde, und Verständnis dafür geweckt, daß unsere Erde nicht der einzige Himmelskörper ist, der von denkenden Wesen bewohnt ist, und daß es durchaus möglich ist, daß die Menschheit kosmischen Besuchern viele Informations- und Erkenntnisimpulse verdankt.

Darauf, daß solche Besuche oder zumindest Beobachtungen der Erde durch Kosmonauten auch heute noch stattfinden, weisen die vielen Berichte über *UFO*-Sichtungen (UFO = *U*nidentifizierte *F*liegende Objekte). Den Beobachtungen zufolge zeichnen sie sich durch einen für menschliche Wesen unerträglichen raschen Positionswechsel und hohe Geschwindigkeiten aus, weshalb ihre Insassen entweder Roboter oder Wesen mit weit widerstandsfähigeren Körpern als die der Menschen sein müßten.

Viele Berichte dieser Art sind umstritten, weshalb C. G. *Jung* (in »Ein moderner Mythos«, Zürich '58) meinte, daß es sich in den Fällen, wo nicht Wetterballons, Düsenflugzeuge, Meteoriten usw. für UFO's gehalten wurden, um spontane unbewußte Projektionen, um Hinausverlegungen innerer Gesichte in den Raum handelte, die den kosmischen Besuchern entsprächen, die sich in spiritistischen Sitzungen zum Wort meldeten, um der Beunruhigung der Bewohner anderer Welten über den gefährlichen Irrweg der irdischen Atombombenentwicklung Ausdruck zu geben.

Diese psychologische Deutung blieb umstritten. Sie schließt zudem das Vorhandensein echter UFO's nicht aus, die sich u. a. auch Apollo-Selenauten bemerkbar machten, deren Beobachtungen von sowjetischer Seite bestätigt wurden.

Hier gilt, was der Lehrer Wernher von Brauns, Prof. Hermann *Oberth*, dazu bemerkte: daß »diese Erscheinungen unbezweifelbar sind und daß die Menschheit ein Anrecht darauf hat, zu erfahren, worum es sich bei diesen Erscheinungen handelt, die sich mit den gegenwärtigen irdischen Kenntnissen nicht erklären lassen.«

Lassen wir uns überraschen! Denn auf Dauer gesehen geht

es hier nicht um bloßes Kennenlernen und Koexistenz (ums Nebeneinanderleben), sondern um Synexistenz: um das Miteinanderleben zum gemeinsamen Fortschritt und Wohlergehen.

IM REICHE UNSERER WELTENINSEL

»Von Bewußtsein erfüllt, von Bewußtsein gelenkt ist die Welt.
Das Bewußtsein ist der Grund von allem, das Bewußtsein ist Brahman, die Weltengottheit.«

Aitareya-Upanishad

». . . Und auch um jene fernen Sonnen sah ich Erden kreisen,
und schaute abermals das Leben – überall das Leben,
unendlich mannigfaltig, unendlich an der Zahl!
Und weiter eilte ich von Welt zu Welt,
von einer Sonne zu der anderen –
doch was ich sah, war Leben – überall das gleiche Leben . . .
Wie viele Millionen Sonnen aber ich im Geist durcheilt',
ich weiß es nicht . . .
Doch weiß ich: Als ich diesen Sternenring im Weltenraum,
darin die Sonnen voneinander Lichtjahre weit entfernt stehn,
hatt' durcheilt – und wieder schaute in den Weltenraum,
ich andere Millionen Sterneninseln dort gewahrte . . .
Und niemand sagte es, daß dies die letzten seien . . .«

O. Pöllner

Wie wir zu Beginn unserer Wanderung die Erde und darauf unser Sonnensystem verließen, um von außen her die Wunder der Schöpfung vollkommener zu überblicken, so verlassen wir nun das Sternenheer unserer Milchstraße und schwingen uns mit Gedankenschnelle jenen Fernen entgegen, aus denen das schwache Leuchten anderer Galaxien herüberschimmert.

... Am Rande der Milchstraße schweben wir, im sonnenarmen Raum, zu dem die Lichter unserer heimatlichen Galaxis heraufstrahlen, wie der Dämmerschein einer Großstadt noch lange dem Wanderer leuchtet, bis er schwächer und schwächer wird ...

Indes wir, in einem Augenblick, Weiten durchblitzen, zu deren Überbrückung das Licht vielhunderttausend Jahre unterwegs ist, und während hinter uns die Sonnenschwärme unserer Milchstraße zu einem winzigen Lichtnebel zusammenschrumpfen, tauchen vor uns die Lichtermeere einer anderen Sternenstadt auf, werden größer und größer – bis wir in gleiche Sternenschwärme dringen wie die unserer Milchstraße.

... Wir haben einen anderen Spiralnebel berührt – eine Sternenheit gleich der unseren, die uns nun denselben Anblick bietet wie etwa der Spiralnebel der Andromeda von der Erde aus.

Wir erkennen, daß die fernen Spiralnebel Funkenheere von Milliarden Sonnen sind – und gewahren, daß, wie die Sonnen unserer heimatlichen Milchstraße sich zu Sternenvölkerschaften und diese zu einer *Sternenheit* vereinen, diese Sternenheiten wiederum sich zu Millionen im Raum vereinen – zur Allheit einer *Welteninsel.*

Schon die Astronomen *Herschel,* Vater und Sohn (1738–1822; 1792–1871), ahnten das Vorhandensein eines ›Inseluniversums‹ oder einer Universumsinsel von unvorstellbaren Ausmaßen. Wenn wir uns immer weiter in den All-Ozean des Raumes hinausschwingen, bis die dunklen Wogen eines größeren sternenleeren Überraumes uns entgegenbranden, gewahren wir, daß in der Tat unsere heimatliche Milchstraße nur *eine* unter Milliarden ist und daß sie alle sich zu einer abermals größeren Einheit zusammenfügen, die man als *Welteninsel* bezeichnen kann.

Auch *Kant* hatte hinter der bisher größten kosmischen Einheit, der Milchstraße, größere Einheiten geschaut und in dieser Reihe nach oben kein Ende gefunden, sondern nur den »Abgrund einer wahren Unermeßlichkeit« – ein Reich, unendlich, ohne Grenzen ...

In dieser Welteninsel beträgt der Abstand zwischen zwei Galaxien durchschnittlich 2 Millionen Lichtjahre. Doch sind wahrscheinlich auch die weiten Räume, die die Galaxien voneinander trennen, nicht völlig sternenleer. Sie mögen von Einzelsonnen durchschwärmt werden, die sich aus dem Verband ihrer heimatlichen Spiralnebel herausgelöst haben und eigene Bahnen verfolgen ...

Zudem dehnen sich in weitem Umkreis um die einzelnen Galaxien kosmische Gasnebel und dunkle Wolken von gewaltigen Ausmaßen, die bei zunehmendem Abstand vom jeweiligen Spiralnebel immer lockerer, materieloser werden und allmählich in den fast leeren Allraum übergehen.

Nach Eddington findet sich selbst in den verlassensten Zonen des Raumes immer noch etwa »ein Atom in jedem Kubikzentimeter. Es hängt von unserem Gesichtspunkt ab, ob wir das als eine erstaunliche Leere oder als eine noch erstaunlichere Erfülltheit des Raumes betrachten wollen. Schon im interstellaren Raum findet ein Atom keinen Platz, wo es wirklich allein wäre; wohin es auch geht, überall kann es einem Nachbarn zuwinken, der nicht mehr als einen Zentimeter weit entfernt ist.« Für den intergalaktischen Raum gilt ähnliches.

Allerdings bedeutet diese ›Nähe‹ der Atome untereinander im kosmischen Raum im Vergleich zur unglaublichen Kleinheit der Atome in Wirklichkeit eine erschreckende Einsamkeit, wie wir bei der Wanderung durch das Reich der Atome erkennen werden.

*

Machen wir uns die Größenverhältnisse im Reiche unserer Welteninsel durch einen Vergleich klar:

Lassen wir unser heimatliches Milchstraßensystem mit seinem Gesamtdurchmesser einschließlich der kugelförmigen Sternhaufen von 160 000 Lichtjahren auf den Umfang einer mittleren Stadt zusammenschrumpfen! Die einzelnen Sonnenschwärme werden dann zu Häusern, in denen die Sonnen selbst mikroskopisch klein, die Planeten völlig unsichtbar wären.

Die nächsten Galaxien lägen dann in 10–20 km Entfernung und würden sich weiterhin etwa so verteilen wie die kleineren und mittleren Städte in Deutschland. Und diese Verteilung denken wir uns nun gleichmäßig über die ganze Erde, über Land und Meer fortgesetzt, im Stillen Ozean genau so wie in Europa. Trotz dieser Verkleinerung vermöchten wir die zu unserer *Welteninsel* gehörenden Milchstraßen-Sternstädte nicht auf der Erde unterzubringen, sondern brauchten dazu einen Raum, der mehr als die Hälfte der Mondbahn umspannt.

Oder: Wenn wir den heimatlichen Milchstraßen-Kern mit 100 000 Lichtjahren Durchmesser vergleichsweise auf einen Meter reduzierten, dann würde der etwa gleichgroße Andromeda-Spiralnebel 20 Meter entfernt seine Bahn verfolgen. In ähnlichen Abständen bewegen sich die anderen Galaxien. Die fernsten Galaxien unserer Welteninsel würden in diesem Maßstab in Entfernungen von Millionen km von uns forteilen ...

Vergegenwärtigen wir uns nochmals: Wie Milliarden Sonnensysteme eine galaktische Sternenheit bilden, so sehen wir ebenso viele Milliarden Galaxien sich zur Allheit einer Welteninsel mit mehr als hundert Trillionen Sonnen vereinen ...

Diese Welteninsel ist nicht unendlich, sondern gleicht einer gigantischen Kugel mit einem geschätzten Durchmesser von 500 bis 900 Milliarden Lichtjahren. Innerhalb dieses Raumes sind die einzelnen Galaxien in ewiger Bewegung, einander bald näher, bald ferner rückend.

... Äonenlang müßten wir, wenn wir diese Welteninsel verlassen, die pfadlosen All-Ozeane durchsegeln, ehe wir in weiter Ferne aus den Wogen die Küste einer anderen Welteninsel matt leuchtend emportauchen sehen würden ...

... Vereinen sich in der All-Unermeßlichkeit Millionen solcher Welteninseln zu abermals größeren Einheiten, zu Systemen von Meta-Universen, die ihrerseits durch noch gewaltigere kosmische Weiten voneinander getrennt sind?

Bevor wir uns an die Lösung dieser Frage wagen, wollen wir die Unendlichkeit einer Welteninsel begreifen lernen.

Fremde Galaxien

Heute wissen wir, daß unsere heimatliche Milchstraße nichts als eine Galaxis unter Milliarden Galaxien im All ist. Aus kosmischer Ferne zeigt sie das Bild eines Spiralnebels. Die Spirale enthüllt sich uns mehr und mehr als Sinnbild des All-Lebens, das immer wieder in sich selbst zurückkehrt. Sie ist auch das Sinnbild des Weltenwanderers Seele, die sich in ansteigendem Kreislauf – in den alten Religionen durch das kreisende Feuerrad der Swastika dargestellt – von Welt zu Welt höher entwickelt, bis ihre Bahn im Herzen der Gottheit endet ...

In mittleren Fernrohren bleiben die meisten Galaxien winzige stern- oder nebelähnliche Pünktchen. Erst in den Riesenteleskopen entpuppen sie sich als gewaltige Spiralnebel, die scheinbar wahllos über alle Bezirke des Kosmos verstreut scheinen. Sie zeigen sich uns teils von der Seite oder Kante, teils von ›oben‹ oder von ›unten‹, wenn diese Begriffe auch im Kosmos nichts mehr besagen.

Die Spektralanalyse des Lichts der fremden Galaxien zeigt, daß wir es hier mit selbständigen kosmischen Gebilden zu tun haben, die, Millionen bis Milliarden von Lichtjahren entfernt, gewaltige Ballungen von Sternscharen wie unsere heimatliche Milchstraße sind.

Der Name ›Spiral-*Nebel*‹ ist eigentlich irreführend, wenngleich sich natürlich auch durch jene Sternenheiten ebenso zahlreiche leuchtende und dunkle Gas- und kosmische Staubnebel hindurchziehen wie durch unsere heimatliche Milchstraße. Auch alle übrigen Gebilde, denen wir hier begegnen, finden wir in den kosmischen Sonnen-Armeen der Spiralnebel wieder. Vor allem die in ihnen reichlich vorkommenden veränderlichen Sterne und Novae ermöglichten die Berechnung ihrer Größen, Entfernungen und Bewegungen.

Alle Galaxien zeigen sich auch in Form, Abplattung und Rotation unserer Milchstraße verwandt.

Wenn wir vor einem sich drehenden Karussell stehen, bewegt sich auf der einen Seite die Karussellscheibe von uns *fort*, auf der anderen Seite zu uns *hin*. An dieses Bild müssen wir denken, wenn wir hören, daß die spektroskopische Nachprüfung der Umdrehungsgeschwindigkeiten der Spiralnebel ergab, daß, während die Außenpartien der kreisenden Sternenräder auf der einen Seite mit Geschwindigkeiten zwischen 200 und 600 km in der Sekunde auf uns zujagen, die Sternnebelmassen auf der anderen Seite des Feuerrades mit gleichen Geschwindigkeiten von uns forteilen . . .

Obwohl die Rotation der meisten Galaxien eine unvorstellbar gewaltige ist, dauert es trotzdem zwischen 100 und 400 Millionen Jahre, bis sie eine Umdrehung um ihr Zentrum vollzogen haben.

Zu dieser Kreisbewegung kommt ihre Fortbewegung durch die Räume des Alls, auf die noch einzugehen ist.

Insgesamt sehen wir ferne und fernste Galaxien in den verschiedensten Größen, Formen und Entwicklungsstadien. Wir unterscheiden hier

1) spiralförmige Galaxien mit zumeist mehreren Spiralarmen, die die Gesamtbewegung deutlich machen. In ihnen finden sich junge und alte Sterne in buntem Gemisch;

2) elliptische Galaxien, deren abgeflachte Linsenformen wie zwei mit den Rändern aufeinandergelegte Teller aussehen; sie zeichnen sich durch eine Vielzahl roter Sterne aus;

3) Balken-Galaxien, deren Zentralpartie Hantelform mit zwei verdickten Enden aufweist, von denen jeweils eigene Spiralarme ausstrahlen;

4) formlose Galaxien, die durch ihre vielen blauen Sterne, stark strahlenden Gas- und Staubwolken, die zum Teil erst zu Sonnen gerinnen sollen, zeigen, daß sie zu den jüngeren Galaxien gehören.

Schließlich finden sich unter den fernsten Galaxien am Rande der Welteninsel radiostrahlende Supergalaxien, bei denen man noch nicht weiß, ob sie am Anfang oder am Ende der galaktischen Evolutionsreihe stehen.

*

Wie es Doppelsonnen und Mehrsonnenreiche gibt, so gibt es auch Doppelgalaxien und Spiralnebelschwärme, die zum Teil durch unsichtbare Gasnebelwolken miteinander verbunden sind und vielleicht auch gemeinsame Kraftfeldzentren umkreisen.

Es gibt Gruppen, die Hunderte und Tausende von Galaxien umfassen, so daß im Fernrohr Hunderte von ihnen sich auf einem Gebiet von der scheinbaren Größe der Vollmondscheibe zusammenzudrängen scheinen, wobei man bedenken muß, daß jeder derartige Galaxienschwarm Durchmesser von hundert Millionen Lichtjahren aufweist ...

Besonders zahlreich sehen wir sie an den Polen der Milchstraße, weil hier die Sicht in die Tiefen des Raumes günstiger ist, als wenn wir durch die ganze Breite unserer Milchstraße mit ihren vielen Gas- und Staubnebeln hindurchblicken.

Der Durchmesser der einzelnen Galaxien liegt zwischen 50 000 und 150 000 Lichtjahren. Da andere Galaxien offenbar ebenso wie unsere Milchstraße von kugelförmigen Sternhaufen umlagert sind, dürften ihre Gesamtdurchmesser noch wesentlich größer sein.

Ein Beispiel bietet der schon mit bloßem Auge als Lichtwölkchen erkennbare *Andromeda-Nebel*, den der persische Astronom Al Sufi um 900 nach Chr. in seiner Sternliste noch als Fixstern aufführte. Nach den ersten Feststellungen errechnete man einen Durchmesser von etwa 50 000 Lichtjahren. Heute weiß man, daß er wesentlich größer ist. Messungen des Himmelshintergrundes in der Nähe der Andromeda-Galaxis zeigen, daß weniger lichtstarke Nebelmassen, also feiner verteilte Sonnenschwärme, sich noch in beträchtlich weiterer Entfernung vom Spiralnebelmittelpunkt ausdehnen und daß der Gesamtdurchmesser der Andromeda-Galaxis mindestens 130 000 Lichtjahre beträgt.

Sie ist von uns etwa 2 Millionen Lichtjahre entfernt, was bedeutet, daß wir diese Milchstraße heute so sehen, wie sie vor 2 Millionen Jahren aussah. Dabei sehen wir dieses kreisende Riesenrad aus vielleicht 150 Milliarden Sonnenreichen mehr von der Seite. Vom hellen Kern zweigen sieben sternenreiche Arme seitwärts ab.

In der Nähe der Andromeda-Galaxis sehen wir zwei scheinbar nahe elliptische Galaxien, bei denen es sich aber in Wirklichkeit um gleich große weit hinter ihr liegende fremde Galaxien handelt.

Für den, der die Andromeda-Galaxis zum ersten Male im

Fernrohr oder in einer vergrößerten Wiedergabe erblickt, ist die Begegnung mit dieser mächtigen Nachbar-Sternenheit ein unvergeßliches Erlebnis. Besonders der Blick auf die in zahllose Sonnenschwärme aufgespalten erscheinende südliche Region dieser Galaxis – vergleiche die Bildtafeln nach Seite 134 – zeigt, wie sich die Sonnenschwärme bei starker Vergrößerung als gewaltige Armeen aus Millionen strahlenden Sonnen entpuppen.

*

Im Gegensatz zum Andromeda-Nebel sehen wir den Spiralnebel in den ›Jagdhunden‹* gewissermaßen von ›oben‹: Infolgedessen enthüllt sich hier die mehrarmige Sternspirale und ihre Rotation so deutlich, daß man meinen könnte, die Gottheit habe uns diesen Anblick geschenkt, um uns die Gewinnung immer vollkommenerer Vorstellungen vom Aufbau des Universums zu erleichtern.

Wieder einen anderen Anblick bietet ein Spiralnebel von der *Kante*, wie ihn beispielsweise der Spiralnebel im Pegasus – vergl. die Bildtafel nach Seite 134 – zeigt. So ähnlich würde unser eigenes Milchstraßensystem sich einem kosmischen Betrachter darbieten, der es nicht wie beim Spiralnebel in den ›Jagdhunden‹ von oben oder schräg von oben wie bei der Andromeda-Galaxis, sondern von der Seite her betrachtet. Bei dieser Stellung tritt der linsen- oder radförmige Charakter der rotierenden Galaxien am deutlichsten in Erscheinung.

Doch genug der Einzelheiten. Bisher haben Teleskop und Himmelsphotographie einige Milliarden Galaxien sichtbar gemacht, mit denen aber erst ein Teil unserer Welteninsel erfaßt ist.

Daß Galaxien auf ihrer Bahn durch das All einander nahekommen und zusammengeraten, kommt häufiger vor. Aber

* Eine Wiedergabe dieses Spiralnebels finden wir auf der Bildtafel nach Seite 134.

von einem ‹*Zusammenstoß*‹ kann dabei keine Rede sein. Ihre Sternenmassen können einander passieren, ohne daß sich dabei zwei Sonnen berühren. Denn bei aller Sternenfülle ist die Verteilung der Materie in den Galaxien – wie wir von unserer Milchstraße wissen – doch äußerst locker.

Wenn zwei Galaxien sich aus verschiedenen Richtungen einander nähern und sich im Laufe von Jahrmillionen gegenseitig durchdringen, geraten nur Gas- und Nebelmassen bei der Berührung in turbulente Bewegung, was sich durch Aufglühen, erhöhte Helligkeit und starke Radio-Strahlung äußert. Für die Galaxis bedeutet das unter Umständen einen entsprechenden Materieverlust, weil die stärker bewegten Gasmassen sich von den weiterziehenden Galaxien lösen. Viele Sonnen beider Galaxien können dabei langdauernde energetische Impulse erhalten, die die Sonnentätigkeit auf Jahrhunderttausende hinaus steigern. Auf ihren etwaigen Planeten werden sich diese Einflüsse nur als langwährende Änderungen in den Strahlungs-, Licht- und Temperatur-Verhältnissen bemerkbar machen.

Man geht heute davon aus, daß sich innerhalb unserer Welteninsel im Laufe der Jahrmilliarden neue Galaxien bilden. Aber davon spüren wir nichts, zumal für uns kurzlebige Wesen das turbulente Dahineilen der Galaxien unwahrnehmbar bleibt. Ein Menschenleben ist zu kurz, um Bewegungen im All zu erkennen.

Wir sahen bereits, daß die ganze Geschichte des irdischen Lebens von 2 Milliarden Jahren nur wenig mehr als acht Milchstraßentage umspannt. Und wie viele zehn- oder hunderttausend galaktische Tage mögen vor dieser Zeit liegen – und wie viele liegen noch im Schoße der Zukunft . . .

Nur wer galaktisch zu denken lernt, gewinnt ein Gespür für die Größe, den Aufbau und die Bewegung unserer Welteninsel mit ihren Milliarden galaktischen Reichen . . .

. . . Und wie viele solcher Welteninseln mag es im Energieozean des Universums geben, die, wenn wir unsere Welteninsel auf die Größe von Helgoland uns verkleinert vorstellen, von ihren Nachbarwelteninseln so weit entfernt sein mag wie Nord- und Südpol der Erde . . .

. . . Dabei mögen die Welteninseln, wie wir sahen, ihrerseits nur Moleküle in einer Zelle eines Meta-Organismus in einer Überwelt bilden . . .

Um solche Zusammenhänge zu erfassen, reicht galaktisches Denken nicht mehr aus; dazu bedarf es der Erleuchtung durch das weit umfassendere kosmische Bewußtsein, das selbst wiederum nur ein Strahl und eine Vorstufe des göttlichen Bewußtseins ist . . .

Weitere Fragen . . .

Durch das *optische Fenster* nehmen wir, wie wir sahen, nur einen kleinen Teil des Wellenbandes wahr. Das *Radio-Fenster*, das sechsmal so breit ist, erschließt uns einen weit größeren Teil des für uns unsichtbaren Wellenbereichs. Heute wissen wir, daß der Kosmos voller Radiogeräusche ist, die von Sonnen, Nebeln, pulsierenden Sternen, Novae, Supernovae und fernen Galaxien kommen.

Eine der erregendsten Entdeckungen unserer Zeit sind die ›quasistellaren Objekte‹ (QSO) mit ihrer starken Radiostrahlung, kurz *Quasars* genannt.

Nach der auffallenden Rotverschiebung in ihren Spektren sind sie Milliarden von Lichtjahren von uns entfernt und bewegen sich mit bis zu halber Lichtgeschwindigkeit von uns weg.

Ob diese ungeheuren Energiequellen strahlende Gaswolken von galaktischen Ausmaßen sind oder neuentstehende Galaxien, worauf ihre unregelmäßige Gestalt hindeutet, und welche energetischen Prozesse in ihnen ablaufen, ist noch unbekannt. Sie besitzen offenbar millionenfache Sonnenmasse. Ihr Licht ist hunderttausendmal heller als der einer Supernova ...

... Vielleicht handelt es sich in manchen dieser Quasars um den schon erwähnten Fall der gegenseitigen Durchdringung zweier Galaxien und um die Entflammung ihrer Gaswolken bis zu vielen Millionen Grad, wie das bei der starken Radioquelle im ›Schwan‹ der Fall zu sein scheint, die die starken Radiogeräusche auslösen.

Bemerkenswert ist, daß einzelne Quasare anscheinend mehr als 10 Milliarden Lichtjahre entfernt sind. Ihr Licht wäre dann zu einer Zeit ausgestrahlt worden, als unsere Erde noch eine Gaswolke war oder gerade feste Form angenommen hatte. Die Frage bleibt offen, ob die betreffenden Quasare heute noch in gleicher Weise leuchten ...

*

Die letztere Frage hängt mit der nach der *Lebensdauer der Galaxien* zusammen.

Wir wissen, daß, wie Erde und Sonne, auch unsere Milchstraße nicht ewig ist. Auch sie hat, wie alle Galaxien, einen Anfang und ein Ende, über das aber ebensowenig etwas Sicheres ausgesagt werden kann wie über das Werden und Vergehen der Welteninseln.

Wir können nur vermuten, daß auch die Welteninseln, wenngleich ihres Lebens Länge die des menschlichen trillionenfach übersteigt, dem Gesetz unterworfen sind, nach welchem das, was entstanden ist, wieder vergehen muß, um in neuen Gestaltungen vollkommener zu sich selbst zu erwachen – bis alle Welten-Träume vom Werden und Entwerden enden ...

Früher wurde die thermodynamische Theorie vertreten, die vom schließlichen Kältetod des Universums sprach – der eintreten müsse, wenn der Wärmevorrat aller Sonnen und Galaxien erschöpft sei. Dieser Friedhof-Hypothese treten begründetere Ansichten entgegen – unter ihnen jene vom unaufhörlichen Kommen und Gehen der Welten, die uns noch beschäftigen wird.

Die neuen kosmogenetischen Auffassungen sehen im Universum keinen toten Mechanismus, sondern einen *lebendigen Organismus*, der nicht wie ein Uhrwerk abläuft und schließlich stillsteht, sondern nach seinem Entwerden und Erlöschen aufs neue ersteht und durch andere Ewigkeiten fortlebt ...

Es ist, wie der Astronom M. W. Mayer einmal schrieb, »ein ewiges Wogen von Geburt zu Grab dort oben am ehernen Himmelsgewölbe ebenso wie hier unten auf der kleinen Scholle Erdreich, die uns durch das Universum trägt. Es gibt nichts Beständiges und dennoch auch nichts absolut Vergängliches. Auch die Sterne sterben zwar wie wir, aber sie auferstehen wieder nach ihrem ›Tode‹. Das wissen wir von ihnen mit Sicherheit, denn kein Atom kann verschwinden aus dem Weltgetriebe.« Er schließt mit dem Satz: »Und unser Geist sollte verschwinden können?«

Nein, tief innerlich wissen wir, daß das endlose Kommen und Gehen der Welten unser Innerstes nicht berührt. Wir erkennen uns als so zeitlos-ewig wie der Weltengeist. Und wir fühlen, daß das Leben selbst vom Untergang der Welten nicht betroffen wird. Die Resultate seines Wirkens bleiben erhalten und kommen ihm zugute, wenn es auf neuentstehenden Welten die Fäden des ewig sich erneuernden und vollendenden Seins abermals aufnimmt.

In Wahrheit geht im Reich der Sterne wie in dem der Wesen nichts verloren. Alles ersteht in neuen Gestalten zu neuem Daseinsspiel – bis es den Kreislauf des Lebens, erlöst und durchgottet, verläßt und sich mit dem Herzen des Alls vereint, in dem weder Wechsel noch Wandel ist.

Für uns aber ist die *Zeit* vorerst noch eines der ungelösten Rätsel des Universums, weil die relativ langsame Ausbreitung des Lichts zur Folge hat, daß der bestirnte Himmel über uns in Wahrheit ein zeitliches Durcheinander zeigt:

Wir erkannten bereits, daß wir den Stern Alpha im Centauren so sehen, wie er vor 4 Jahren aussah, andere Sonnen, wie sie vor 30, 300, 3000, vor 15 000, ja vor 100 000 Jahren aussahen. Von fernen Spiralnebeln empfangen wir Sehbilder, die 2, 50, 1000 und mehr Millionen Jahre zurückliegen bzw. vor so vielen Jahren von ihnen ausgestrahlt worden waren ...

Je weiter die Sterne und Galaxien von uns entfernt sind, desto tiefer blicken wir in ihre *Vergangenheit* zurück, statt auf ihre Gegenwart, und desto mehr werden wir zu spätgeborenen Zeugen längst versunkener kosmischer Entwicklungsepochen ...

... Auch die Orte, an denen wir die einzelnen Sonnen und Galaxien erblicken, sind nicht jene, an denen sie sich heute befinden. Denn in den Jahrtausenden und Jahrmillionen und noch weit größeren Zeiträumen, in denen ihr Licht zu uns unterwegs war, haben sie ihren Platz ebenso wie ihre Form gewechselt.

Manche Sonnen, die uns heute von fernher leuchten, mögen schon vor Äonen erloschen sein, eilten vielleicht schon als dunkle Sonnen durch den Raum, als Buddha oder Christus über die Erde wandelten ... Aber immer noch leuchten sie und werden kommenden Generationen leuchten, bis der letzte vor zehn- oder hunderttausend Jahren ausgesandte Lichtstrahl die Erde erreicht und hinter ihr in die Unendlichkeit weitereilt ...

... In jenen künftigen Zeiten werden die irdischen Astronomen das Erlöschen einer Sonne registrieren, die in Wirklichkeit schon seit hunderttausend Jahren ohne Licht und Wärme war ...

... Andererseits mögen unzählige Sterne durch das All

eilen, die uns noch nicht leuchten, weil der Lichtstrahl seit dem Tage ihres Aufflammens noch nicht die Räume bis zu uns hin überbrückt hat.

Achtmal in einer Sekunde könnte das Licht um unsere Erde rasen, so groß ist seine Geschwindigkeit. Aber schon im Verkehr zwischen den Galaxien gleicht es einer Wegschnekke, die den asiatischen Kontinent durchquert. Und im Verkehr zwischen den Welteninseln würde es versagen. Dort gilt selbst für das Licht das Wort des Dichters:

»Steh! Du segelst umsonst! – Vor dir Unendlichkeit!
Steh! Du segelst umsonst! – Pilger, auch hinter dir!
Senke nieder, Adlergedank', dein Gefieder!«

*

Machen wir uns, um dem *Geheimnis der Zeit* nachzuspüren, noch ein weiteres klar:

Wenn ein Bewohner eines Sterns am anderen Ende unserer Welteninsel sich unserem Sonnensystem mit der Überlichtgeschwindigkeit des Gedankens nähern würde und wenn er unterwegs alle Vorgänge auf der Erde wahrnehmen könnte, dann würde dieses Wesen bei seiner Annäherung wie in einem Film sehen, wie die Erde als glutflüssiger Feuerball vielmillionenmal um die Sonne rast, dabei zusehends abkühlt, eine feste Kruste bildet, auf der sich der den Erdball einhüllende Wasserdampf als Meer niederschlägt . . .

. . . Es würde weiter gewahren, wie aus dem Urmeer der Erde das Leben aufsteigt, sich in rasender Schnelle wandelt und tausendfach teilt, bis schließlich im letzten Augenblick der Erdenentwicklung der *Mensch* erscheint, sich aus dem Zustand des Wilden im Bruchteil einer Sekunde zu seiner heutigen Stufe emporentwickelt und das Gesicht der Erde verwandelt . . . – in diesem Augenblick wäre der kosmische

Besucher bereits auf der Erde angelangt und würde nun erstaunt feststellen, wie unendlich *langsam* in Wirklichkeit die Entwicklung auf der Erde sich vollzieht, förmlich dahinkriecht ... Und er würde einsehen, daß die *Zeit* eine Schranke ist, über die sich nur der göttliche Geist erhebt ...

Auch diese Überlegung bringt uns zum Bewußtsein, wie sehr unser Weltbild von unserem Zeitbewußtsein und unserem Zeitmaß abhängt.

Würde sich die Zeitebene ändern, in der wir Menschen uns bewegen, wäre das Gesicht der Welt, die wir erblicken, ein völlig anderes. Den Wesen der einen Zeitebene mag die Welt einer anderen Zeitdimension nicht mehr sein als ein Traum. Dennoch ist die eine Welt so ›wirklich‹ wie die andere.

Schon das Zeitmaß unserer *Träume* weicht von dem unseres Wachbewußtseins beträchtlich ab: Wir können im Traum ein ganzes Menschenleben mit seiner Fülle an Erlebnissen und Erfahrungen in Augenblicken durchschreiten. Während für unseren Körper eine Minute verging, durcheilte unsere Seele ein Jahrzehnt oder ein halbes Jahrhundert. Ein Leben von 70 Jahren wiederum mag für unsere Seele ein einziger Traum-Augenblick sein, der beim Ablegen des Körperkleides endet, um anderen Daseinsträumen zu weichen.

Könnten wir die so fest und unbeweglich erscheinende *Materie* unseres Planeten in einer anderen Zeitdimension mit mikrokosmischen Sinnen sehen, würde sich der dichte Stoff in ein Gestöber kreisender Atomsonnenwelten und Milchstraßenmoleküle auflösen. Da aber unsere Zeitdimension eine andere ist als die der atomaren Welt, sehen wir nicht die Bewegung der Atome und Moleküle, vielmehr rasen sie mit solcher Geschwindigkeit und in solchen Massen umher, daß wir ihre Bewegungen als – unbewegte Materie wahrnehmen.

Dem Philosophen erscheint es als eines der vielen seltsamen Wunder unseres an Unbegreiflichkeiten reichen Daseins, daß er diesen Tanz der Atome und Moleküle nicht als solchen, sondern als unbewegten Stoff wahrnimmt, durch den statt des Spiels der Moleküle etwas anderes hindurchleuchtet: das Geheimnis des Lebens, die Welt der Seele, die durch das Reich des Stoffs gewoben scheint wie Goldfäden durch ein Prachtgewand, und daß seine Intuition hinter dieser Welt der Seele ein abermals höheres Reich ertastet, in dem sich Vergänglichkeit und Unendlichkeit, Augenblick und Ewigkeit, Leib, Seele und Geist berühren.

Auch mit dieser Überlegung berühren wir das Geheimnis der Zeit.

Könnten wir uns auf eine nächsthöhere Zeitebene hinaufheben, was einer Zeitverdichtung von Jahrmillionen zu Sekunden gleichkäme, dann würde sich alles um uns so rasend schnell wandeln, daß wir es nicht mehr sähen: Die Dinge unserer irdischen Umgebung würden zu einem Nebelmeer verschwimmen. Statt der Wandlungen der Lebensformen, die für uns unsichtbar blieben, würden wir das Atmen der Erde gewahren, das Sicherheben und Zurücksinken der Berge, Länder, Kontinente, die Wandlung der Ozeane – und würden dafür die Sterne am Himmel in wirrem Spiel umeinanderjagen sehen . . .

Vermöchten wir, diese Zeitebene überspringend, eine abermals höhere Zeitdimension zu berühren, würde das wilde Kreisen der Sterne und Galaxien sich so unvorstellbar beschleunigen, daß wir es nicht mehr wahrnähmen, sondern statt der sternenerfüllten kosmischen Räume den festen Stoff einer metakosmischen Großwelt schauen . . .

Bei diesen Überlegungen war es mir, als flüstere mir ein Geistwesen zu, daß wir Menschen, was die Zeit anlangt, körperlich nur zweidimensionale, geistig dreidimensionale Wesen seien: Physisch existiert für uns nur die *Zeit-Linie*, der wir geduldig folgen, während unsere Seele in der *Zeit-Fläche* lebt, in der Hier und Dort, Vorher und Nachher im allgegenwärtigen Jetzt zusammenlaufen . . .

. . . Und es fügte hinzu, daß es mir kaum gelingen werde, mir das Leben eines Wesens vorzustellen, für das die Potenz der Zeit, der *Zeit-Kubus*, der Zeit-*Raum* die Lebensgrundlage bildet . . .

In der Tat liegt hier die Tragik unserer Raum- und Zeitgebundenheit: Was unserer Zeitebene nicht entspricht, sehen wir nicht, oder es erzeugt in unserem Bewußtsein Täuschungen entsprechend der der Materie, die doch in Wahrheit nichts als bewegter Geist ist.

So mag es vieles geben, was anderen Zeitdimensionen angehört und darum für uns unwahrnehmbar bleibt, und andererseits mag manches, was uns im Leben und Schicksal noch unverständlich scheint, Wirkung sein aus anderen Zeitebenen in die unsere . . .

Erfaßt haben diese Zusammenhänge auf unserem Planeten wohl nur die großen Weltenlehrer und ein Teil der Astromanten.

DAS WELTENGEBÄUDE
(Vom inneren Aufbau des Kosmos)

»Die Frage, ob das Weltall einen unverlierbaren Sinn habe, wird bejaht von einem Gemüt, in dem Religiosität lebendig ist: Vertrauen zum Wesen und Urgrund des Alls.« *Bruno Wille*

»Im hiesigen Dasein entspringen alle Wesen der Erde und kehren zu ihr zurück. – Ich aber will dich durch die Pforte der Ewigkeit ins Allreich der Unendlichkeit geleiten. Denn mein Licht ist das Licht der Sterne, und mein Leben ist das Leben von Himmel und Erde.« *Tschuang Tse*

Mit dem bisher Durchwanderten haben wir von der Unermeßlichkeit des Alls erst einen kleinen Bezirk durchmessen.

Unergründlich scheint der Himmelsraum und unendlich der Welten Zahl. Angesichts der Unabsehbarkeit des Raumes und der Unbegrenzbarkeit der Zeit kommen wir uns, gleich Newton, »wie ein Knabe vor, der am Strande des Meeres mit Sand, Wasser und Muscheln spielt, während der Ozean der Wahrheit noch unerforscht vor seinen Blicken liegt.«

Es hat zwar nicht an Stimmen gefehlt, die die Unendlichkeit des Weltenraumes eine relative nannten. Es gibt eine Richtung unter den Astronomen, die dazu neigt, das Weltall als einen endlichen, in sich geschlossenen Raum zu erklären, innerhalb dessen man, wenn man nur lange genug geradeaus eilen könnte, wie auf einer Riesenkugel an seinen Ausgangspunkt zurückgelangen würde.

Wenn dem so wäre, müßte das Licht fernster Nebel, das uns von einer bestimmten Gegend des Raumes entgegenleuchtet, auch von der entgegengesetzten Seite des Alls zu uns, wenn auch schwächer, herschießen. Ein derartiges Phänomen konnte bis heute nicht beobachtet werden.

Praktisch können wir uns nichts Endliches vorstellen, jenseits dessen es nichts mehr gibt – etwa eine Riesenkugel ohne greifbare Hülle. An sich ist jedes Himmelssystem ›endlich‹ und meßbar, und wahrscheinlich ist das kosmische Kraftfeld unserer Welteninsel in sich geschlossen. Aber es ist mit seinen Trillionen Himmelskörpern nur *eine* Allheit unter ungezählten. Das geschlossene Universum der Weltendlichkeitsanhänger ist also dem gleichzusetzen, was wir als allseitig vom Ozean des Raumes umschlossene Welteninsel kennenlernten.

Von dieser unserer Welteninsel übersehen wir mit den heutigen Riesenteleskopen nur einen Teil, der etwa dem Umfang eines Kerns innerhalb eines großen Kürbis verglichen werden könnte. Im Laufe der Zeit werden wir mit vollkommeneren Hilfsmitteln vielleicht das Zehnfache unsres ›Kern‹-Bezirks überblicken – aber darüber hinaus werden wir, solange das Licht unser einziger Helfer bleibt, kaum dringen, da es jenseits dieses Bezirks auf seinem Wege zu uns für uns unsichtbar wird ...

Schon *Kant* ahnte das, als er schrieb:

»Wenn schon die Größe unseres Sonnensystems, in dem die Erde kaum als ein Sandkorn bemerkt wird, den Verstand in Verwunderung versetzt, wieviel entzückter ist man, wenn man die unendliche Menge Welten und Systeme ansieht, die die Milchstraße erfüllen. Allein wie vermehrt sich dieses Erstaunen, wenn man gewahr wird, daß alle diese unermeßlichen Sternen-Ordnungen wieder die Einheit von einer Zahl bilden, deren Ende wir nicht wissen und die vielleicht ebenso wie jene unbegreiflich groß und doch selbst wiederum nur die Einheit einer neuen Zahlenverbindung ist. Wir sehen die ersten Glieder eines fortschreitenden Verhältnisses von Welten und Systemen – und dieser erste Teil schon gibt uns zu erkennen, was man von dem Ganzen vermuten soll. *Es ist hier kein Ende, sondern ein Abgrund einer wahren Unermeßlichkeit.* Die Weisheit, die Güte, die Macht, die sich hier offenbart, ist unendlich und in eben dem Maße fruchtbar und geschäftig; der Plan ihrer Offenbarung muß daher ebenso wie sie selbst unendlich und ohne Grenzen sein.«

Wir haben in der Tat keinen Grund, dorthin, wo unser Seh- und Vorstellungsvermögen seine Grenze erreicht, das Ende der Welt zu setzen.

Der Gedanke, daß Millionen oder Milliarden solcher Welteninseln, von denen wir nicht einmal unsere eigene ganz auszumessen vermögen, sich zu Meta-Kosmen mit Durchmessern von Trillionen von Lichtjahren vereinen, und daß auch diese keineswegs das Letzte sind, lehrt uns Bescheidenheit – jene Bescheidenheit, die Astronomen und Astromanten gleichermaßen die Frucht wirklicher Erkenntnis nennen.

Um ein Bild vom inneren Aufbau des Weltgebäudes zu gewinnen, brauchen wir ein Vehikel, das uns vielmillionenmal schneller trägt als das Licht, um die kosmischen Räume zu überbrücken, die sich vom einen Ende unserer Welteninsel bis zum anderen Rand dehnen und bis zu den nächsten Welteninseln weiterreichen.

Verbillionenfachen wir unsere Geschwindigkeit und unsere Größe, gewahren wir, daß die Welteninseln, im Lichte einer höheren Zeitdimension gesehen, nichts sind als der ›Staub des Himmels‹, der sich zu Meta-Kosmen ballt, die sich ihrerseits als die Materie einer hyperkosmischen Großwelt enthüllen mögen, für deren Gewaltigkeit uns das Verstehen fehlt.

Aber eines sehen wir schon jetzt mit dem Astronomen *Henseling* »leuchtender und großartiger vor Augen, als alle die ahnen konnten, deren Weltforschen vor uns nach den Bauplänen des Universums auszog: Die Gestaltung schaffende Kraft im sichtbaren All kennt keine Begrenzung des Maßstabs. Ihre Bildungen mögen den Menschen noch so gigantisch anmuten – sie alle, bis zu den höchsten, die jeweils unser Begreifen faßt, erweisen sich immer wieder als organische Glieder einer noch höheren Ordnung.«

Wir erkennen in dieser gesetzmäßigen Ordnung im Kleinsten wie im Größten, nach oben wie nach unten, das Walten einer allweisen Kraft, der wir bei unserem Vordringen in die Tiefen von Raum und Zeit immer näher kommen. Aber wird es uns je gelingen, ihre letzten Geheimnisse zu enträtseln?

Wohl heißt es: »Ins Inn're der Natur dringt kein erschaff'ner Geist.« Aber ein aus dem Herzen der Gottheit geborener, seiner Allhaftigkeit bewußtgewordener Geist dringt in tausendmal größere Tiefen des Seins hinab als der sinnengebundene Alltagsmensch. Ich spreche hier nochmals von den Astromanten.

Aus der Sicht der Astromanten

Wenden wir uns nochmals der Allschau und Kosmologie der Astromanten zu:

Die Sternweisen Altindiens sahen die Materie anders an als wir heutigen: Sie unterschieden nicht nur die bekannten Aggregatzustände fest, flüssig, gasförmig, sondern sahen hinter dem materiellen Grundstoff, den sie *›Prakriti‹* nannten, einen feineren ätherischen Stoff: *›Prana‹* und dahinter einen höherdimensionalen Aggregatzustand, der *›Manasa‹* genannt wurde.

Die grobe ›Prakriti‹-Materie west, schwebt oder schwimmt gewissermaßen in einem weit umfassenderen Medium (Prana), und dieses wiederum ist umhüllt von einem noch gewaltigeren Meer von Manasa – und so fort.

Auf planetarische Verhältnisse übertragen, würde das etwa bedeuten, daß der sichtbare materielle Erdball in einem unendlich feineren ätherischen Globus schwimmt, dessen

Umkreis bis an die Sonne reicht. Dieser ätherische Globus ist wiederum Zentrum oder Mittelstück eines weit ausgedehnteren Manasa-Globus, dessen Umkreis das ganze Sonnenreich bis zur Plutobahn umfaßt.

Die sichtbare Sonne wäre danach Mittelpunkt einer Prana-Sonne, deren Energie- und Lebensfeld weit über die Plutobahn hinausreicht. Die Prana-Sonne wiederum bewegt sich in einem noch feineren Manasa-Globus, einer ›geistigen Sonne‹, deren Strahlungs- und Wirkungsfeld sich bis zu den benachbarten Sonnen erstreckt, deren Manasa-Kraftfelder zusammen eine die ganze Galaxis umfassende Einheit bilden.

Wir wissen nicht, in wie viele unsichtbare Kosmen das sichtbare All eingebettet ist, wie viele Stufungen vom Grobstofflichen über das Feinätherische bis hinauf zum Geistförmigen und Göttlichen es gibt. Aber wir können uns vorstellen, daß in diesem mehrdimensionalen Universum die einzelnen Planeten-, Sonnen- und galaktischen Reiche nicht voneinander getrennt sind, sondern ineinander übergehen, einander durchdringen und auf mannigfache Weise miteinander korrespondieren, auch wenn uns dies infolge unserer Sinnengebundenheit und geistigen Blindheit nicht bewußt wird. Es bedeutet, daß das Leben der einen Seinsform von dem der anderen Daseinsebenen allseitig berührt und beeinflußt wird.

Die ›manasischen‹ Galaxien würden einander berühren und als Teile der manasischen Welteninsel wie lebendige Zellen in einem Organismus zusammenwirken.

Praktisch würde das bedeuten, daß wir Menschen in Wirklichkeit nicht nur Erden-, sondern zugleich auch Sonnenbewohner und Bürger des Kosmos sind. Aus dieser parakosmischen Sicht des Ineinandergeschachteltseins der einzelnen Seinsbereiche ist uns eine lichtjahrmilliarden entfernte Galaxis innerlich so nah, wie unsere Erde uns körperlich nah ist, also so unmittelbar gegenwärtig wie der Boden, auf dem wir stehen.

Wir leben, so gesehen, nicht nur in der sinnlich wahrnehmbaren Welt, sondern gleichzeitig in unsichtbaren Welten, von denen die sichtbare nur der ›diesseitige Schatten‹ ist, der unserem Sinnesapparat die jenseitigen Lichtwelten verbirgt.

*

Im mikrokosmischen Bereich würden die Dinge der östlichen Paraphysik zufolge ähnlich liegen:

Was wir vom Aufbau der Atome wissen, gilt nur für die physische oder ›Prakriti‹-Ebene. Jedes physische Atom hat seine ätherische Prana-Hülle, durch die es sich mit anderen Atomen berührt. Und jedes Prana-Atom hat eine Manasa-Hülle, durch die es mit den anderen Atomen eine geist-energetische Einheit bildet – und so fort in den meta-mikrokosmischen Bereich hinab.

Ebenso liegt die Parallele zum *Menschen* zur Hand:

Auf der physischen Ebene, der wir durch unser Körperkleid und unser ›Wach‹bewußtsein angehören, sind Mensch und Mensch voneinander getrennt. Auf der höheren Prana-Ebene, die wir durch unser kollektives Unbewußtes berühren, findet eine ständige Kommunikation statt: ein unbewußter Gedanken- und Empfindungsaustausch. Auf der Manasa-Ebene wiederum, die wir mit unserem Überbewußtsein berühren, bilden wir Menschen eine seelische und auf noch höheren spirituellen Ebenen des Allbewußtseins eine geistige Einheit. Von hier aus gesehen ist die Menschheit ein lebendiger Geist-Organismus.

Durch unsere verschiedenen Bewußtseinsschichten sind wir zugleich Angehörige der entsprechenden höherdimensionalen ›Ebenen‹, auch wenn die meisten Menschen höchstens im Traum und Tiefschlaf, einige wenige in der Ekstase die Prana-Ebene, in der meditativen Selbstbesinnung die Manasa-Ebene, in der Kontemplation und Erleuchtung die höheren spirituellen Ebenen des All- und Gott-Bewußtseins berühren.

Schon auf der unteren metaphysischen Ebene entfallen die die physische Prakriti-Welt einengenden Schranken von Raum und Zeit zum Teil, auf den höheren Ebenen zur Gänze. Kosmische Entfernungen schrumpfen hier zu einem Nichts zusammen. Das kontemplierende und erleuchtete Bewußtsein des inneren Menschen erkennt sich – wie das auch die Astromanten zum Teil erfuhren – im ewigen Hier und Jetzt der Gottheit.

Je tiefer der Mensch in sich hineinschreitet, als desto umfassender erweist sich das All in ihm. Aber wie wir heute erst am Anfang der Erforschung der höheren Bewußtseinsebenen des Menschen stehen, so auch erst am Beginn der Erforschung des vieldimensionalen metaphysischen Universums.

Doch schon jetzt erscheint es keineswegs utopisch, daß der Mensch künftig imstande sein werde, die Grenzen von Raum und Zeit, die ihn bislang an die Erde gefesselt hielten, durch rechte Anwendung der Gesetze des metaphysischen Universums zu überschreiten und in neue kosmische Seinsbereiche vorzustoßen.

Anfänge deuten sich an in den Phänomenen der Telepathie, des Hellsehens in Raum und Zeit, der Telekinese, bei der offen ist, ob sie eines Tages den Zugang zu einer künftigen Teleportation kosmischen Ausmaßes bilden wird.

Möge das Gesagte trotz der Unzulänglichkeit dieses Darstellungsversuchs als Denkhilfe dienen. Denn erst wenn die höheren Bewußtseinsschichten im Menschen aus der Latenz erwachen, öffnen sie den Blick in metakosmische Seinsbereiche. Wo gar das Kosmische Bewußtsein erwacht, erschließen sich die Geheimnisse des Parakosmos. Vielleicht wird dann deutlich, wie es kam, daß die altindischen Astronauten schon vor Jahrtausenden Thesen vertraten, die die moderne Astrophysik eben zu ahnen beginnt ...

Nochmals: Dies sind grobsinnliche Deutungsversuche, die die Wirklichkeit unzulänglich umschreiben. Mögen sie trotzdem das Bewußtsein vermitteln, daß auch die höheren Seinsebenen gleich der materiellen Welt dem Gesetz des ›Stirb und Werde‹ folgen. Es gilt weiter zu erkennen, daß, wie die Wesen der Erde nicht ewig dauern, auch die Planeten, Sonnen, Galaxien ihre Riesenbahnen vom Entstehen zum Vergehen durchmessen und *wiederkehren* . . .

Wenn während der meditativen All-Versenkung in Größe und Aufbau unserer Welteninsel die Fähigkeit galaktischen Denkens erwacht (oder ›wiedererweckt‹ wird, da wir unserem innersten Wesen nach allbewußte und zeitlose Wesenheiten sind, unvergängliche Lebenskraftfelder, Geistfunken Gottes), erlangen wir eine Ahnung vom Wesen des weit umfassenderen *Kosmischen Bewußtseins*, wie es, auf unserem Planeten, die großen Mystiker und Erleuchteten der Menschheit erfuhren.

Diese Vollendeten wissen, daß das Kosmische Bewußtsein selbst wiederum nur eine Vorstufe des Göttlichen Bewußtseins ist, des nirwanischen Erlebens der Gottheits-Unmittelbarkeit.

Das wachsende Universum

Eine neue Erweiterung des astronomischen Weltbilds haben wir in der ersten Hälfte dieses Jahrhunderts erlebt durch die Feststellung, daß der Kosmos, in dem wir leben, sich mit rasender Geschwindigkeit *ausdehnt*, daß alle Galaxien sich allseitig voneinander entfernen.

Dabei entsteht der Eindruck, als wäre unsere heimatliche Milchstraße der Ausgangs- und Mittelpunkt dieser Flucht aller Galaxien. Aber auf oder in einer *expandierenden* (nach allen Seiten sich erweiternden, ausdehnenden) *Welteninsel* muß der gleiche Eindruck praktisch in jedem Teil derselben, auf den Sonnen jeder Milchstraße entstehen, die dann als Mittelpunkt empfunden werden.

Hinzu kommt, daß diese ›Flucht der Galaxien‹ in den äußersten Raum sich proportional ihrer Entfernung, also um so rascher vollzieht, je weiter sie von uns entfernt sind.

Die am weitesten abgelegenen Galaxien entfernen sich von uns mit mehr als halber Lichtgeschwindigkeit, wie die zunehmende Verschiebung ihrer Spektren zum langwelligen *Rot* hin deutlich macht. Aus noch größeren Entfernungen – und Vergangenheiten – gibt uns nur noch die Radio-Astronomie Kunde. Die Grenze der Wahrnehmbarkeit liegt dort, wo die Flucht der Spiralnebel die Lichtgeschwindigkeit erreicht . . .

Bemerkenswert ist in diesem Zusammenhang, daß dieses *Wachstum des Universums* schon den Astromanten Altindiens bewußt war. Sie empfanden unsere Welteninsel als ein ständig sich Ausbreitendes – etwa wie einen Riesenballon, der aufgeblasen wird und dessen Umfang ständig wächst, dessen Oberfläche sich allseitig ausdehnt.

Der Bewußtmachung dieser Tatsache mag eine kurze Besinnung dienen, damit uns aufgeht, wie mit dem Weiterhinausschreiten in die Unendlichkeit des Universums das Unbegreifliche zunimmt und neue Rätsel nach Lösung verlangen:

Halten Sie einen Spiegel einem anderen Spiegel entgegen und erspähen Sie über den Spiegelrand hinweg, wie sich der Raum zwischen beiden Spiegeln zu vertausendfachen scheint. Genau so scheint es uns, als dehnten sich die Räume des Alls milliardenfach, während wir sie durcheilen, so daß ihr Ende um so ferner rückt, je rascher wir ihm entgegenrasen . . .

Wir erkennen das Universum mit jedem Innewerden größerer Einheiten fühlbarer als ein sich Entwickelndes, niemals Fertiges, ewiger Vollendung Entgegenreifendes.

Nicht nur wir Menschen, nicht nur Planeten und Sonnen wandeln sich, auch die Galaxien und die Welteninseln sind nichts Endgültiges. Sie offenbaren sich als sich immerfort Wandelnde, sich *Weitende.* Nicht nur die Form, auch die Größe der Welten ist nicht konstant, sondern wandel- und dehnbar.

Wie gesagt, haben die Astromanten der alten Völker diese erregende Erkenntnis schon vor Jahrtausenden vorweggenommen, wenn sie davon sprachen, daß, wenn die Weltengottheit *aus*atmet, Trillionen Galaxien mit Quintillionen Sonnen und Planeten sich allseitig über die Räume des Kosmos breiten und myriadenfaches Leben aus sich entfalten ...

... Nach Jahrbillionen atmet die Gottheit wieder *ein* – und die unendlichen Lichterreihen der Welteninseln verlöschen: ein für menschliches Begreifen unvorstellbar langer Prozeß der Rückverwandlung aller Materie im All zum Geist ...

Mit anderen Worten: Der explosiven Ausdehnung folgt die implosive Schrumpfung, was zeigt, daß das Universum nicht statisch, sondern dynamisch ist. Nach der Lehre der Astromanten wiederholt sich diese ewige *›Pulsation‹*, dieser Vorgang der ›Geburt‹, des Heraustretens der Universen aus dem Geistkraftfeld der Gottheit in die Sichtbarkeit, des zunehmenden Wachstums und der schließlichen Wiederzusammenziehung und Rückkehr aus dem Physischen ins Geistige, immer wieder, endlos, endlos ...

Die heute von vielen Astronomen vertretene Theorie eines *›Ur-Knalls‹* des Weltalls im kosmischen Jahr Null, die bei Rückberechnung der Fluchtbewegung der Galaxien zu einem Zeitpunkt 12 bis 20 Milliarden Jahre vor unserer Zeit gelangt, würde bedeuten, daß zu diesem Zeitpunkt die gesamte Materie unserer Welteninsel – die vorher in einem Urkoloß von unvorstellbarer Dichte zusammengeballt war – von einem Punkte aus explosionsartig nach außen geschleudert wurde ...

Diese Theorie läßt die Frage offen, was *vor* dem Ur-Knall im Alljahr Null war, etwa im Alljahr minus tausend. Die

Astromanten beantworten diese Frage mit der Feststellung, daß sich die Welteninsel vorher zusammengezogen hatte und aus dem physischen Sichtbereich verschwunden war, so wie man Wolken am Himmel sich auflösen und neu erscheinen sieht.

Nach ihnen hat die Fluchtbewegung der Galaxien bereits seit langem abgenommen, wenn auch der Punkt der größten Ausdehnung unserer Welteninsel noch nicht erreicht ist. Es wird noch viele Jahrmilliarden dauern, bis diese Bewegung zum Stillstand kommt.

Damit haben sie zugleich die Frage nach der *Lebensdauer* dieser Welteninsel dahin beantwortet, daß sie ihrem Kraftfeld nach unzerstörbar und ewig ist und nur ihre Formen wechselt. Das heutige Weltall ist nach ihnen nur die Wiederverkörperung eines ihm vorangegangenen – und so immer weiter zurück in endlose Ewigkeiten ...

Dieser Kreislauf der Welteninseln hat seine Entsprechung im Kreislauf der Menschenwesen zwischen Geburt, Leben, Sterben und neuer Geburt, neuem Leben, neuem Tod. Aber wie beim Menschen wohl der Körper vergeht, aber die ›geistige Gestalt‹, das biologische Kraftfeld, bleibt, so überdauert auch beim Universum die ›geistige Gestalt‹ das Werden und Vergehen seiner einzelnen ›Verkörperungen‹.

Damit ist der Fortschritt des Ganzen nicht über Jahrbillionen, sondern scheinbar ewig sichergestellt.

Den Astromanten zufolge dauert die ›All-Nacht‹ mindestens so lange wie der ›All-Tag‹. Der griechische Philosoph *Heraklit* (um 500 vor Chr.), der selbst offenbar Astromant war, nannte dieses »Erscheinen und Verschwinden der Universen, das den regelmäßigen Gezeiten von Ebbe und Flut wie von Leben und Sterben gleicht, das Spiel, das Zeus mit sich selbst spielt ...«, bis sein Atem leiser wird, bis, wie die Bhagavad Gita sagt, »alle Welten, auch die Brahma-Welt, in ihren Ursprung zurückkehren« – ins Absolute, Unerkennbare. »Panta rhei« – alles fließt, alles eilt dahin, verschwindet und kehrt wieder ...

In unserer Zeit hat Karl *Jellinek*, seinerzeit Professor an der Technischen Hochschule in Danzig, in seinem »Weltgeheimnis« (Stuttgart, '22) diesen Sachverhalt als Brücke zwischen kosmischer Schau und naturwissenschaftlicher Erkenntnis treffend wie folgt formuliert:

»Das Schaffen des Logos ist ein periodisches. Zu wiederholten Malen steigt er aus dem Absoluten, der Überzeitlichkeit, in die Stufe der Zeitlichkeit hinab. Wie das Ausgehen einer Menschenseele aus der absoluten Freiheit zu einer *ein*maligen Verkörperung, auf welche wieder Rückkehr in die absolute Freiheit folgte, sinnlos wäre, so wäre auch die Manifestation einer *ein*maligen Welt durch den Logos zwischen zwei Ewigkeiten sinnlos. Auf Perioden der äußeren Schöpfertätigkeit des Logos folgen Perioden der inneren Ruhe (Nirwana); *die Schöpfungen wiederholen sich*, indem eine an die andere durch den Logos und sein Gedächtnis geknüpft ist ...

... Jedesmal, wenn die Gottheit *ausatmet*, schafft der in ihr aufsteigende Gott, der Logos, die Welt; dann steigen in Anknüpfung an die Ideen der früheren Welten und Wesen, die in Gottes Gedächtnis bewahrt sind, aus Gottes Geist die Ideen zu neuen Welten und Wesen in sinnvoller Freiheit in dem Bewußtsein auf, und Gott schafft in einmaliger, nicht wiederholbarer und durch das Vergangene nicht eindeutig vorherbestimmter Weise, also in grundloser Freiheit, die Sternsysteme und ergießt sich in das Wesen der Pflanzen und Tiere, der menschlichen und übermenschlichen Wesen. Es arbeiten dann in allen Wirklichkeitsreichen die verschiedenen Kräfte in ungeheurem Strome zusammen ...

Jede Epoche der Geschichte des anorganischen und organischen Kosmos, der Menschen- und der Übermenschenwelt, ist dann *unmittelbar* zu Gott, ist erfüllt von freiestem göttlichem Leben . . .

. . . Und jedesmal, wenn die höchste Gottheit nach Jahrmilliarden wieder *einatmet*, verschwinden Welt und Gott wieder und ruhen alle unsterblichen Wesen und der Logos im Herzen der höchsten Gottheit. Die höchste Gottheit gibt den Anstoß, daß Gott, der Logos, die Welt von neuem schafft. Die höchste Gottheit bleibt jedoch, wenn auch in Liebe verbunden mit Schöpfer und Schöpfung, erhaben über Schöpfer und Schöpfung in unbewegter Ruhe.«

Vergessen wir bei diesem Blick auf das Werden, Vergehen und Neuerstehen unserer Welteninsel nicht, daß diese nicht mehr als ein Stäubchen im All-Raum ist und daß um sie herum für uns unwahrnehmbare Schwester-Welteninseln kreisen – reicher an Zahl als die Sandkörner am Meeresstrand . . .

Einen Raum nur im All-Gebäude des Lebens bewohnen wir mit den Milchstraßenheeren unserer Welteninsel, in der wir zwar alle das Licht der Welt erblicken, nicht aber alle die Welt des Lichts. Die Schönheiten der anderen Räume und Säle des Allgebäudes können wir darum nur ahnen.

Aber wenn uns hier erneut ein Gefühl der Allverlorenheit ergreifen will, wollen wir uns besinnen, daß unser heutiges Dasein auch nur ein Übergang ist – vielleicht zu einem umfassenderen Bewußt-Werden, das ja in jedem von uns nach seinem Erwachen drängt und uns die Augen öffnen will für die beglückende Wahrheit, daß wir alle als Kinder des Kosmos Weltenwanderer sind und Bürger der Ewigkeit.

An der Grenze der Unendlichkeit

Wenn uns auch der Umfang einer *Welteninsel* von unausmeßbarer Gewaltigkeit erscheint, so wissen wir nun, daß auch sie nicht das Letzte ist, sondern nur ein weiteres Glied in der

Reihe immer größerer Einheiten.

Wagen wir uns auf den All-Ozean hinaus, der unsere Welteninsel von über hundert Milliarden Lichtjahren Durchmesser umbrandet, dann sehen wir nach langer Fahrt aus dunklen Tiefen des Alls die hellen Nebel einer anderen Sterneninsel zu uns herüberschimmern. Und hinter dieser folgen – in jeweiligem Abstand von Billionen Lichtjahren – andere Welteninseln, ohne Ende ...

Mag unser Denken schließlich, müde der immer gleichen Bilder vorüberrasender Welteninseln, erlahmen und innehalten – vor uns dehnen sich neue Unendlichkeiten – und niemand weiß, wo ihre Sternenfülle endet.

Wir sahen bereits, daß es selbst mit Überteleskopen vorerst kaum gelingen wird, den Raum *einer* Sterneninsel zu durchmessen, weil das Licht zu schwach ist, um diese Weiten zu überbrücken. Die zerstreuten Massen tausender Galaxien müßten zu einem einzigen flammenden Feuerball zusammenschießen, damit ihr Licht vom Rande der Welteninsel uns erreichen kann.

Und was sind demgegenüber die Billionen Lichtjahr-Weiten, die Sterneninsel von Sterneninsel trennen? In diesen Räumen herrscht – wenigstens für Menschenaugen – ewige Nacht, und selbst die Lichtermeere der Sterneninseln vermögen diese Reiche der Finsternis nicht zu erhellen ...

... Dort aber, wo selbst das Licht auf seinem Wege erlahmt und erlischt, fängt die Unendlichkeit erst an.

Doch ist eines gewiß: daß wir in allen Fernen des Alls dem gleichen ewigen Fluß der Erscheinungen begegnen, ewiger Bewegung und fortschreitender Höherwandlung. Auf zentillionen Welten sehen wir im Geiste das Leben in millionenmal mehr Gestaltungen, als eine Welteninsel Sonnen zählt, über Myriaden Entwicklungsstufen seiner Selbstverwirklichung entgegenschreiten.

Wühlt diese Erkenntnis, daß auch in den fernsten Tiefen

des Universums denkende Wesen ihre Blicke zum Himmel wenden und dort ihresgleichen suchen, nicht den Grund unserer Seele auf?

Ja, wir spüren überall in den Weiten des Raumes das *Lebendige* und grüßen das uns Verwandte, wenn auch noch Unerreichbare mit jenem *Lied des Lebens*, das so alt ist wie die Menschheit unseres Planeten:

»Wir grüßen das Leben, das, gleich dem keimenden Saatkorn, seine Blüten dem Licht entgegenstreckt und mit den Wurzeln ins Dunkel der Erde greift!

Wir grüßen das Leben, das gleichermaßen in der Mannigfaltigkeit seiner Formen wie im strömenden Fluß seiner Kräfte sich kundtut,

das Leben, das wird und vergeht und immer aufs neue emportaucht – das Leben, das kommt – und das größere Leben, das scheidet!

Wir grüßen das Leben, das vom Lichte des Tages umspült wird,

und jenes, das noch im Verborgenen schlummert!

Wir grüßen das Leben, das, gleich hohen Bergen, in regungslosem Schweigen verharrt,

und jenes, das wie tobende Sonnengluten lodert und flammt!

Wir grüßen das Leben, das zart ist wie der Äther, und jenes, das hart ist wie Blitz und wie Stahl,

und grüßen das Leben des Geistes, das am Kreuzweg steht zwischen Dunkel und Licht!

Wir grüßen das Leben, das längst schon zu sich selber fand,

und jenes, das noch in irrender Selbst-Entfernung vom Heimweh verzehrt wird!

Wir grüßen das Leben, das jauchzend dahintanzt,

und jenes, das, leidmüde, klag- und lautlos seine Straße zieht,

das ewig kreisende Leben, das sich über alle Reiche des

Kosmos breitet,

und das größere Leben, das in der Tiefe wohnt und um die Unbewegtheit Gottes weiß!«

*

Wir könnten Trillionen Jahre hindurch mit der Schnelligkeit des Gedankens durch die Universen eilen – ihr Ende bliebe uns verborgen. Keinen Schritt kämen wir dem Ziele näher, das Unbegrenzte zu begrenzen.

Es wäre sinnlos, aus jenen Fernen, in denen wir nichts gewahren als immer neue Welteninseln, zu unserer Erdenheimat uns zurückzuwenden, denn die Erde wäre längst nicht mehr und nur noch unsere Sonne eilte als einsamer, längst erloschener dunkler Stern durch den Raum . . .

Hier hebt das Wunder an, das Anbetung heischt – das Ahnen eines ewigen Hier und Jetzt jenseits aller Endlichkeiten des Raumes und der Zeit.

Hier ist es, wo sich dem Weltenwanderer »der ganze Himmel mit seinen Sternenheeren auftut – wo sein Gang zum Unendlichen ein Spiegel wird und ein Teil des Ganzen zugleich, den Gott durch seine eigene Höhe und Unendlichkeit geht.«

Wie sich dem Weltenwanderer im Hinausschreiten in die Unermeßlichkeit des Raumes des Meta-Kosmos Wunder offenbaren, soll die Seele selber künden:*

. . . *Meines Iches Grenzen verlassend, schreite ich über alle Begrenztheit hinaus – hinauf in die Seligkeit des All-Seins . . .*

Ich bin im All. Uferlos dehnen sich um mich die Sonnenheere, unergründet in ihren letzten Höhen und Tiefen . . . O Wonne, in den rollenden Wogen dieser Sternen-Ozeane da-

* Diesen letzten Gang der Seele in die All-Unendlichkeit möge man an anderer Stelle verfolgen: in den vor Jahrzehnten entstandenen »Büchern des Flammenden Herzens« und in den hier folgenden Gesichten.

hinzuschwingen und mich von ihnen tragen zu lassen – hinaus auf unbekannte Bahnen!

Einem unvorstellbar fernen Ziele zu eile ich durch den Raum, Stern unter Sternen, stürme ich dahin. Immer neue Sternenwogen schwingen mir aus der Unendlichkeit entgegen – ein tausendfarbiger Gewitterregen von Welten – und jede Welt ein strahlendes Zentrum lebendigen Lebens ...

Getragen von den geistigen Strömen, die das All durchziehen und die Sternseelen berühren und durchkraften, schwinge ich mich durch die Räume. Von den göttlichen Weltraumströmungen durchpulst, dehne ich mich immer weiter hinaus ... Immer sternenleerer werden die Räume; immer weiter bleiben die Sonnenlichtmeere, die brandenden Ozeane des Alls, hinter mir zurück ...

Von Welteninsel zu Welteninsel geht mein Flug. Aber das Millionenheer der Welten schrumpft zusammen – und ist nicht mehr. Auch über sie schwinge ich mich hinaus, hinein in das Leben der Meta-Universen.

Wie Wellen eines kosmischen Meeres, deren Tropfen die Welteninseln, deren Moleküle die Milchstraßen sind, ziehen die Meta-Universen dahin – endlos – endlos.

Welten versinken – andre steigen herauf – schimmernden Nebelschleiern gleich, die der Adler in eilendem Fluge durchschießt. Der unermeßliche Raum eines Groß-Alls umkost mich; das Gewirr seiner Sternenheere, ungewohnt an meiner Erdenheimat sternenarmem Himmel, durchzuckt mich selig, und jubelnd eine ich mich seinem Leben.

Doch auch das Groß-All ist nicht Letztes. Auch ihm entschwinge ich – in Suche letzter Fernen.

... Nur ein Stäubchen in dem Geist-Stoff einer abermals höheren Welt ist dieses Groß-All. Seine Weiten sind nur eine winzige Spanne des größeren Ganzen, *dem es zugehört ...*

Ich aber kenne kein Rasten. Abermals dehne ich mich, um das größere Ganze zu umfassen ... Und abermals schaue ich das gleiche Bild: Neue Sternenkontinente dämmern aus ferner Unendlichkeit herüber wie eines neuen Landes unbekannte Küsten. Und immer eiliger durchwandere ich auch dieses lebendige All – nur begleitet von den fragenden Augen der Sterne . . . Doch nirgends ein Ende in der Allgestirne Lichtwolkenmeer . . .

. . . Ich weite mich billionenfach: Neue Universen schwingen aus allen Fernen heran. Aber die Unendlichkeit bleibt die gleiche . . .

. . . Durch Weltentage und Weltennächte eilte ich dahin, unendlich, ewig – Welteninseln und Meta-Kosmen vergingen und entstanden neu – die Wogen des Lebens ergossen sich in die Weiten und schwangen wieder ins Unoffenbare zurück – aber ein Ufer zeigte sich nirgends dem suchenden Auge . . .

. . . Nur ein leises Lächeln in meinen Tiefen, daß hier, wo alles Verstehen endet, wo nur das Erleben sich einen Weg bahnt, die Unendlichkeit erst anhebt. –

Ich halte ein auf meiner Bahn; denn diese Welt hat keine Grenzen. Vor mir und hinter mir Unendlichkeit, über wie unter mir die grenzenlose Unermeßlichkeit des Raumes und der Zeit . . .

Ich halte ein in meinem Fernverlangen – denn das Übersein hat keine Ufer. Mein Schwingen endet. Ich halte ein . . .

WIE OBEN – SO UNTEN

»Im Innern ist ein Universum auch.« *Goethe*

»Wir Stäubchen auf der Oberfläche unseres Planeten, der selbst ein Sandkorn im unendlichen Raume des Weltalls ist, haben wahrlich Grund genug, stolz zu sein, daß es uns gegeben ist, die unbegreiflich hohen Werke der Schöpfung in treuer Arbeit langsam verstehen zu lernen.«
H. v. Helmholtz

Soweit wir uns auch hinausschwangen in die Grenzenlosigkeit des Alls – unser Erkennen berührte bisher nur *eine* Seite der Unendlichkeit.

Die Stufenleiter des unermeßlich Großen hat ihre Spiegelung im unendlich Kleinen.

Der geringste Grashalm birgt nicht weniger Rätsel als eine Galaxis. Das Wunder eines Einzellers ruft mehr Fragen wach, als hundert Weise zu beantworten vermögen. Und ein Sandkorn offenbart dem Tiefenblick nicht weniger Wunder als der Kosmos.

Wiederum waren es die *Astromanten*, die schon vor Jahrtausenden den ersten Satz der ›Tabula smaragdina‹ des Hermes Trismegistos bestätigten: »Es ist wahr und gewiß: Das, was unten ist, ist wie das, was oben ist, und was oben ist, ist so wie das, was unten ist.«

Inzwischen ist es der Wissenschaft nach jahrhundertelangen mühsamen Versuchen, die noch lange nicht abgeschlossen sind, gelungen, die Kleinwelten unterhalb der Grenze des Sichtbaren genauso zu messen, zu wägen und zu zählen wie die Wunder des Himmels.

Heute wissen wir, daß der Mensch nicht nur ein Mikrokosmos nach dem Bilde des Makrokosmos ist, sondern daß er seinerseits ein Makrokosmos ist für die subatomaren Mikrowelten, weiter, daß es eine durchgehende Ordnung vom Kleinsten bis zum Größten gibt. Das hat unter anderen der amerikanische Astronom *Shapley* ausgesprochen, der die wahrnehmbaren und vermuteten Größeneinheiten wie folgt gegliedert sieht:

Am ›unteren‹ Ende der Skala findet sich das, was zu klein ist, um erkannt zu werden, weil es nicht Materie, sondern geistbewegte Energie ist. Daran schließen sich die kleinsten subatomaren Partikel, die Quanten, Protonen usw. Es folgen im weiteren die Elektronen und die Atome als die kleinsten Teile der Elemente . . .

. . . Das nächsthöhere sind die Moleküle als die kleinsten Teile aller Stoffverbindungen. Ihnen folgen die größeren Molekülgruppen, Kristalle, Kolloide, Gesteine.

Daran wieder schließen sich die Urbausteine des Lebens, Viren, Einzeller, Mehrzeller, im weiteren Pflanzen, Tiere, Menschen.

Im Kosmos beginnt die Reihe mit den Meteoren, Kometen, Nebeln, dann folgen die Monde, Planeten und Sonnen, die Mehrsonnenreiche und Sternenschwärme, die kugelförmigen Sternhaufen, schließlich die Galaxien und so fort bis zu den Welteninseln, die wiederum die Moleküle eines Meta-Kosmos sein mögen – und so fort nach oben hin.

Dem letzteren Gedanken stimmt der englische Physiker P. F. *Browne* zu, der von der Einbettung unseres Kosmos in einen Meta-Kosmos spricht und davon, daß es eine unendliche Zahl von Kosmen in aufsteigender Linie gibt, dergestalt, daß jeder Kosmos ein Molekül des nächsthöheren Kosmos darstellt. Das uns bekannte Universum mit seinen Entfernungen von Milliarden Lichtjahren und ebensovielen Galaxien mit je hundert Milliarden Sonnenreichen wäre demnach nur ein Stoffteilchen eines übergeordneten Weltalls.

Ein Spiegelbild dieser Ordnung nach ›oben‹ ist die nach ›unten‹:

. . . Gedankenlos schreiten wir über die Erde – mit jedem Schritt Millionen Sandkörner überspringend – und ahnen nicht, daß wir auf mikrokosmischen Welteninseln dahingleiten – über Trillionen lebendige Welten von unvorstellbarer Winzigkeit . . .

Wir fühlen nicht, daß das kleinste Sandkörnchen eine Vielheit von Welten ist: eine Kleinwelteninsel aus Billionen Atomsonnenwelten, deren jede von Elektronen umschwirrt wird, über die sich vielleicht ein gleiches Leben mit seinem ewigen Auf und Ab von Freud und Leid breitet wie über unsere Erdenwelt – wenn sie auch völlig anders strukturierte Wesensformen bergen mögen . . .

Ein angenommener Bewohner dieses Kleinstkosmos bewundert vielleicht erschauernd die Erhabenheit und Größe seiner Welt, die ihm unendlich scheint . . . Vielleicht schwebt seit Jahrmilliarden über dem Millionenheer der Universen dieses Mikro-Weltalls der Riesenschatten eines überkosmischen Wesens, das durch *seine* Großwelt schreitet, ohne von dem Leben ›unter‹ ihm zu wissen.

Sterne und Atome

Die Reise ins Herz der Dinge wollen wir noch einmal unter der Führung eines Physikers wagen, um erneut zu erkennen, welch tiefe Wahrheit Goethes Worte enthüllen: »Müsset im Naturbetrachten immer eins wie alles achten! Nichts ist drinnen, nichts ist draußen; denn was innen, das ist außen. So ergreifet ohne Säumnis heilig öffentlich Geheimnis!«

Schon die alten Astromanten besaßen offenbar den Blick ins Innere der Dinge und wie ins Große, so auch ins Kleinste.

Demokrit wiederholte nur, was sie lange vorher erkannt hatten: daß sich alle Materie in immer kleinere Teile auflösen läßt.

Der Physiker Gustav *Mie* (1868–1975) sprach über die Zusammensetzung der Materie aus *Molekülen*, wobei er auf die unendliche Zahl der Moleküle schon im kleinsten Raum hinwies: »Nehmen wir einmal an, wir wollten die Moleküle im Liter eines Gases zählen, und zwar so schnell, daß wir in jeder Sekunde acht Moleküle erledigen, dann würden wir zu dieser Zählarbeit nicht weniger als 100 Billionen Jahre brauchen.«

Die Moleküle sind auch in festen Körpern nicht in Ruhe, sondern schwingen unregelmäßig um ihre Gleichgewichtslage mit einer Ausschlagsbreite, die mit der Temperatur zunimmt. Bei steigender Wärme nimmt ihre Bewegung zu. Die Materie nimmt dann – wo dies möglich ist – den flüssigen Zustand an. Bei weiterer Temperaturerhöhung wird die Bewegung der Moleküle immer stürmischer. Wir sprechen dann vom gasförmigen Zustand der Materie. Wächst die Temperatur noch weiter, zerstören sich die Moleküle bei ihrem Herumrasen gegenseitig, und schließlich werden sogar ihre Grundbestandteile, die *Atome*, in ihrem inneren Aufbau angegriffen und zerstört, und die Materie erreicht den plasmatischen Zustand – ein strahlendes Gemisch von Elektronen und Atomkernen, Lichtquanten und Ionen.

Was sind nun *Atome*? Ihr Name (›Unteilbare‹) ist irreführend, denn diese kleinsten Einheiten der chemischen Elemente sind selbst kompliziert Zusammengesetzte: Sie bestehen jeweils aus einem positiv geladenen elektrischen Kern und der ihn umschwirrenden weit größeren, aber viel leichteren Elektronenhülle. Der Atomkern wiederum besteht aus positiv geladenen Protonen und neutralen Neutronen. Die Elektronen verteilen sich auf verschiedene ›Schalen‹, d. h. Gruppen von Elektronen mit verschiedener Bindungsenergie, deren

Maß von den Quantenzahlen der betreffenden Elektronen abhängt. Den Zusammenhang zwischen Kern und Hülle bewirken elektrostatische Anziehungskräfte, denen eine wechselseitige Abstoßung der Elektronen gegenübersteht.

Machen wir uns diese Zusammenhänge noch etwas klarer:

Ein Wassertropfen ist etwas sehr Kleines. Unter dem Mikroskop wird er zu einem kleinen Teich. Aber zu einem Ozean scheint er anzuschwellen, wenn wir erfahren, daß er einige hundert Billionen Atome enthält, deren jedes durchschnittlich ein hundertmillionstel Zentimeter Durchmesser hat.

In einem Glas Wasser sind etwa 7000 Tropfen, also einige Trilliarden Atome. Wenn wir das Glas leertrinken, rinnt ein gigantischer Wasserfall von Trilliarden Atomwelten den Abgrund unseres Rachens hinab – das sind mehr Atome, als in einer Million Galaxien Sonnen enthalten sind ...

Wenn wir vollkommenere Sehwerkzeuge mit Mikrosehvermögen hätten, würden wir das ununterbrochene schwache Glimmen dieser Billiarden Atomwelten erkennen und von diesem ständigen Feuerwerk entzückt sein. –

Oder bedenken wir: Mit jedem Atemzug atmen wir nach Berechnungen etwa 25 Billionen Atome ein. Darunter sind jedesmal Milliarden Atome, die vor uns andere Menschen und Tiere ein- und ausgeatmet haben – und das seit Jahrmillionen ... Der menschliche Körper selbst besteht aus einer Quadrilliarde Atomen, die ihn ständig in Milliardenscharen verlassen, um beim Aufbau anderer Körper Dienste zu leisten. Sie werden durch neue Atome ersetzt, die vorher anderen Körpern angehörten ...

Oder: Würden wir den Kristall eines Salzkörnchens in Gedanken so vergrößern, daß seine Kantenlänge 100 km beträgt, würden die einzelnen Atome, die in diesem riesigen Block umherschwirren, Durchmesser von etwa einem Millimeter haben. Die Entfernungen zwischen den einzelnen Atomen entsprechen vergleichsweise etwa denen der Sonnen im Raum, was zeigt, daß auch die Materie wie das Universum im wesentlichen aus leerem Raum besteht.

Könnten wir die Atome so zusammenballen, daß zwischen ihnen und in ihrem Innern aller leere Raum verschwindet, dann wäre die Materie eines vierstöckigen Hauses in einer Streichholzschachtel unterzubringen. Jedoch wären wir nicht imstande, dieses Schächtelchen aufzuheben – weil sein Gewicht dem des vierstöckigen Hauses entspräche. Aus diesem Stoff sind, wie wir sahen, die ›weißen Zwerge‹ gebaut.

Rätselhafter noch als die ›Materie‹ aus Elektronen und Atomkernen erscheint der leere Raum, in dem sie sich bewegen. Woraus besteht er? Ist er von einem Medium erfüllt, das sich millionmal feiner zusammensetzt als die Atome?

Atome und Elektronen

Wir können heute Atome, diese kleinsten Teile eines chemischen Grundstoffs, nicht nur zählen, sondern auch messen und wägen. Wir wissen, daß der Durchmesser etwa eines Wasserstoff-Atoms zehnmilliardenmal kleiner ist als ein Millimeter. Sein Gewicht beträgt 1,67 Quadrillionstel Gramm. Seine Größe verhält sich zu der eines Apfels wie dieser zum Umfang der Erde.

Dabei ist das Atom, wie schon gesagt, trotz seiner Winzigkeit keine feste Masse: Es besteht aus dem positiv geladenen Kern, um den die winzigen negativ geladenen Elektronen kreisen – je nach dem Element in verschiedener Zahl und unterschiedlichen Abständen.

Beim Wasserstoff umkreist nur ein Elektron den Kern, beim Helium entsprechen zwei Elektronen zwei positive Kernladungen.

Der Atomkern mit seinem Durchmesser von einem Billionstel eines Millimeters besteht seinerseits aus positiv geladenen Protonen und neutralen Neutronen. Vergrößern wir diesen Atomkern in Gedanken auf einen Durchmesser von einem Meter, würden die ihm nächsten Elektronen in 20 km Abstand, die äußersten Elektronen in etwa 100 km Entfernung kreisen.

Um das noch deutlicher zu machen: Vergrößern wir in Gedanken etwa ein Eisen-Atom auf den Umfang der Erde, dann käme der Atomkern in der Größe eines Hügels von etwa 120 m Höhe und Breite in den Erdmittelpunkt, während die Elektronen in verschiedenen Abständen – die äußersten etwa im Abstand der äußersten Erdkruste vom Erdmittelpunkt – in etwa Menschengröße diesen Hügel umschwirren. Alles übrige ist leerer Raum.

›*Wie oben, so unten*‹: Der Aufbau eines Atoms zeigt Wesensähnlichkeiten mit dem eines Sonnensystems. Die Verhältnisse im Reich der Atome erscheinen als Wiederholungen kosmischer Verhältnisse. Mit einem gewissen Recht könnte man statt von Atomphysik auch von ›Atom-Astronomie‹ sprechen; denn die Übereinstimmungen zwischen dem unendlich Großen und dem unendlich Kleinen sind oft überraschend. *Eddington* verglich darum unser Sonnensystem mit dem Sauerstoffatom, das acht kreisende Elektronen enthält.

Den Größenverhältnissen entsprechen die *Geschwindigkeiten* der in verschiedenen ›Schalen‹ um den Kern rotierenden Elektronen, wenn wir es bei den himmelsmechanischen Vorgängen auch mit grobmateriellen, bei denen im atomaren Bereich mehr mit energetischen Prozessen zu tun haben.

Bei der Atomzertrümmerung entdeckte man, daß der *Atomkern* außer den positiv geladenen Protonen auch *Neutronen* enthält: Protonen ohne elektrische Ladung, die 1932 erstmals von Chadwick nachgewiesen wurden, wobei sich zeigte, daß Neutronen radioaktiv sind. Neutronen entstehen in Mengen in Kernreaktoren.

Der Helium-Atomkern besteht aus je zwei Protonen und Neutronen – und so fort bis zum unstabilen Uran-Atomkern mit 92 Protonen und 92 Neutronen.

Die *Elektronen* wiederum, die praktisch elektromagnetische Kraftfelder mit negativer Ladung sind, sich aber andererseits wie Wellen verhalten, sind ihrer ›Masse‹ nach im Durchschnitt zehntausendmal kleiner als das Proton und 2000mal leichter. Ihr Durchmesser beträgt den dreibillionstel Teil eines Millimeters.

Die Elektronen umschwirren den Atom-Kern etwa 7 Milliarden mal in der Sekunde und bilden dadurch – weil sie infolge ihrer Geschwindigkeit praktisch an jedem Punkt ihrer Bahn jederzeit gegenwärtig sind, etwa wie ein blitzschnell bewegtes Licht als geschlossene Linie oder als Kreis erscheint – gewissermaßen ›Ringe‹ oder ›Schalen‹ ...

... So würden auch die Planeten eines Sonnensystems einem außersolaren Beobachter mit einem anderen Zeitbewußtsein als feste Ringe erscheinen.

Zumeist vereinigen sich mehrere Elektronen zu solchen Schalen, und zwar bis zu 8 in einer Schale.

Gleichzeitig besitzen die Elektronen ebenso wie der Atomkern neben ihrer ellipsen- oder schraubenförmigen Umkreisung des Atomkerns eine Eigenrotation, vom Atomphysiker Drehimpuls oder Spin (= Drall) genannt, von dem wiederum die Wechselwirkungen der Elektronen in der Atomhülle abhängen.

Jedes Atom ist Träger unvorstellbarer Energien, die eine Million mal größer sind als die bei der Verbrennung chemischer Stoffe frei werdende Oxydationsenergie und bei der Atomzertrümmerung und der Atombombe nur zu einem Bruchteil aktiviert werden. Die letztere macht aber auch die Gefahren deutlich, die mit der Entfesselung der Atom- bzw. Kern-Energie verbunden sind, aber heute noch weithin unterschätzt werden. Dabei hatte schon der Physiker Walter

Nernst (1864–1941) die Existenz der Menschheit treffend mit der eines Naturvolkes verglichen, »das eine im wesentlichen aus Schießbaumwolle bestehende Insel bewohnt und nicht im Besitz des Feuers ist. Die Kolonie wäre erledigt in dem Augenblick, in welchem Prometheus einem ihrer Insassen den Feuerbrand in die Hand drückt.«

Antimaterie

Und schon wird eine noch gewaltigere Energie erkennbar: die der Antimaterie . . .

Die experimentelle Physik kennt seit einiger Zeit Anti-Elektronen, die wir uns als rotierende Kräftefelder *negativer Materie* vorzustellen haben – im Gegensatz zu den uns bekannten Elementarteilchen der irdischen Materie, die Träger positiver Energie sind.

So entspricht dem Proton das Antiproton, das Forscher wie Dirac, Chamberlain, Fermi, Segré und andere nachgewiesen haben, wobei auch das Vorhandensein eines Antineutrons und weiterer Anti-Teilchen festgestellt wurde. Beim Zusammentreffen mit normalen, positiven Teilchen vernichten sie sich wechselseitig, wobei ungeheure Strahlungsenergien entfesselt werden.

Die uns bekannte Materie hat ihr Gegenstück in der *Anti-Materie.* Von dieser Erkenntnis war es nur ein Schritt zur Spekulation über kosmische *Anti-Welten*: über ganze Galaxien, deren Sonnenreiche und kosmische Wolken aus Antimaterie bestehen – eine Erwägung, die *Dirac* schon 1933 in seinem Vortrag bei Verleihung des Nobelpreises für begründet erklärte.

Es sei, sagte Dirac, »eigentlich als Zufall zu betrachten, daß die Erde und unser Sonnensystem in der Hauptsache aus positiven Protonen und negativen Elektronen bestehen. Es ist durchaus denkbar, daß es sich auf anderen Sternen genau umgekehrt verhält, dergestalt, daß diese aus Positronen und negativen Protonen aufgebaut sind. Die beiden Sternarten würden die gleichen Spektren zeigen und es würde keine Möglichkeit bestehen, sie mit den heutigen astronomischen Methoden zu unterscheiden.«

Der Wiener Professor Friedrich *Gruber* nimmt sogar an, daß es in jeder Galaxis kosmische Wolken und Sterne der Klasse P (aus positiver Materie) und der Klasse N (aus negativer oder Anti-Materie bestehend) gibt. Wo sie zusammenstoßen, entstehen durch völlige Materievernichtung sternarme Räume.

Novae und Supernovae sind nach Gruber mindestens in einem Teil der Fälle Sonnen, die in eine kosmische Wolke aus Antimaterie gerieten. Gleiches gilt nach ihm für die Radio-Sterne . . .

Wenn – nach Gruber – ein Meteorit aus Antimaterie, von der Erde angezogen, auf sie stürzt, entsteht eine Wirkung ähnlich der einer H-Bombe. Nach seiner Ansicht bestand der Meteorit, der 1908 in der Tunguska niederstürzte, aus Antimaterie, worauf die von russischen Forschern 1959 im Zentrum des Kraterfeldes festgestellte Bodenradioaktivität deutet.

Auch manche Mondkrater sind nach Gruber durch den Einfall von Meteoriten aus Antimaterie entstanden: Sie brachten das Gestein des Mondbodens an der Einfallstelle zum Verdampfen, im weiteren Umkreis zum Schmelzen und in noch größerer Entfernung zum Glühen. Die geschmolzenen Massen bildeten einen Lavasee, dessen erstarrte Oberfläche wir im Kraterboden vor uns haben. Im Zentrum des Vernichtungszyklons blieb der Boden erhalten, wodurch sich die Kegel im Kraterinnern erklären.

Der für uns Erdenmenschen nächstliegende Gedanke war der an die neue Kraftquelle, die hier sichtbar wird und die der

Kernenergie weit übersteigt. Gruber errechnete, daß beim Zusammentreffen von 1 Gramm Materie und 1 Gramm Antimaterie eine Energie frei wird, die 66 000 Tonnen Wasser von 0 Grad Celsius in Dampf von 100 Grad verwandelt, wenn die ganze freiwerdende Vernichtungsenergie in Wärmeenergie umgesetzt werden kann.

Zum Glück ist es vorerst nicht möglich, Antimaterie herzustellen und etwa in einer ›magnetischen Flasche‹ aufzubewahren, so daß die Menschheit sich mit dieser Gefahr einstweilen noch nicht zu befassen braucht. Darum zurück zu den normalen Atomen.

*

Für die *Astromanten* waren auch die Atome – wie die Sonnenreiche – Lebenskraftfelder mit jeweils eigendynamischer Zielstrebigkeit, deren ›Leben‹ sie sich jedoch völlig anders strukturiert vorstellten als das der irdischen Lebewesen.

Wären wir imstande – wie sie oder wie der Erfinder des ›Mikrogen‹ in der Lebensgeschichte einer Seifenblase von Kurd Laßwitz –, uns so weit zu verkleinern, bis wir im Vergleich zu einem Elektron so winzig geworden sind wie ein Mensch im Vergleich zum Erdball, würden wir uns, auf eine solche Elektronenwelt versetzt, mit anderen Elektronen-Planeten um eine Atom-Sonne kreisen sehen ...

... Wir würden am Himmel das leuchtende Sternenheer von Millionen anderen bewegten Atom-Sonnenreichen gewahren – und würden vielleicht wähnen, daß *unsere* Elektronenwelt die einzige von denkenden Wesen bewohnte Welt sei, während diese Welt doch nur kleinster Teil eines Atoms wäre, das mit Zentillionen anderen den Stoff einer Riesenwelt bildet, in der die gleichen Gesetze des Lebens herrschen ...

... Nur ein Astromant oder ein Astronom solch einer Elektronen-Mikrowelt würde vielleicht beim Hinausblick zu den Millionen anderen Atomsonnenwelten an die Möglichkeit einer kosmischen Großwelt denken und an ›Überwesen‹, wie wir Menschen es wären.

Zu bedenken ist bei solchen Überlegungen, daß der *Zeitablauf* für subatomare Welten millionenmal schneller stattfindet als für uns Menschen. Atome und Moleküle bewegen sich so rasch, daß für unsere Sinne der Anschein unbewegter fester Materie entsteht. Man möge sich ausrechnen, wie viele Millionen Generationen in einer Erdensekunde auf solchen Mikrowelten dahinsinken – und wie schwer, wenn nicht fast unmöglich es wäre, hier selbst dann, wenn ein Elektronenbewohner tausend Elektronenjahre alt würde, einen Kontakt herzustellen, der ja jeweils nur für den billionstel Teil einer Sekunde möglich wäre ...

Ich kann den Astromanten solche Tiefenschau nachfühlen, da ich selbst als Kind solche mikro- und makrokosmischen Traumgesichte hatte, wie sie offenbar auch Hermes erlebte, nur kosmisch unendlich bewußter und vollkommener, als er erkannte: *Wie oben, so unten, wie im Großen, so im Kleinen und Kleinsten, und wie außen, so innen.* Alles ist nur Teil einer mikro-, makro- und metakosmischen Leiter von Stufungen und Dimensionen, die nach oben wie nach unten ins Unabsehbare reichen ...

Vivartha

An sich ist ein Atom schon nicht mehr greifbare ›Materie‹, sondern seinem Wesen nach energetischer Natur, ein System von Kraftfeldern und Spannungszuständen.

Schon die altindischen Astromanten sprachen in diesem Sinne von ihnen als ›schwirrenden Energiezentren‹, als ›Knoten‹ im Energiegewebe. Darum nannten sie die materielle Welt ›*Maya*‹ (= Illusion). Die sichtbare Welt war für sie ein

Schleier, hinter dem sich die geistige Welt und hinter ihr die kosmische Urkraft verbirgt.

Diese Urkraft nannten sie ›*Vivartha*‹ (= Wirbel), die energetische Erscheinungsform des Brahman.

Um das dem einfachen Mann verständlich zu machen, wählten sie das Bild des Feuerkreises, der beim Schwingen einer Fackel entsteht, während es in Wirklichkeit die Fackel sei, die sich drehe. So sehe der Mensch die Schöpfung und nicht die strahlenden Energiewirbel des Geistes, die durch ihre unvorstellbare Geschwindigkeit den Anschein der Gegenständlichkeit hervorrufen . . .

Die Täuschung sei unvermeidlich, weil bei den meisten der All-Sinn der Seele in den Gangliensternen des Sonnengeflechts, der Resonator für meta-physische Impulse, noch schlummert. Sein Aktivwerden macht ihnen die Himmelsharmonien vernehmbar, deren Glückseligkeit nur der Orgiast in den Mysterienschulen im Aufbruch kosmischer Bewußtheit erlebt.

Erst die moderne Physik und Astrophysik kommt den Erkenntnissen der Astromanten nahe, wenn sie mit *Planck* die Materie als geballte Energie wertet oder mit *Eddington* feststellt, daß »der Stoff der Welt Geist-Stoff ist«, ohne sagen zu können, ob dieser Geiststoff weiter teilbar ist. Aber sie hat erkannt, daß die Grundlage aller Erscheinungen, aller Dinge letztlich *geistiger Natur* ist.

C. L. Schleich nannte die Welt »eine Manifestation von Ideen und die Entstehung des ersten Materie-Teilchens eine Inkarnation des Geistes«, wie es auch das Erscheinen des ersten Sterns am Weltenmorgen war.

Was hinter dem Geist, hinter den Kraftfeldern der Elektronen, Atome und Wesen, von den Viren bis zu den Menschen und darüber hinaus bis zu den Geistern der Planeten, Sonnen und Galaxien, ja der Welteninseln steht, ist – *Leben*, kosmisches Leben, das in Billionen Welten pulsiert, wie auch die

Welteninseln selbst pulsieren.

Wilhelm von *Humboldt* ahnte etwas davon, als er seiner Überzeugung dahin Ausdruck gab, daß »die Sterne so über allem Irdischen sind, daß sie alle Menschen und alle Zeiten des Erdballs verknüpfen, daß sie alles gesehen haben von Anbeginn an und alles sehen werden. Darin verliere ich mich immer wieder mit stiller Andacht beim Anblick des gestirnten Himmels. Es ist aber auch ein erhabenes Schauspiel, wenn in der Nacht bei klarem Himmel die Gestirne gleichsam wie ein Weltmeer herauf- und herabsteigen und das Dasein in zwei Teile zerfällt, dessen einer, dem Irdischen angehörend, in völliger Stille der Nacht verstummt, indes der andere aus der Ewigkeit heraufsteigt in aller Erhabenheit, Pracht und Herrlichkeit.«

Laplace hat von der Astronomie einmal gesagt, daß sie »durch die Erhabenheit ihres Gegenstandes das schönste Denkmal des menschlichen Geistes, sein Stolz und zugleich sein Trost für seine (scheinbare) Unbedeutendheit geworden sei, welche die Natur ihm und seiner Erde auf der Stufenleiter der Welten und Wesen angewiesen zu haben scheint, so daß er seine eigene Größe bewundern müsse in der Kleinheit der Basis, die ihm gedient hat, den ganzen Himmel zu messen.«

Er hat wohl kaum geahnt, daß er damit einen Erkenntnisquell berührte, der dem Wahrheitssucher verheißungsvoll rauscht. –

Bei unserer Wanderung durch die Räume des Universums haben sich die Grenzen des Alls vor unseren Augen immer weiter hinausgeschoben. Zugleich aber hat sich in uns ein anderes ereignet: Wir haben im Laufe unserer kosmischen Besinnung die innere Verbindung mit dem Unermeßlichen gefunden – eine selige Ahnung inneren Einsseins von Mensch und All ist in uns wach geworden – ein schüchtern flackerndes Flämmchen zwar erst, das aber Nahrung fand und wächst, bis es zu einem Allfeuer auflodert . . .

... Unbedeutend und klein erschien uns der Mensch am Beginn unserer Wanderung durch die Wunder des Weltalls. Riesenhaft groß erscheint er uns, nun wir gewahren, daß er sich seiner Stellung im All lebendig bewußt ward.

Im Menschen, dem zu sich selbst erwachten Kind des Kosmos, sind in der Tat alle Geheimnisse und Rätsel des Ganzen beschlossen. In ihm schneiden sich die Kreise und Überkreise der Endlichkeit und Ewigkeit, der Zeitlichkeit und Absolutheit, der Raumbegrenztheit und der All-Schrankenlosigkeit. Wenn alle diese makro- und mikrokosmischen Welten in irgendeinem Punkte außer der Gottheit verbunden und von da her erkannt werden können, dann im *Menschen* und vom Menschen aus, dessen gemäßestes Sinnbild die Sphinx ist: Gott-Ewigkeit und Mensch-Vergänglichkeit in einem Wesen.

Nicht nur weit draußen im All, in Trillionen Lichtjahrsweiten, pulst das Herz der Natur, sondern zugleich in uns und überall, wo das Leben sich seiner All-Gemeinsamkeit bewußt wird. So führt alle Allbesinnung am Ende zur Selbstbesinnung – und diese wiederum zur All-Gewinnung.

Der kosmische Mensch

Haben wir mit der Erkenntnis, daß aller Stoff nur eine Zustandsform des Geistes ist, einen Zipfel des Schleiers gelüftet, der das Weltengeheimnis tausendfach zu umhüllen scheint? Wird eines Tages Wissen sein, was heute Ahnung ist?

Wird eine umfassendere Weisheit als die unserer Zeit einst den Schleier der Maya ebenso in seine Geistbestandteile auflösen, wie unsere Teleskope die Lichtgespinste der Milchstraße als ein Heer von Milliarden Sonnenwelten offenbarten?

Blicken wir noch einmal auf uns selbst:

Wie jeder Stein, wie aller Stoff ist auch der Menschenleib,

der uns so fest gefügt erscheint, in Wirklichkeit zum größten Teil leerer Raum, durchschwirrt von Quadrillionen von Atomsonnenwelten und mikro-kosmischen Welteninseln, deren Eigenlicht im helleren Schein unserer Sonne als Lichtlosigkeit erscheint.

Nur weil dieser feinsten Atomgewebe, dieser Energiefelderballungen so unendlich viele sind, wirken sie selbstverhüllend – wie auch der durchsichtigste Stoff, millionenfach zusammengefaltet, undurchsichtig, undurchdringlich wird.

Ein myriadenfach verschlungenes Sternengespinst ist unser Körper, dessen Atom- und Elektronenbahnen durch das, was wir das Geistkraftfeld der Seele nennen, zu einem lebendigen Ganzen vereinigt werden. Wie die Atome unseres Körpers nichts von dem Geistwillen wissen, der ihre Bahnen bestimmt, so mögen auch die Sterne und Galaxien wenig von dem Allwillen ahnen, der ihre Wege ordnet . . .

Ein Billionenheer bewegter Universen ist der Mensch! In der Spitze seines Zeigefingers ballen sich mehr Welteninseln, milliardenmal mehr Atomsonnenschwärme, als wir auf unserer Allwanderung an Sonnen, Galaxien und Welteninseln kennenlernten.

. . . Wenn wir die Hand schließen, berühren sich unvorstellbar weit auseinanderliegende Mikro-Weltsysteme mit für uns blitzartiger Geschwindigkeit kraft eines Willens, der für die Atomsonnenreiche unseres Fingers unbegreiflich bleibt. Für diese mag es Jahrbillionen dauern, bis die Mikrokosmen, die eine Zelle der Fingerspitze, und jene, die eine Zelle der inneren Handfläche bilden, einander bis zur Sichtbarkeit näher kommen.

Das Bild will als Gleichnis verstanden werden. Eddington sah den Menschen genau in die Mitte gestellt zwischen Klein-All und Groß-All, wobei der menschliche Körper »dem Atom ein wenig näher steht als den Sternen: Die Zahl der Atome, die den menschlichen Körper bilden, entspricht ungefähr der Zahl menschlicher Körper, die genug Stoff liefern würden, um einen Stern aufzubauen . . .«

Aber um diese Zusammenhänge zu überschauen, müssen sich Wissenschaft und Religion als Schwestern erkennen und gemeinsam den Menschen vom Wissen zur Weisheit leiten – zur Erkenntnis seines Einsseins mit dem Geist des Ganzen.

Es wird eine Zeit kommen, da Astronomie und Astromantie wieder eins sein werden: ein Weg auch zu *geistiger* All-Schau und zum unmittelbaren Innewerden jenes großen Geheimnisses der Schöpfung, das der Dichter ahnungsvoll berührt, wenn er bei billionenfacher Zeitverkürzung unsere Milchstraße sich in eine scheibenförmige durchsichtige Gallerte verwandeln, die Welteninseln bei weiterer Zeitverkürzung und der damit einhergehenden ungeheuren Beschleunigung der Sonnen- und Milchstraßenbewegungen zur Materie einer meta-kosmischen Großwelt zusammenfließen sieht.

Der englische Astrophysiker Sir James *Jeans* (1877–1946) kam in seinem Werk über den inneren Aufbau des Universums zu dem Ergebnis, daß »das Weltall viel mehr wie ein großer Gedanke aussieht als wie eine große Maschine. Der Geist erscheint im Reich der Materie nicht mehr als zufälliger Eindringling. Wir beginnen heute vielmehr zu ahnen, daß wir ihn eher als den Schöpfer und Beherrscher des Reiches der Materie begrüßen dürfen«, daß also der Kosmos seinem inneren Wesen nach ein lebendiger geistbeseelter und -geleiteter Organismus ist.

Aber wie sollen wir uns diesen meta-kosmischen Organismus vorstellen?

»Ist er mit seinen grausigen Tiefen ein furchtbares Ungeheuer, das seine Polypenarme in den Weltenraum erstreckt und in dessen Schoß die Bewohner der unzähligen Welten ihr Dasein fristen wie Parasiten in den Eingeweiden eines Organismus? Oder ist er mit seinen Strahlungsprozessen ein erhabenes Wesen, das die Weisesten unseres Geschlechts als den

Geist des Lebens bezeichnen? Es gab Denker, die ihn im letzteren Sinne mit Prentice Mulford als den ›Unendlichen Geist des Guten‹ erfaßten. Unzählige Menschen ergriff die Ahnung des geistigen Wesens und Charakters des Universums, wenn sie den sehnenden Blick zu den leuchtenden Sternenwelten wandten und dort eine Erhebung über die Unzulänglichkeiten des Erdendaseins suchten.«

... Bei diesen Worten werden Urerinnerungen der Menschheit wach – Worte von Astromanten und Sehern längst versunkener Zeiten, die den Kosmos ein Lebendiges nannten und die Massen der sichtbaren Allwelten als den Sternenleib eines metakosmischen Wesens deuteten.

Doch was für ein Wesen dies ist, wissen wir nicht. Wir wissen nur, daß uralte Überlieferungen den Kosmos den Leib des ›Großen Menschen des Universums‹ nannten ...

... Wie selbst die geringste Zelle im Menschenkörper noch eine Vielheit kleinerer Welten bildet, so sah der Glaube der Alten Myriaden von Universen aneinandergereiht zum Zellenstaat einer metakosmischen Wesenheit, in deren Sternenleib unsere Welteninsel mit tausendmillionen Schwestern nur eine Zelle ist – Teil eines Allblutkörperchens, das seit Jahrtrillionen einem unbekannten Ziel zueilt ...

... Jenseits dieses metakosmischen Gebildes schwirren andere ähnliche Weltsysteme durch den Raum, die wie ein Strom von Blutkörperchen durch die Adern eines metakosmischen Wesens dahineilen, von der göttlichen Pulsation getrieben ...

... So sah man das gesamte Universum und Meta-Universum, das wir auf unserer Wanderung als unausmeßbar erkennen mußten, zu einer Zelle zusammenschrumpfen, die mit Milliarden Schwesterzellen in einer überkosmischen Riesenader seit undenklichen Zeiten dahinströmt – dem Zentillionen Lichtjahre entfernten kosmischen Herzen zu, das als ›Herz des Brahma‹ einem für menschliches Begreifen unfaßbar gewaltigen Allwesen zugehört, dessen Größe mit Trillionen von Welteninseln nicht zu umspannen ist . . .

Ob diese Vorstellung nur eine Vermenschlichung des Weltengeistes ist – oder ob umgekehrt der Mensch nach dem Bilde dieser Gottheit geschaffen ist, wie es alle Religionen künden – oder ob alles ganz anders ist, wissen nur die Vollendeten.

Wir denken aber wirklichkeitsgemäß, wenn wir in der Weltengottheit das verbindende Glied und den ordnenden Geist sehen in der unendlichen Reihe der makro- und mikrokosmischen Welten. Denn nur sie ist endlich und unendlich zugleich: endlich in jeder ihrer Verkörperungen, in denen sie auf allen Welten zu sich selbst erwacht, unendlich hingegen als das ewig Verborgene hinter allem Werdenden und Seienden.

SELBSTBESINNUNG – ALLBESINNUNG

»Der Reisende in die Ferne hängt von äußeren Dingen ab. Der Reisende ins Innere findet alles, was er sucht, in sich selbst.« Lao Tse

»Dieses Selbst, das alle Menschen vergänglich wähnen, ist unzerstörbar und unerschöpflich.

Dieses Selbst, das alle Menschen endlich wähnen, ist schrankenlos.

Die Tao besitzen, sind Fürsten in diesem Dasein und Mächte im nächsten. Die Tao nicht besitzen, schauen das Licht des Tages in diesem Dasein und sind Erdklumpen im nächsten.

Im gegenwärtigen Sein entspringen alle Wesen der Erde und kehren zu ihr zurück. Ich aber will dich durch die Pforte der Ewigkeit ins Reich der Unendlichkeit leiten. Denn mein Licht ist das Licht von Sonne und Mond. Und mein Leben ist das Leben von Himmel und Erde.« Tschuang Tse

Der griechische Philosoph Plato berichtet von einem Kontinent *Atlantis* und seinen Inseln der Weisheit, die sich einst jenseits der Säulen des Herkules dehnten. Dieses Inselreich versank vor Jahrtausenden in den Fluten des Atlantischen Ozeans.

In Sagen und Überlieferungen wird seinen Weisen, seinen Astromanten, ein überragendes Sternenwissen nachgerühmt. Sie waren hochentwickelte Priester-Astronomen, die ›im Zustand innerer Klarschau das Wesen der Gestirne erfühlten‹ und den Völkern eine Himmelskunde schenkten, in der mehr Wahrheit schlummert, als man bisher ahnte.

Diesen Astromanten gleich gilt es, uns nicht nur von außen her den Wundern des Weltalls zu nähern, sondern uns in Stille und schweigender Versenkung mit dem Geist des Alls zu verbinden, um uns selbst als lebendigen Teil des All-Organismus zu erkennen und zu spüren, daß das Leben in allen Fernen des Alls das gleiche ist wie in uns und daß, wer sich selbst erkennt, sich zugleich der Erkenntnis des Alls nähert.

Schreiten wir in dieser Weise durch Selbstbesinnung zur Allbesinnung, dann erkennen wir unsere innere Einheit mit dem Universum und werden der kosmischen Bestimmung allen Menschseins inne, von der der Historiker Georg von *Bunsen* einmal intuitiv bemerkte:

»Die Ahnung eines göttlich geordneten und Göttliches offenbarenden Ganges der Weltgeschichte ist eine ursprüngliche göttliche Ausstattung der Menschenseele. Dieses Bewußtsein ist zugleich das angestammte Gefühl des Verhältnisses des einzelnen als des Mikrokosmos, der Gotteswelt im Kleinen, zum Makrokosmos, zur Gotteswelt im Großen und zum All. Der natürliche und der geistige Kosmos verwirklichen denselben göttlichen Gedanken – jener im Raum, dieser in der Zeit . . .

. . . Wie der Erde und allen Sternen ein ewiger Gedanke innewohnt, der sie lenkt und zugleich zu lebendigen Teilen eines organischen Ganzen macht, so lebt in dem Menschen eine Ahnung seiner Stellung zur Menschheit und von der Stellung seines Geschlechts als einer Einheit zum Weltall und zu dessen erster Ursache.

Wie die Erde sich im Raum um einen lichten Mittelpunkt bewegt, so bewegt sich die Menschheit durch Nebel und Finsternis hindurch um die unveränderliche Sonne einer ewigen Vernunft und Liebe. Aber nicht unbewußt, wie jene Gestirne in ihrem Umschwung durch den Raum, vollbringt der Mensch seinen Gang durch die Zeit, sondern als mitwissend:

Er wird sich bewußt des Gottes in ihm als des Guten, und er heißt es sein Gewissen, das ist ein Mitwissen von dem Gedanken jener ewigen Liebe und Vernunft, den die Menschheit im Fortgange der Geschlechter verwirklichen soll. Denn die Menschheit ist nicht allein das Gedicht, das die Gottheit in ihrem ewigen Gedanken gedichtet und in der Zeit auseinandergefaltet; sie ist auch der Dichter dieser Entfaltung der göttlichen Idee in der Zeit.

Die *Erde* vollbringt ihren tagnächtlichen Umlauf um die Sonne, indem sie sich selbst umschwingt. Sie wird zugleich mit den übrigen Planeten fortgerissen in die große fortschreitende Bewegung des Sonnensystems ... In gleicher Weise drängt die *Menschheit* vorwärts, indem Licht und Schatten wie Tag und Nacht in ihren Teilen wechseln: Der einzelne stirbt, die Völker vergehen; aber aus dem Tode der einzelnen wie aus dem Untergang der Völker sprießt neues Leben hervor. Kein Leben anders als zum Tode und aus dem Tode; aber aller Tod zum höheren Leben, nach der sittlichen Weltordnung, die der Gedanke der ewigen Liebe ist.«

Diese ewige Liebe und Weisheit, das Unvergängliche und Unvernichtbare hinter allem Wandel und Wechsel im All, berührt der, der das Unsichtbare, das Wirkliche und letztlich Wirkende in seinem Seelengrund erkannt und sich ihm liebend geeint hat. Er fühlt im Leben der Sterne wie im Kommen und Gehen der Seelen den gleichen Willen des Ewigen wirken. Wie oben, so unten; wie außen, so innen!

Wer dies einmal erkannt hat, der fühlt mit Campanella, daß der Mensch wie die Welt Gottes Ebenbild ist, und empfindet wie Kepler Dankbarkeit: »O Du, der Du die Sehnsucht nach dem Lichte in uns wecktest und uns in das Lichtreich Deiner Herrlichkeit führtest – ich danke Dir, Du mein Gott, der Du mich erquickt hast durch Deine Wunderwerke, und ich frohlocke über dem Gewirk Deines Geistes.«

Von der geistigen All-Schau wenden wir uns am Ende unserer Weltenwanderung zu uns selbst zurück: vom Außen-All zum Innen-All. Wenn wir uns auch, wie C. G. *Jung* einmal schrieb, »nicht träumen lassen können, das Geheimnis der Seele je auszuschöpfen, so scheint es doch zu den vornehmsten Aufgaben des menschlichen Geistes zu gehören, sich unermüdlich um eine stets sich vertiefende Erkenntnis des seelischen Wesens zu bemühen. Denn das größte und zugleich uns allernächste Rätsel ist der Mensch selbst.«

Meditative Selbstbesinnung ist hierzu ebenso unerläßlich wie astronomisches Wissen, wenn man zum wesenhaften kosmischen Denken gelangen will, aus dem intrakosmisches Erkennen erblüht.

Der Weg dahin steht jedem offen, weil wir – als Mikrokosmos – physisch, seelisch und geistig in den Makrokosmos eingebettet sind und an dessen Kräfteströmungen mannigfach teilhaben. Wir müssen nur erkennen, daß die Sterne über uns ihr Äquivalent in uns haben.

Gerade heute, in der Morgenröte des kosmischen Zeitalters, gilt es, über dem Aufblick und Aufbruch ins All nicht unsere eigene Allhaftigkeit zu übersehen, sondern der *inneren Sterne* bewußt zu werden.

Mit Recht sprechen alle Religionen von der Harmonie zwischen Außen-All und Innen-All. Am deutlichsten tat das der Kirchenvater Origenes: »Begreife, du Mensch, daß du ein zweiter Kosmos im Kleinen bist, daß es in deinem Innern gleichfalls Sonne, Mond und Sterne gibt. Dann geht dir der Sinn des Wortes auf: ›Ihr seid das Licht der Welt!‹, denn das Licht der Welt, die Sonne Gottes, ist in dir!«

Novalis stimmt dem zu: »O daß der Mensch die innere Musik der Natur verstände und seinen Sinn für Harmonie erweckte! Dann gingen die Gestirne in ihm auf; er lernte die ganze Welt fühlen, klarer und mannigfaltiger, als ihm das Auge jetzt Grenzen und Flächen zeigt. Er würde Meister eines unendlichen Spiels und vergäße alle törichten Bestrebungen in einem ewigen, sich selbst ernährenden und immer wechselnden Genuß.«

Weil das Innere das Primäre, alles Außen nur sekundär und Gleichnis des Innern ist, sind die kosmischen Kraftfeldkonstellationen gewissermaßen Symbole der Wandlungen und Schicksalschaltungen im innerkosmischen Wesensgefüge und -gezüge.

Eine Ahnung dieser Zusammenhänge schlummert in jedem von uns – und ebenso die unbeirrbare Gewißheit der Ordnung im All wie im Innen-All.

Die *innere Sonne*, die im Zentrum unseres Innen-Alls kreist, ist der Lichtmittelpunkt unseres göttlichen *Selbst* – Quell unserer schöpferischen Potenzen und Bürge unserer Allverbundenheit. Sie ist der Zugang zum Reiche Gottes in und über uns. Je williger wir uns von ihrem Lichte leiten lassen, desto deutlicher spüren wir den ›Zug nach oben‹ – und desto steiler führt unsere Bahn himmelwärts. Im Lichte der inneren Sonne enthüllt sich uns der Wille Gottes in uns wie der Gottheit über uns.

So sah *Morgenstern* die Aufgabe des Menschen: »Die Sterne sind lauter ganze Noten; der Himmel ist die Partitur; aber der Mensch ist das Instrument«: Seine Aufgabe ist es, als waches und wohlgestimmtes Instrument den kosmischen Harmonien in seinem Denken und Leben immer vollkommener Ausdruck zu geben. Er soll lernen, durch die Entflammung der Herzenssonne seine Sternenhaftigkeit zu offenbaren und als ›Stern unter Sternen‹, als Lichtspender und All-Wegweiser zu strahlen und zu leuchten.

Dann erlebt er den harmonischen Zusammenklang seines innersten Selbst mit dem Allselbst, die ›Harmonie mit dem Unendlichen‹, und wird auf dem Wege seiner kosmischen

Selbstverwirklichung zum dynamischen Mitgestalter und Offenbarer jener hinter dem Wandel der sichtbaren Universen bestehenden unwandelbaren geistigen Einheit allen Seins mit dem EINEN.

Darum sollten wir uns wieder und wieder besinnen und bejahen:

»Mein höheres Selbst ist die Sonne meines Lebens. Das ganze Universum ist sein Reich. Hinter dem Allgeschehen wie hinter dem Lebensgeschehen um mich steht die gleiche Kraft: die Kraft der inneren Sonne. Diese Kraft in mir, die ich täglich wirken fühle, ist Gott. Und die Gottheit über mir, ohne die das Universum im gleichen Augenblick zu nichts verwehen würde, ist Kraft. Die Kraft in mir ist das Fundament meines Lebens. Der Geist über mir, der das All regiert, ist der Geist des Lebens. Und beide sind eins – in mir wie über mir!«

Das ist das Ganze der Religion und der Kern aller Mystik und All-Weisheit.

*

Im Lichte der inneren Sonne sehen wir unser Dasein eingebettet in das kosmische Übersein der Gottheit. Das Göttliche ist in uns und wir sind in ihm. Nicht weltenfern ist uns das Ewige, sondern das allernächste und allergrößte:

Wie unsere Erde auf ihrem Raumflug im Kräftefeld des Kosmos schwebt, so sehen wir uns vom Geist der Gottheit getragen und erfahren ihn als unseren inneren Helfer und Führer, der uns mit dem Ewigen eint und durch Myriaden Wandlungen hinaufleitet zum flammenden Herzen des Alls, zum ›Punkt Omega‹, wie Teilhard de Chardin es nennt.

Billionen Jahre vor unserer Einsenkung in die Materie waren wir mit dem Göttlichen eins – und sind es heute – und bleiben es in Ewigkeit in gleicher Innigkeit – – Erben der Fülle des Lebens, die nur ihr Königtum äonenlang verkannten und neu erkennen müssen ...

Unser Ziel ist das Ewige, wie wir des Ewigen Ziel sind und seine Erfüllung.

Aus dem Unendlichen kommen wir; zum Unendlichen weist unser Weg zurück. Die schmale Grenzlinie unseres endlichen Daseins ist nur ein Traum innerhalb unseres ewigen Seins.

Die gleiche Unendlichkeit des Schöpferwirkens der Gottheit grüßt uns in der Unermeßlichkeit der Himmelswelten wie im Sternenreich unseres Innern. Eines ist nicht wesentlicher oder geringer als das andere. In beiden waltet und offenbart sich der gleiche eine Geist des Lebens.

Nochmals: Die Weltengottheit ist nichts, zu dem wir von außen her gelangen. Nur im Innersten berühren wir sie und werden von ihr ergriffen, indem wir uns ihr schenken.

Sie ist nichts, was wir nicht haben und erst gewinnen müßten. Sie ist ewig in uns als unser Eigensein – und fordert nichts von uns als gläubige Hingabe und mutige Betätigung.

Wenden wir uns darum immer wieder einwärts, bis wir das Reich der Stille betreten und den Strom des Allgeschehens in uns rauschen hören, und suchen wir jenseits aller Zeit- und Raumgebundenheit die Heimat unserer Seele: das All in uns.

Schon von der Grenze dieses Reiches her sehen wir alle Räume des Seins erfüllt von der Liebe der Gottheit und erkennen unsere Welt als die äußerste Hülle unserer Seele, durch die sich die Adern unseres Geistes und die Nervenstränge unseres Willens schlängeln, uns jedem Wesen innerlich verbindend und unser Schicksal mit dem des Ganzen verknüpfend.

Wir gewahren, daß die Welt nicht wäre, wenn wir nicht wären, und daß weder wir noch die Welt wären, wenn nicht die Gottheit wäre – unser und der Welt tiefstes SELBST. –

In dieser schweigenden Selbstbesinnung erwacht mit dem

Begreifen der Wunder des Alls über uns zugleich die Erkenntnis der Unausmeßbarkeit des Alls in uns:

Nicht kleiner ist das All in uns als der Kosmos, der sich um uns breitet. Ja vielleicht dehnen sich die geistigen Universen in unseren Tiefen myriadenmal weiter als die end- und anfangslosen Fluten der Sternenmeere, die durch den Kosmos ziehen . . .

Letztlich ist alles Äußere nur Hülle, Bild und Entsprechung des Innen – wie es Parazelsus beim Vergleich der Wunder der Seelen- und der Sternenwelt empfand:

»Die Philosophie findet im ganzen Kosmos nichts anderes, als was sie auch im Menschen findet. Denn die Hand dessen, der Himmel und Erde trennte, hat auch das Niedere im Mikrokosmos gemacht, hat's aus dem Höheren genommen und in dem Körper des Menschen beschlossen. Darum ist uns der äußere Himmel ein Wegweiser zum inneren. Alle äußeren Dinge sind Mittel und Mittler zur Erkenntnis der inneren« – und umgekehrt.

Dieses Bewußtsein und Gewißsein unserer All-Unendlichkeit und Unvergänglichkeit ist es, das uns trägt und befähigt, unser Schicksal zu meistern, unsere Erdenaufgabe zu erfüllen: das Ewige in uns zu offenbaren und über uns selbst hinauszuwachsen in die Grenzenlosigkeit des All-Selbst!

*

Am Anfang unserer Weltenwanderung erkannten wir die Erde als Stern unter Sternen.

Nun wir dem Ende unserer Pilgerfahrt uns nähern, erkennen wir uns selbst als Stern unter Sternen. Und erkennen den Ewigen in uns als mächtiger denn Myriaden Universen – als Teil des Ewigen im All, des Göttlich-Absoluten.

In diesem Erkennen schwinden die Schranken der Zeit und des Raumes: Wir gewahren unser unauflösliches Einssein mit dem lenkenden Geist des Alls und schauen das Höchste, das der Planet Erde uns schenken kann: die seligkeitsdurchwirkte Harmonie unseres Innern mit der Harmonie der Welten.

Solange es auf unserem Planeten denkende Wesen gibt, ist dieses Bewußtsein keinen Augenblick erloschen, daß der Mensch ein Spiegelbild des Kosmos ist und daß der Gott in ihm ein Funke ist des Flammengeistes der Weltengottheit.

Die Seele ist das kosmische Element in uns – das, was aller Erden-Elemente Vergänglichkeit überdauert.

Und nur von uns selbst hängt es ab, wie lebendig dieses kosmische Bewußtsein unserer Harmonie mit dem Ganzen in uns aufflammt, wie beseligend wir uns im Herzen des Kosmos und den Kosmos in unserem Herzen erkennen!

Von uns allein hängt es ab, wann die Stunde unseres All-Erwachens schlägt, unseres All-Selbsterwachens, in dem der Eine in uns sich dem Einen im All brüderlich verbindet, in dem aus Einkehr Heimkehr wird und das Mystikerwort Erfüllung findet:

»Das Innen und das Außen sind zu einem Himmel vereint. Das Unendliche und das Endliche sind eins geworden. Ich bin trunken vom Anblick des Alls!«

In dieser Stunde wandelt sich unser Ahnen in höchste Gewißheit:

In unserem Herzen schlägt das Herz der Ewigkeit. Seelengrund und Weltengrund sind eins!

Die Unendlichkeit unseres Selbst ist die Unermeßlichkeit des Alls. In uns ist aller Wesen und aller Welten leuchtender Urmittelpunkt!

Unser Herz ist Gottes Herz und Wohnung; das Allherz Gottes ist unser Herz und unsere Heimat. Aus allen Wesen und Welten strahlt uns unser göttliches Selbst entgegen. In allem Leben gewahren wir Gottselbst, unser anderes Ich. In allem fühlen und erfahren wir unser eigen Allsein. Das eine Leben in allen Welten – wir sind es selbst!

Nur wenige kosmische Minuten ist die Erdenmenschheit alt und weiß noch nicht, was der Sonnenaufgang des kosmischen Tages bringen wird, der hohe Mittag der Menschheitsentfaltung und die lange, im Laufe der Jahrmillionen verdämmernde Zeit der Reife und Vollendung . . .

Einst wird sie es wissen, wenn sie am Ende ihrer *Erden*laufbahn auf eine unabsehbare Fülle von Erkenntnissen zurückblickt, und wird lächeln über den zwergenhaften Wahn, der sie einst im Banne hielt, bevor die Sonne ihres Lebenstages aufging . . .

. . . Nicht ein Ende ist der Mensch unserer Tage, sondern ein Anfang und ein Übergang. Nur der Gott in ihm weiß, was alles noch im Laufe der Äonen aus ihm ans Licht tritt. So gilt die Grabschrift, die einst Kepler für sich bestimmte, für alles, was Menschenantlitz trägt und seine Blicke sternenwärts wendet:

»Lebend maß ich die Himmel – nun meß ich das Dunkel der Erde.

Modert der Leib auch, es schaut selig sein Urlicht der Geist!«

Unser Körper ist eine Frucht der Erde – unsere Seele aber ist ein Erbe des Alls: Ihre Mutter ist der Kosmos, ihr Vater der Geist des Lebens.

Nicht Erdgebundene sind wir, sondern Weltraumwesen, die, aus himmlischen Sphären kommend, über geistige und ätherische Reiche zur Welt der sichtbaren Erscheinungen hinabstiegen und nun, von den Gesetzen der Liebe und Höherentwicklung von Leben zu Leben, von Stern zu Stern geleitet, durch tausend Formen schreiten, um in allen zu lernen und der Selbstverwirklichung Stufe um Stufe näherzukommen.

Allwanderer sind wir – immer auf dem Wege zu uns selbst.

Die Erde ist uns nur eine zeitliche Heimat, der Kosmos ist unsere ewige Heimat. Unsere Erdenaufgabe ist die höchste Selbstverwirklichung. Unsere kosmische Aufgabe mag die Gott-Selbstverwirklichung sein, wie sie Jesus Christus zur Höchstverpflichtung alles Menschentums erhob, ›vollkommen zu werden, wie Gott vollkommen ist‹.

Wenn wir, mit dieser Gewißheit im Herzen, in der Stille der Nacht unseren Blick zu den Sternen erheben, wissen wir mit unerschütterlicher Sicherheit, daß der Ewige in uns, der die Sterne als seine Brüder grüßt, ein Gottesfunke ist, den keine Tiefen und Fernen des Universums schrecken, weil er älter und größer ist als sie alle und sich, allüberlegen, über den ewigen Reigen der Sterne hinausschwingt.

Diesen *Ewigen in uns* gilt es zu erwecken, damit er unser Dasein über die Grenzen von Geburt und Tod hinaus zur Raum- und Zeitunendlichkeit des Alls erweitere. Er thront in den Tiefen unserer Seele wie die Gottheit in den Tiefen des Alls.

Heller als das Licht aller Sterne, die zu unseren Häuptern kreisen, strahlt dieser inneren Sonne Feuer, von der ein Dichter, Friedrich *Lienhard*, kündete:

> »Lang' nicht vermochte die Menschheit zu fassen, daß auch in der Seele die Sonne flammt.
> Viele Vollendungen mußte der sterbliche Mensch durchstreben, bis er, nach innen wendend den staunenden Blick, das Wunder wahrnahm: Ich bin Ich! Sonne auch ich!
> Sonne auch ich! – und kein Tod in den Tiefen des Alls tötet die Gabe der Gottheit: *das Göttliche Selbst!*«

... Bis zu diesem Augenblick mochte es scheinen, als sei alles Wissen um unsere kosmische Vorexistenz bei unserem Eintritt in dieses Erdenleben ausgelöscht. Nun wir aber, am

Ende unserer Weltenwanderung, uns in den Sternenhimmel unserer Seele einsenken, ist es, als beginne versunkenes Urwissen unserer Seele bruchstückweise aus der Tiefe aufzusteigen und von unserer Allwanderung und Gottbestimmung zu raunen ...

Nun scheint es uns – mit einem Wort Fechners – »als wachse der Wesen und der Welten Zahl mit jeder Stufe, um die wir uns über uns selbst erheben ... Wie viele solcher Weltsysteme und immer höheren Einheiten mag es auf der höchsten Erkenntnisstufe geben? Nur ein allereinzigstes: das eine Göttliche!

... Die ganze Welt ist doch nur eine, und alle Sternenheere sind aus der einen nur gekommen und in der einen noch in eins verbunden. Die Welt der Körper alle ist gebunden zum einen Körper – Gottes – durch ein ganzes Band; die Welt der Geister alle zu einem Geiste – Gottes – durch ein ganzes Band. Und dieses eine Band ist überall dasselbe.

... Was hier die Wesen unterscheidet, die auf verschiedenen Stufen zueinander stehen, das schlägt im Übergang zu Gott, dem Abschluß aller Stufen, ins Absolute um; was ihnen gemeinsam ist, das ist in Gott allein ganz, rein und voll begründet.«

Mit wachsender Beglücktheit erkennt die zu sich selbst erwachte Seele, daß ihre Spuren sich nicht in der Unendlichkeit verlieren, sondern in Spiralenbahnen heimwärtsweisen zu Dem, daraus sie einst entsprang: zum Herzen Gottes.

Kosmisches Bewußtsein

Da die Naturwissenschaften ihrem Wesen gemäß mit dem Instrument des sinnenabhängigen, raum- und zeitgebundenen Ich-Bewußtseins arbeiten, vermögen sie nur den grobmateriellen Teil der Wirklichkeit zu erschließen.

Das haben große Naturwissenschaftler stets und besonders heute erkannt und sich bemüht, die Naturwissenschaften mit der Geistwissenschaft, mit dem über-bewußten Denken und religiösen Erkennen zu verbinden. Mehr oder minder deutlich wurde ihnen bewußt, daß alle Wissenschaft ursprünglich von den Priestern der alten Religionen entwickelt und gepflegt wurde, unter denen manche Astromanten waren.

Letztlich gehen alle wesentlichen wissenschaftlichen Erkenntnisse vom Geiste aus. Sie entspringen Ideen, Eingebungen, Inspirationen und Intuitionen meta-rationalen Charakters. Sie entstammen nicht dem Ich-Bewußtsein, sondern dem Überbewußtsein und noch höheren Bewußtseinsebenen.

Es ist aufschlußreich, wenn man verfolgt, wie viele große Naturwissenschaftler aus ihren Einsichten den Schluß auf einen hinter allem Geschehen waltenden weisheitsvollen Geist der Ordnung und des Lebens gezogen haben, wie sie mehr oder minder deutlich erkannten, daß aller Evolution ein Trend von der Materie zum Geist und vom Geist zum Göttlichen hin zugrunde liegt.

Ihre Erkenntnisse gleichen denen des im Jahre 1600 als ›Ketzer‹ in Rom auf dem Scheiterhaufen verbrannten Naturphilosophen Giordano *Bruno*:

»Ursach' und Grund bist Du, das Ewige Eine,
dem Leben, Sein, Bewegung rings entfließt,
das sich in Höh' und Breit' und Tief' ergießt,
daß Himmel, Meer und Unterwelt erscheine!
Mit Sinn, Vernunft und Geist erschau' ich Deine
Unendlichkeit, die keine Zahl ermißt.
Wo Mittelpunkt und Umfang allwärts ist:
in Deinem Wesen weset auch das meine!«

Sein Bekenntnis war Ausdruck kosmischer Bewußtheit, die auch in seinen in den Inquisitionsakten vom 2. Juni 1592 festgehaltenen Worten aufleuchtet:

»Ich glaube an ein unendliches Weltall als Schöpfung eines unendlichen göttlichen Geistes, wie ich es der göttlichen Allmacht für unwürdig erachte, daß sie eine endliche Welt erschaffen hätte, wenn sie neben dieser unzählige andere erschaffen konnte. So habe ich denn auch erklärt, daß es neben der uns bekannten unzählige andere belebte Welten gibt ...

... In aller Natur sehe ich die Spur der Gottheit, die zugleich auch in jedem Körper als Seele allgegenwärtig ist ... Meine Seele ist ein Teil der Weltseele. Ich sehe Seele in allem, was ich wahrnehme. Auch das kleinste Ding ist beseelt; die Seele ist in allem, was sich bewegt, die Lenkerin.«

Ähnlich hatte schon der Stoiker *Mark Aurel* seiner Überzeugung dahin Ausdruck gegeben, daß es »nur *ein Licht* gibt, wenngleich es durch Wände, Berge und tausend andere Dinge gebrochen und unterbrochen wird. Ebenso gibt es nur *ein* gemeinsames Grundwesen, wenn es sich auch auf unzählige einzelne Körperformen verteilte; nur *eine Seele*, wenngleich sie sich in Naturwesen ohne Zahl manifestierte; nur *einen Geist*, wenngleich er uns unendlich zerstückelt erscheint.«

Mensch und Kosmos waren ihm gleichermaßen Erscheinungsformen und Sinnbilder der verborgenen *einen Wirklichkeit.*

Wie alle Stoiker, Mystiker, Gnostiker, Panentheisten und Astromanten lehrte er, daß jeder zur Erkenntnis dieser verborgenen einen Wirklichkeit gelangen könne – auf dem Wege der Innenschau durch meditative Selbst-Besinnung.

Auf diesem Wege gelangt der Mensch in der Tat von den äußeren zu den inneren Bewußtseinsschichten seines Wesens – und weiter zur allerinnersten, auf der er sich mit dem überweltlichen Geist der Gottheit eins weiß.

Die Astromanten Altindiens unterschieden die äußerste

Schicht des ›objektiven‹ oder ›Wach‹bewußtseins, das alles umfaßt, was mit den Sinnen wahrgenommen wird, vom nächstfeineren ›*astralen*‹ Bewußtsein (zum Teil mit dem identisch, was wir heute Unterbewußtsein nennen), weiter vom ›*pranischen*‹ Bewußtsein (dem dumpfen Daseinsbewußtsein, wie es selbst der ›toten‹ Materie eignet), vom noch höheren ›*manasischen*‹ Bewußtsein, das etwa dem ›Kollektiven Unbewußten‹ C. G. Jungs entspricht, das ebenfalls in allem Lebendigen tätig ist.

Noch weiter einwärtsschreitend berühren wir das ›*buddhische*‹ Bewußtsein, das dem heutigen Begriff des Überbewußtseins nahekommt. Hieran schließen sich nach der Erkenntnis der Astromanten sieben weitere abermals höhere Bewußtseinsschichten, die vom All-Bewußtsein bis zum Gott-Bewußtsein, zur Gottunmittelbarkeit reichen.

Diesen sieben kosmischen Bewußtseinsstufen entspricht eine siebenfach gegliederte *Hierarchie der Kosmokratoren.* Darunter verstanden die Astromanten individuelle kosmische Wesenheiten und Kraftfelder, die als galaktische Archonten, Devas, Weltträger oder Kosmo-Moderatoren die Evolution in den einzelnen Galaxien unserer Welteninsel auslösen, fördern und lenken. Ihr subjektives Lebenselement (kriyashakti) ist das Feuer als Urquell des Lichts, der Wärme und des Lebens.

Wie schon erwähnt, korrespondierten die Seelen der Astromanten in Augenblicken kosmischer Bewußtseinsweitung und voller Wachheit des All-Sinns mit den Seelen der Sterne, deren jede sich nicht nur in der äußeren Gestalt, Größe, Leuchtkraft usw., sondern weit deutlicher in der zugrunde liegenden Wesenheit bzw. ihrem individuellen Kraftfeld von den anderen unterscheidet.

Die Unweisheit der Alltagsmenschen, der breiten Masse, hat das zumeist als vulgäre Sonnenanbetung und als Sternenkult mißverstanden und akzeptiert. Man sah nicht, daß es hier nicht um die äußeren Gestirne ging, sondern um die zugrunde liegenden Kraftfelder und Energiestrahlungen der in ihnen ›verkörperten‹ geistigen Wesenheiten.

So wurden die meisten von ihnen als Astrologen gewertet wie Johannes *Kepler* (1571–1630), der weit mehr Astromant und Astronom war. (Ein Teil der Astrologie, soweit sie nicht Astrobiologie und Astrosophie ist, ist überwiegend exoterisch, da die esoterische Astrologie als Astromantie nur von jenen beherrscht wird, die zum kosmischen Bewußtsein erwachten oder es zumindest berührten und dann um die mannigfachen ›Entsprechungen‹ und geistigen Wechselbeziehungen zwischen Mensch- und Sternen-Seelen wissen.)

*

Neben den Astromanten waren es die *Mystiker* aller Zeiten, die die Fähigkeit überbewußter Wahrnehmung allseitig entwickelt haben und in den makro- und mikrokosmischen Bereichen zu Hause sind wie der Alltagsmensch in der Außenwelt. Kosmisch bewußt, verbanden und verbinden sie Wissen, Erkenntnis und Weisheit – Wissenschaft, Philosophie und Religion – zu einer höheren Einheit.

In ihrem Sinne hat unter anderen *Teilhard de Chardin* den Weltentwicklungsgang von der Materie aufwärts über die Stufen des Lebens, des Bewußtseins, weiter vom Menschen über die Engel zum reinen Geist und bis zum ›Punkt Omega‹, zur Gottheit, aufgezeigt. In dieser Stufenfolge bildet der Mensch die für uns sichtbare Spitze der irdischen Evolution, da er das erste Erdenwesen ist, das seiner selbst, seines Selbst und damit seines kosmischen Angelegtseins auf die Gottheits-Unmittelbarkeit bewußt ward.

Deutlicher noch als er gab der größte abendländische Mystiker, Meister *Eckehart*, der gleichen Erkenntnis Ausdruck mit der Aufzeigung des zehnstufigen Weges zum kosmischen Bewußtsein, auf das nach ihm jeder Mensch angelegt ist.*

Nach Eckehart ist Gott allezeit im Seelengrund gegenwärtig. Und alle Seligkeit liegt darin, »daß wir uns über alle Geschaffenheit und Zeitlichkeit hinausschwingen und eingehen in den Grund, der grundlos ist.« Dann wird der Gottesfunke im Seelengrund zu einer feurigen Lohe und schließlich zum all-erhellenden Licht.

»Dies Fünklein im Seelengrund ist das einzige im Menschen, das (seiner kosmischen Natur zufolge) der Notwendigkeit und dem Vergehen entzogen ist. Wer es nicht in sich selber findet und es findend gestaltet und zur Flamme entfacht, der bleibt Sklave der Notwendigkeit. Wer es hingegen entdeckt und aufdeckt, bereitet sich den Tisch wider des Lebens Feinde . . .

. . . Jenseits aller Vernunft besitzt die Seele ein Ewiges. Es liegt jenseits aller Erschaffbarkeit und ist selbst schöpferisch. Doch nur durch eigenes Erleben läßt es sich erfahren und beweisen. Benennen können wir es nur mit Bildern, da es namenlos ist. Ein solches Bild ist der ›Funke‹. Dieser ›Funke‹ ist ausgegangen von der Gottheit über die Gott-Person zur Natur. Seinem innersten Wesen nach *ist* er die Gottheit. Und er kann wieder durchbrechen, kann zurückbrechen zu der Gottheit, sich wieder-verbinden mit ihr, die er selber ist . . .

. . . Das ist in diesem Dasein genausogut und im gleichen Maße erreichbar wie nach diesem Leben. Diesen Durchbruch können wir auch die Geburt Christi in uns nennen. Der Funke, der Christus in uns, ist die Gottheit ganz. Jeder Mensch ist somit Christus, kann Christus schon hienieden sein.«

Von diesem Durchbruch sagt Eckehart weiter:

»Wenn die Seele ihre irdischen Seelenkräfte auszieht und

* Siehe dazu »Meister Eckeharts Weg zum Kosmischen Bewußtsein«, ein Brevier praktischer Mystik. (München 1960)

nur noch Gott allein ihr Wesen ist, erschaut, erkennt, erfaßt sie Gott nicht mit Erkenntnis, sondern mit Gott selber. Wir müssen, sagt ein hoher Meister, Gott mit seinem eigenen Wesen erkennen, so daß nicht *wir* es sind, die ihn erfassen, sondern *er* . . .

. . . So gänzlich muß die Seele eingesenkt sein in diesen grundlosen Brunnen des göttlichen Überseins oder *Nichts*, daß nichts sie daraus zu ziehen vermag, daß sie sich nicht wieder den Dingen zukehre, sondern dort beharre!« –

Statt vom ›Nichts‹ spricht Eckehart auch vom ›*Überseienden Nichtsein*‹. Es ist der gleiche Begriff wie das ›Nirwana‹ Buddhas – das über allem Wähnen seiende Übersein. Wir nennen es Gottunmittelbarkeit als Gipfelerfahrung des kosmischen Bewußtseins.

Das Erleben dieser All- und Gottheits-Unmittelbarkeit ist beseligender als alles, was die Erde an Wonnen bietet. Wer Gott auch nur einen Augenblick zu schauen vermag, wohnt hinfort mit Gott in einem Licht und kennt hinfort nur noch die immer gleiche Seligkeit kosmischer Bewußtheit, des Einsseins mit dem Einen, wie Plotin es nennt.

Und selbst wer nur einen Funken des inneren Lichts verspürte und vom kosmischen Bewußtsein der All-Einheit für den Bruchteil eines Augenblicks angerührt wurde, hat den göttlichen Lebensquell im Seelengrund zum Fließen gebracht, der ihn über sich selbst hinaus heim-führt in den göttlichen Ursprung und Urgrund.

*

Was ist also mit dem Begriff ›*Kosmisches Bewußtsein*‹ gemeint?

Aus den Berichten von Mystikern aller Völker aus den letzten 5000 Jahren wissen wir, daß die ganze Menschheit sich in einem Prozeß fortschreitenden inneren Wacher- und Reiferwerdens befindet, so daß für das, was die Mystiker als erste erfuhren und erkannten, früher oder später immer mehr Menschen und schließlich alle aufgeschlossen werden.

Da jeder Mensch mit seinen letzten Bewußtseinsschichten in das All- und Gottbewußtsein eingebettet ist, ist verständlich, daß im Ablauf des langsamen aber stetigen geistigen Wachstumsprozesses der Menschheit immer mehr einzelne zum kosmischen Bewußtsein erwachen werden.

Aus den Bekundungen derer, die diese hohe Evolutionsstufe erreichten, ergibt sich übereinstimmend, daß dieses Erwachen stets von den gleichen Erscheinungen begleitet ist. Zu diesen zählen, wie von mir schon in anderem Zusammenhang dargelegt,

1) das Aufflammen des inneren Lichts, das jähe Wachwerden für die innere Lichtwelt, das als ein von den Flammen, dem Feuer, dem Überlicht der Gottheit Erfaßt- und Durchglutetwerden empfunden wird;

2) das Durchstrahltwerden der tieferen Bewußtseinsschichten und deren unmittelbares Aktivwerden, das praktisch als Erleuchtung erfahren wird, als überwältigende Hellschau und Durchschau des Lebens, als intuitives Erkennen aller Geheimnisse des Seins, als ein Sich-Öffnen oder Wachwerden für die unabsehbare Mannigfaltigkeit der Lebenswelten;

3) das oft ekstatische Durchpulst- und dynamische Erfülltwerden von einer unbeschreiblichen Seligkeit und Freude, die aus der Erkenntnis der Unvergänglichkeit des geistigen Wesenskerns des Menschen und allen Lebens entspringen und im Bewußtsein inneren Freiseins von Sinnen-, Sünden- und Erdgebundenheit, des Erlöst- und Verwandeltseins gipfeln;

4) die völlige Erneuerung des Wesens des vom inneren Licht Erfüllten: Er lebt von da an aus dem Geiste kosmischer Wachheit und Bewußtheit. Er erscheint wie ein Verklärter und Gottgeeinter und wirkt durch sein Dasein wie durch

seine Worte und Taten auf seine Umwelt mehr oder minder umwandelnd ein.

Und wie gelangen wir dazu?

Plotin sagt zwar, daß wir Menschen »nur selten diese Erhebung des Geistes aus dem gewöhnlichen Bewußtsein genießen, die uns in die Welt jenseits der Schranken des Körpers und der Welt versetzt und uns die unmittelbare Gegenwart des Unendlichen erfahren läßt. Aber wir können sie durch Hingabe an das All-Eine erlangen.«

Mit diesem Wort ist in der Tat der Weg gewiesen zu jenem umfassendsten Bewußtsein, zu dem ein Mensch, in Suche des Unendlichen, in diesem Erdensein gelangen kann. Wohl denen, die nicht unterwegs erlahmen oder angesichts der Rätseltiefen des Alls kleinmütig zagen und verzagen, sondern bis ans Ende ihrer Bahn der inneren Führung folgen!

Denn jede Seele hat potentiell die Möglichkeit, zu diesem Allbewußtsein zu erwachen, auf dessen Wesen in »In dir ist das Licht!« ausführlich eingegangen ist.

Als einer unter vielen erkannte der Emerson-Schüler Edward *Carpenter* (1844–1929), daß »in der Menschenseele ebenso wie das Alltagsbewußtsein auch ein göttliches Bewußtsein lebt. Wie das Blau des Himmels dem einen nichts bedeutet als die Farbe, dem andern aber zum Spiegelbild lebendiger Allgegenwart wird, so erhebt sich der menschliche Sinn stufenweise vom Raum- und Zeitbewußtsein zum göttlichen Allbewußtsein ...

... In jedem Menschen lebt das Bewußtsein des Raumes. Im gleichen Maße ist in ihm ein übergeordnetes allumfassendes kosmisches Bewußtsein im Werden, das nicht an die Sinne gebunden ist, sondern eine Eigenschaft des seelisch-geistigen Wesenskerns des Menschen bildet.

Es gibt eine innere Erleuchtung, von der das Licht der Sinnenwelt nur eine unvollkommene Offenbarung ist – eine Erleuchtung, in der wir das gesamte All überschauen und alle

Dinge, alle Wesen darin – nicht durch räumliche Wahrnehmung, sondern durch eine kosmische Intuition, wobei wir mit dem eins werden, was wir erschauen ...

Es gibt einen vollendeten Gehörsinn, mit dem wir die Harmonien der Sterne und die Stimmen vernehmen, die im ganzen All ertönen, und die verborgene Bedeutung und Bestimmung aller Dinge erkennen.«

Wir sahen bereits, daß dieser All-Sinn der Seele jedem Wesen zueigen und zu allen Zeiten in allaufgeschlossenen Menschen erwacht ist. Die gewaltigen Intuitionen von Astromanten, die schon in vorgeschichtlichen Zeiten zum kosmischen Bewußtsein erwachten, sind heute bereits zu einem Teil von der Naturwissenschaft bestätigt und im übrigen immer von jenen bejaht worden, deren gotterfüllte Herzen diese All-Schau universellen Bewußtseins mit *Schleiermacher* als ›kosmische Religion‹ empfanden:

»Anschauen des Universums – befreundet euch mit diesem Begriff! Das Universum ist in ununterbrochener Tätigkeit und offenbart sich in jedem Augenblick. Alles Einzelne als Teil des Ganzen, alles Beschränkte als Darstellung des Unendlichen hinnehmen: das ist Religion.

So war es Religion, wenn die Alten, die Beschränkungen der Zeit und des Raumes vernichtend, jede eigentümliche Art des Lebens durch die ganze Welt hin als das Werk und Reich eines allgegenwärtigen Wesens ansahen ...

... Es war dieselbe Religion, wenn sie sich über das spröde eiserne Zeitalter der Welt erhoben und das goldene wieder suchten im Olymp unter dem Leben der Götter; sie schauten an die immer rege, immer lebendige und heitere Tätigkeit der Welt und ihres Geistes, jenseits allen Wechsels und allen scheinbaren Übels, das nur aus dem Streit der endlichen Formen hervorgeht.

... Alle Begebenheiten in der Welt als Handlungen eines Gottes vorstellen – das ist Religion. Es drückt ihre Beziehung auf ein unendliches Ganzes aus.«

Eben der Grad der *Lebendigkeit* und Dynamik dieser Beziehung zum Unendlichen ist es, der die Wesen letztlich unterscheidet, das eine unvollkommener, das andere göttlich erhaben erscheinen läßt. –

*

Wir sahen bereits, daß es zu allen Zeiten Menschen gab, Mystiker und Astromanten, die im Erwachen zum kosmischen Bewußtsein von der Mannigfaltigkeit belebter Welten und höherer Wesenheiten kündeten.

Nach Krishna, Thot Hermes und Pythagoras war es *Buddha*, der vor 2500 Jahren von der hierarchischen Ordnung in den Lebensreichen des Kosmos und von den unendlichen Entwicklungsstadien der Wesenheiten bis hinauf zu den reinen, seligen, helleuchtenden Göttern und zum nirwanischen Einssein mit der Weltengottheit – Nirwana – sprach.

Von seinem Zeitgenossen Jain Mahavira wird ähnliches berichtet. Gleich ihnen haben seitdem unzählige Mystiker ihr inneres Verbundensein mit kosmischen Lebensformen verspürt und erlebt.

Auch heute gibt es solche Erwachten, und ihre Zahl ist in ständigem Wachstum begriffen. Es erwacht zumeist spontan in Menschen, die nicht nur global, planetarisch denken, sondern allumfassend, kosmisch zu denken gelernt haben.

Wie sich Jesus Christus bei seiner Verklärung ›der Himmel auftat‹ und er erkannte, daß das Reich Gottes, das sich über alle Welten des Alls erstreckt, zugleich im Innersten der Menschenseele seinen ewigen Mittelpunkt hat, so enthüllen sich dem zum Allbewußtsein Erwachenden die Wunder des Himmels.

Christus sagte von diesem Himmelreich, daß keiner es sehen könne – es sei denn, daß er ›von neuem geboren werde‹, womit er das Erwachen zum kosmischen Bewußtsein meinte. –

So klein und nichtig der Mensch im Vergleich zum Ganzen erscheint, so groß und wesenhaft ist er im Lichte des Kosmischen Bewußtseins:

Aus der Unwissenheit und Nichterkenntnis schreitet er Stufe um Stufe zur Allweisheit empor, entwird im Laufe der fortschreitenden Selbstverwirklichung dem Menschentum und steigt zum Göttlichen hinan. Im gleichen Maße erlangt er mählich Anteil an der All-Macht – nicht mehr leidverstrickter Erdenmensch, sondern schöpferischer Mitwirker der Gottheit – auf dem Wege zur Erkenntnis- und Macht-Vollkommenheit der Sternenseelen und Weltraumgötter . . .

Auf diesem Wege stufenweiser Erleuchtung ordnen sich die bisher zusammenhanglos scheinenden Einzeltatsachen wie lebendige Mosaiksteinchen zu einem göttlichen Ganzen, zu Bestandteilen der kosmischen Ordnung. Wissen wandelt sich in überschauende Weisheit. Die Seele erkennt das Sternen-All als ein ihr zutiefst verwandtes – vom Geiste dessen gelenkt, der auch ihr Sein bestimmt.

Sie ahnt nicht mehr nur, sondern erlebt nun die Geistigkeit des Alls, alles Lebendigen innere Einheit über alle Reiche des Seins und ihr eigenes Einssein mit dem Einen hinter der Mannigfaltigkeit der Wesen und Formen.

Sie erschrickt nicht mehr, nun Millionen verborgener Welten in ihr wie außer ihr sich ihrem Blick enthüllen. Denn sie erkennt es als ihre Bestimmung, sich über sie alle hinauszuschwingen – hinein in des Allseins Urmittelpunkt, in aller Welten und Wesen Ursprung, ins Herz der Weltengottheit.

Sie erkennt, warum alles Seiende in der Erscheinung verschieden ist, im Wesen aber ewig eins bleibt. Sie begreift alle Zeit als Ewigkeit und erlebt im Sturm höchster Wonnen sich selbst als das eine Leben in allem, im All, erfährt sich als All-Seele in allem und zugleich über allem – als alles Einzelnen Einheit.

Sie sieht alles Leben unmittelbar ins Allgeschehen eingewoben und erkennt aller Wesen Einssein mit dem Atem der Gottheit, der durch die Universen pulst. So sieht sie es:

... Einem Meere gleichen wir, dessen Oberfläche die Welt des Scheins ist, des Werdens und Vergehens, dessen letzte Gründe aber unerforschbar sind und unausmeßbar, weil sie die Tiefen der Gottheit selbst sind.

In diesem Selbst-Erkennen stirbt das Endliche – das Unendliche in der Seele eint sich dem Unendlichen im All – der Wandelwille vermählt sich dem Ewigen Willen – Selbst und All-Selbst sind eins geworden.

Letzte Heimkehr

Der Tag, an dem unsere Seele sich zum ersten Male *bewußt* den Wundern des Weltalls erschloß, ist der Tag des Beginns ihrer Heimkehr ins All. Und wenn sie nur einen Zipfel des neuen Bewußtseins ergriff, war unsere Wanderung nicht vergeblich.

Denn was wir einmal errungen haben, geht uns nie mehr verloren: Es wirkt in unserer Seele weiter, wächst und trägt Frucht, bis der innige Zusammenklang unseres Geistes mit dem Allgeist, des Gottes in uns mit der Weltengottheit, offenbar wird.

Irgendwann auf ihrer All-Bahn erkennt jede Seele, daß sie auf der Entwicklungsleiter des Lebendigen, vom Gesetz der Liebe wie vom Drang nach Selbstverwirklichung und Gottunmittelbarkeit gelenkt, unendlich viele Stufen durchschreitet, aber auch, daß der göttliche Flammengeist in ihr größer ist als die Unendlichkeit ihres Weges durch Raum und Zeit und daß aller Wahn von Hier und Dort, Einst und Jetzt zu nichts zusammenfällt, wenn der Gott in ihr dem Herzen der Gottheit sich eint.

Mögen Jahrmillionen darübergehen oder mag die Stunde des Erwachens schon nahe sein – einmal wird sie am Ziele stehen und die Vielfalt der Welten nicht mehr von der Nebelbahn eines Planeten aus mühselig erforschen, sondern von der Höhe der Gottheit her durchdringen und bestimmen – und erkennen, wie sehr alles Leben aller Welten sich nach einer Stätte sehnt, da es kein Vergehen mehr gibt, weder Weh noch Wandel.

... Alles Streben zu den Sternen ist im Letzten nichts als das Heimverlangen der lichtsehnenden Seele zum Flammenden Herzen des Alls, zu aller Werdekreise ewig ruhendem Urmittelpunkt ...

In allen Tropfen der Wolken, Bäche und Ströme singt das gleiche stille Sehnen, das auch unser Herz nicht ruhen läßt: das Rückverlangen zum All-Ozean wechsellosen Überseins.

»Wenn du die Vergänglichkeit alles Erschaffenen erkannt hast, bist du dem Unerschaffenen nah«, verheißt ein altes Wort. Zu dieser Gewißheit läßt der nordische Dichter und Allseher Karl *Gjellerup* (1857–1919) in seiner schönsten Legende den ›Pilger *Kamanita*‹ erwachen, der angesichts der Leidgefesseltheit des Erdendaseins den Wunsch in sich spürt, nicht mehr im Reich der Wandlungen wiedergeboren zu werden, sondern zum ›Reich des hunderttausendfachen Brahma‹ aufzusteigen.

Der Verheißung des Vollendeten gemäß – »das Sein, an welches denkend der Geist aus diesem Leben scheidet, in dieses Sein wird jedesmal er drüben eingekleidet« – tritt Kamanita, in Suche des Letzten, ins höhere Dasein über: Als der Gott einer Doppelsonne, deren Planeten er mit seiner Schwester-Sonnenseele Vasittha beherrscht, schwebt er durch das All ...

»Allseitig Auge, schaute jeder der beiden Sonnengötter gleichzeitig nach allen Richtungen des unendlichen Raumes.

Und überall sahen sie zahllose Sternengötter, wie sie selber, deren Strahlenblicke sie empfingen und erwiderten ...

... Da war eine Anzahl, die mit ihnen zusammen eine Gruppe für sich bildeten; daneben andere Gruppen bewegter Sterne, die mit der ihrigen zusammen ein ganzes Weltsystem ausmachten; ferner andere kreisende Systeme, die sich zu einer Kette von Sternenreichen verbanden, und weiter noch viele Ketten und Ringe von Ketten und Sphären von Kettenringen ...

Aber all diese ungeheuren Reigen von Weltsystemen umkreisten ein einziges Wesen: den in der Mitte des Weltganzen thronenden hunderttausendfachen Brahma, dessen unermeßlicher Glanz alle Sternengötter durchdrang und dem sie alle den Glanz wieder zurückstrahlten wie ebensoviele Spiegel seiner Herrlichkeit; dessen unerschöpfliche Kraft wie eine nie versiegende Quelle ihnen alle ihre Bewegungen mitteilte.

Durch diese ganze leuchtende Brahma-Welt floß nun die Zeit still und unbemerkbar. Wie man einem ruhig und gerade dahinfließenden, völlig klaren Strom, dessen Flut von keinem Widerstand irgendwie gehemmt oder gebrochen wird, die Bewegung nicht ansieht: ebenso war die Flut der Zeit hier unmerkbar, weil sie von keinen aufsteigenden und absteigenden Gedanken und Gefühlen Widerstand erfuhr.

Diese Unmerkbarkeit des Zeitenablaufs war ihre Ewigkeit.

Und diese Ewigkeit war ein Wahn.«

Ja, diese Ewigkeit der Sternenwelt ist noch Wahn, ist nicht letzte Wirklichkeit:

Nach jahrbillionenlangem Kreisen gewahrt Kamanita, wie der Glanz des hunderttausendfachen Brahma, der Quelle aller Fülle, langsam geringer wird, bis er einsieht, daß auch dieser ewig scheinende Glanz einmal erlischt ...

Kamanita erkennt, wie von Äon zu Äon die Trübung des Brahma-Glanzes zunimmt und wie die Sternengötter immer mehr erblassen. Er erlebt, wie sie »immer unruhiger flackerten und sprühten, wie aus dem trüber werdenden Glutkreise des Brahma ungeheure Flammenstreifen hervorschossen und durch den ganzen Weltraum hin und her fegten, als ob der Gott mit hundert Riesenarmen nach dem unsichtbaren Feinde suchte, der ihn bedrängte. Er schaut weiter, wie »durch die gestörten Bewegungen der Himmelskörper sich Wirbelströmungen erhoben, die ganze Sternsysteme aus dem Brahma-Reiche herausrissen, an deren Stelle dann die Finsterniswelle des leeren Raumes hereinbrach« ...

Und weiter erlebt er, »während an anderer Stelle Systeme aneinandergerieten und ein Weltenbrand sich entzündete, dessen Explosionen Garben von Sternschnuppen bis in den Glutschlund des Brahma schleuderten, und während die Donnerschläge der zusammenbrechenden Harmonien immer furchtbarer von Himmelsgegend zu Himmelsgegend rollten und widerhallten«, das *Vergehen der Brahma-Welt* mit seinem Trillionenheer von Welteninseln ...

... In diesem Vergehen der Universen aber erwacht in Kamanita das all-leidlösende Wissen um *das, was über allem Wandel ist* ...

In Weltennacht und Weltengrauen vollzieht sich in Kamanita das Wunder des Entwerdens zum Absoluten:

»Wie in einer Festhalle, wenn alle Fackeln und Lampen gelöscht sind, in einer Ecke vor einem Heiligenbilde ein Lämpchen noch brennen bleibt, also blieb Kamanita in der Weltennacht allein zurück.

Da überlegte Kamanita: »Draußen herrscht nun die ungeheure Finsternis und Einsamkeit der Weltennacht. Einst aber wird die Zeit kommen, da auch diese Nacht endet, der Tag graut und eine neue Brahma-Welt ins Dasein tritt. Wenn mein Sinnen und Trachten nun darauf gerichtet wäre, der hunderttausendfache Brahma zu sein, der diese Welt ins Dasein rufen wird, so sehe ich nicht, wer mir da den Rang ablaufen könnte ... Aber was soll mir ein Brahma sein, über den man hinausgelangen könnte! Was soll mir die Zeitlichkeit, wenn es eine *Ewigkeit* gibt?

Hunderttausend Wege gibt es, die in dieser Welt herumführen, durch mannigfache Leidensstätten, Menschen- und Himmelswelten, Tierreiche und Höllen. Aber einen einzigen Weg gibt es, der aus dieser Welt gänzlich hinausführt: Das ist der Weg in die Ewigkeit, der Weg ins Unbetretene. Auf diesem Wege befinde ich mich jetzt. Wohlan, ich will ihn zu Ende gehen.«

. . . Und immer dunkler wurde der Dämmer der Weltennacht. Wie sie aber anfing, völlig schwarz zu werden, da leuchtete der neue Brahma auf: ein hunderttausendfacher Brahma, der hunderttausend Meta-Kosmen, Milliarden von Welteninseln ins Dasein ruft, erleuchtet und erhellt. Und der Brahma ließ den frohen Weckruf erschallen:

»Wachet auf, ihr Wesen und Welten alle, die ihr eine ganze Weltennacht hindurch im Schoße des Nichtseins ruhtet!«

Und alle Welten und Wesen tauchten aus dem Nichtsein der Finsternis hervor, Stern um Stern, und wie Jauchzen von hunderttausend Stimmen erklang es.

»Als Kamanita das vernahm, wurde er von tiefem Mitleid ergriffen: Diese Wesen und Welten, diese Sternengötter und der hunderttausendfache Brahma selbst jauchzen dem neuen Weltentage entgegen, erfreuen sich des neuen Daseins. Und warum? Weil sie nichts Höheres kennen!

Durch dieses sein Mitleid mit der Welt, den Wesen und den Göttern überwand Kamanita den letzten Rest von Eigenliebe. Aber er erwog nun:

Auch während dieses neuen Weltentages werden Weltenlehrer erscheinen, welche die Wahrheit verkünden. Wenn nun diese Gottheiten die Heilswahrheit vernehmen und sich erinnern, daß im ersten Grauen des Weltentages ein Wesen da war, das aus der Welt hinausging, dann wird ihnen diese Erinnerung zum Vorteil gereichen. ›Schon einer aus unserer

Mitte, gleichsam ein Teil von uns, ist auf jenem Wege vorangegangen‹, werden sie sich sagen, und das wird ihnen zum Heil gereichen. Denn niemand kann in Wahrheit sich selber helfen, ohne allen zu helfen.

Da bemerkten nun bald einige, dann immer mehr der Sterngötter, daß Einer da war, der nicht wie die anderen klarer und klarer leuchtete, sondern vielmehr an Glanz abnahm. Und sie riefen ihm zu: ›Bruder, blicke doch auf den Hunderttausendfachen Brahma, auf daß dein Glanz sich erfrische und erstrahle! Du, Bruder, bist ja wie wir berufen, den Glanz des höchsten Gottes selig widerzuspiegeln.‹

Aber Kamanita blickte weder hin, noch hörte er hin.

Und die Götter, die ihn immer trüber werden sahen, wurden gar sehr um ihn besorgt. Und sie wandten sich an Brahma: ›Großer Brahma! Erleuchter und Erhalter! Sieh dies arme Wesen, das zu schwach ist, um mitzufolgen, dessen Glanz abnimmt, statt zuzunehmen! O richte doch Deine Aufmerksamkeit auf ihn, erleuchte und erfrische ihn!‹

Und der große hunderttausendfache Brahma, voll Fürsorge für die Wesen und Welten, richtete seine Aufmerksamkeit auf Kamanita, um ihn zu stärken.

Aber der Glanz Kamanitas nahm trotzdem zusehends ab.

Da zog der Brahma einen Teil seiner Leuchtkraft von den Welten zurück – genug, um tausend neue Welten zu entzünden – und richtete sie auf Kamanita . . .

Aber der Glanz Kamanitas nahm immer noch ab, als ob er dem völligen Erlöschen entgegenginge.

Nun geriet der hunderttausendfache Brahma in große Besorgnis und Bestürzung: ›Dieser eine entzieht sich meiner Macht – so bin ich denn nicht allmächtig? Nicht kenne ich den Weg, den er geht – so bin ich denn nicht allwissend? Welches Licht leuchtet denn ihm, daß er das meine verschmäht? So gibt es also ein Licht, leuchtender als das meine? So gibt es also einen Weg, dem meinen entgegengesetzt – einen Weg ins

Unbetretene? Werde ich wohl selber jemals diesen Weg einschlagen – den Weg ins Unbetretene?‹

Und auch die Sternengötter alle gerieten in große Besorgnis und Bestürzung.

Da erwog nun der hunderttausendfache Brahma:

›Wohlan – ich werde meine Leuchtkraft, die jetzt über den Weltenraum verbreitet ist, wieder zurückziehen und werde alle diese Welten und Wesen wiederum in das Dunkel der Brahma-Nacht versenken. Und in einen einzigen Strahl gesammelt werde ich dann mein Licht auf jenes Wesen richten, um es für meine Brahma-Welt zu retten.‹

Und der hunderttausendfache Brahma zog nun seine Leuchtkraft in sich zurück, so daß alle Welten wieder in das Dunkel der Brahma-Nacht versanken. Und indem er sein Licht in einen einzigen Strahl sammelte, richtete er diesen auf Kamanita.

›Nun muß an dieser Stelle der strahlendste Stern meiner ganzen Brahma-Welt leuchten!‹ dachte er. Da zog der hunderttausendfache Brahma diesen einzigen Strahl in sich zurück und verbreitete dann wieder sein Licht durch den ganzen Raum.

An der Stelle aber, wo er hoffte, den strahlendsten Stern leuchten zu sehen, war nur noch ein verglimmendes Pünktchen zu entdecken.

Und während im unermeßlichen Raume Welten an Welten aufleuchtend und aufjauchzend zum neuen Brahma-Tage sich hervordrängten, erlosch der Pilger Kamanita gänzlich, wie eine Lampe erlischt, wenn sie den letzten in ihren Docht aufgesogenen Öltropfen verzehrt hat . . .«

So kehrt die Seele zu sich selbst zurück, indem sie dem Unendlichen sich hingibt. –

Kamanita gleich wollen wir über alle Werdens- und Vergehenskreise uns erheben, zu letzter Heimkehr uns bereiten – zum Gang ins Unbetretene, in dem allein Lösung und Erlösung ist . . .

Keinen Blick mehr daseinswärts werfend, wenden wir uns aus der Heimatlosigkeit der Wirrwelt zurück in unseren eigenen Anfang. Kein Weh zuckt mehr in unserem Herzen, kein Schmerz berührt mehr unsere Seele – nun der Wahn der Selbstheit zerbrach . . .

Denn des Gewordenen Untergang ist des Ewigen Aufgang.

. . . Aller Schein und Trug ist zerstoben – die Irrfahrt von Dasein zu Dasein, von Wandlung zu Wandlung zu Ende. Der Weltentraum ist ausgeträumt, die Seele heimgekehrt in ihren Ursprung – in jenes Reich des Unbedingten, Absoluten, aus dem den Sterblichen noch keine Kunde kam . . .

Indem der Strom sich hingab, ward er zum Meere selbst. Das Teil entward zum Ganzen. Der Funke ist zur Sonne heimgekehrt – der Weltenwanderer Seele ist in Gott zu Gott entworden . . .

Der Entwordene hat sich dem Ungewordenen geeint. Der Sinn des Seins ist erfüllt.

Der Kreis ist vollendet.

Empfehlenswerte Bücher von K. O. SCHMIDT

Die Götter des Sirius – Kosmische Visionen
Dieser Bericht über Kontakte mit höherentwickelten Sternenwesen gibt erstmals ein anschauliches Gesamtbild der wirklichen Größe und des inneren Aufbaus des Universums. Wir erfahren hier Konkretes über höhere, fortgeschrittenere Kulturen anderer Welten im All, die der irdischen um Jahrmillionen voraus sind, über ihre Geschichte und ihre Erkenntnisse. Wer diesen Bericht liest, sieht von da an den Kosmos und sich selbst als Mikrokosmos mit anderen Augen an. – 96 Seiten, Leinen, DM 12,80.

In dir ist das Licht! Die großen Erleuchteten als Führer zur Vollendung. 384 Seiten.

Hilarion: Die Bücher des flammenden Herzens. Meditation und Kontemplation als Führer zum Kosmischen Bewußtsein. 2 Bände.

In Harmonie mit dem Schicksal! Wege zu neuem Menschentum. 188 Seiten.

Das Abendländische Totenbuch! 2 Bände.
Band I: *Und der Tod wird nicht mehr sein!* Jenseitserfahrung und Unsterblichkeits-Gewißheit. 264 Seiten.
Band II: *Wir leben nicht nur einmal!* Wiederverkörperung und Schicksalsdynamik. Rückerinnerungen an frühere Leben. 432 Seiten.

Vorgeburtliche Erziehung! Dynamische Ehegestaltung und Kleinkinderziehung. 196 Seiten.

Das Geheimnis der Inspiration! 96 Seiten.

Meister Eckeharts Weg zum kosmischen Bewußtsein! Ein Brevier praktischer Mystik. 204 Seiten.

Der kosmische Weg der Menschheit und das Wassermann-Zeitalter! 120 Seiten.

Weihestunden der Seele. Herzgedanken für jeden Tag des Jahres. 378 Seiten.

Seneca, der Lebensmeister! Daseinsüberlegenheit durch Gelassenheit. 120 Seiten.

Atom-Energien der Seele. 208 Seiten.

Ohne Furcht leben! Daseinsmeisterung durch Psycho-Elektronik. 180 Seiten.

Prentice Mulford: Einer, der es wagt! Leben und Werk des geistigen Vaters der modernen Psycho-Dynamik. 424 Seiten.

Ein neues Leben für das alte. 138 Seiten.

Magie der Freude! Wege zu froher Lebensgestaltung. 141 Seiten.

Das Emerson-Brevier! Kraftgedanken zu geistiger Selbstführung. 143 Seiten.

Richtig denken – richtig leben. 114 Seiten.

Gedanken sind wirkende Kräfte. 112 Seiten.

Neue Lebensschule. Ein Jahresplan der Lebens- und Erfolgsbemeisterung in 52 Wochenlektionen. Mit Oberstufe: *Selbstverwirklichung und innere Führung.* Der Dreistufenweg zu schöpferischem Vollmenschentum. 3 Bände. 1180 Seiten.

Der geheimnisvolle Helfer in dir. Dynamik geistiger Selbsthilfe (Der innere Gottfreund). 264 Seiten.